电 工 基 础

（第 3 版）

主　编　楼晓春
副主编　何丽莉　郭小华
参　编　陈　晨　许钢祥

北京理工大学出版社
BEIJING INSTITUTE OF TECHNOLOGY PRESS

内容简介

本书共八个学习单元，内容包括直流电路的认识、简单电阻电路的分析、直流电路的基本分析方法、动态电路的时域分析、正弦交流电路的稳态分析、三相交流电路的分析、耦合电路的分析、电工基本技能操作。各单元分成若干学习模块，以学习目标、相关知识、自我检测为主线，辅以阅读拓展、知识梳理与总结、技能训练来编写。

本教材在内容上兼顾了当前科学技术的发展和后续专业课程对本课程的要求，编排上体现了职业教育教材的特点。本教材适用于高职高专、高职本科、成人高校等同类院校的电气自动化、机电一体化、电梯工程技术等专业。

图书在版编目（CIP）数据

电工基础 / 楼晓春主编. --3 版. --北京：北京理工大学出版社，2021.6（2022. 8 重印）
ISBN 978-7-5763-0030-7

Ⅰ. ①电…　Ⅱ. ①楼…　Ⅲ. ①电工-教材　Ⅳ. ①TM1

中国版本图书馆 CIP 数据核字（2021）第 136354 号

出版发行 / 北京理工大学出版社有限责任公司
社　　址 / 北京市海淀区中关村南大街 5 号
邮　　编 / 100081
电　　话 /（010）68914775（总编室）
（010）82562903（教材售后服务热线）
（010）68944723（其他图书服务热线）
网　　址 / http://www.bitpress.com.cn
经　　销 / 全国各地新华书店
印　　刷 / 涿州市新华印刷有限公司
开　　本 / 787 毫米×1092 毫米　1/16
印　　张 / 15.25
字　　数 / 410 千字
版　　次 / 2021 年 6 月第 3 版　2022 年 8 月第 4 次印刷
定　　价 / 69.00 元

责任编辑 / 江　立
文案编辑 / 江　立
责任校对 / 周瑞红
责任印制 / 施胜娟

图书出现印装质量问题，请拨打售后服务热线，本社负责调换

前言

本书是在2007年版同名教材的基础上修订而成的。本教材的编写指导思想是：贯彻党的教育方针，依据《职业教育法》的规定和《国家职业标准》的要求，更新教学内容，突出实践技能和创新能力的培训。其宗旨是：促职业教育改革，助技能人才培养。

本教材主要特点有：

1. 根据电工基础课程教学特点，在教学内容选取上，以应用为目的，以必需、够用为度，加强实用性。全书与传统教材相比，虽然降低了理论难度，但仍保持了教学内容的系统性和连贯性。强调“学以致用”，注重学生的实践操作能力，提高学生的上岗就业能力。

2. 在复杂数学的推导上，全书重视基本概念、基本定律、基本分析方法的介绍，淡化了复杂的数学推导，对于各种定律、定理、公式等直接告知内容和出处，降低了理论难度，便于教学和学生自学。如电阻星形连接与三角形连接的等效变换，直接给出变换公式，删除了复杂的推导过程。

3. 强化对学生工程技术应用能力的培养，如电源外特性的测试及等效变换、三表法测量电路等效参数、三相电路功率测量等，在讲解电路原理的同时又介绍了具体的测量方法。再如安全用电和触电急救、导线连接及绝缘恢复、日光灯电路、室内综合布线等，体现了理论和实际工程的结合。

4. 在知识的应用方面，突出理论知识的应用和实践能力的培养，每个学习模块之后辅以适量的自我检测，每个学习单元精选了能力测试题，并给出了自我检测和能力测试的参考答案，便于学生练习、掌握和巩固所学知识。

5. 全书力求深入浅出，通俗易懂，版面设计图文并茂。

本书共八个学习单元，各单元以先导案例分成若干学习模块。各模块以学习目标、相关知识、自我检测为主线，辅以阅读拓展、知识梳理与总结以及技能训练而编写。本教材在内容上兼顾了当前科学技术的发展和后续课程对本课程的要求，体现了职业教育教学改革的特点。本教材适用于高职本科、高职高专、成人高校等同类院校的电气自动化、机电一体化、电梯工程技术等专业。

本教材由杭州职业技术学院楼晓春教授担任主编并统稿，杭州职业技术学院何丽莉副教授、郭小华副教授担任副主编。楼晓春编写学习单元一、学习单元二、学习单元三；何丽莉编写学习单元四、学习单元六；郭小华编写学习单元五；陈晨编写学习单元七；许钢祥编写学习单元八。

本教材在编写出版过程中，查阅和参考了众多文献资料，得到了许多教益和启发，同时得到了学校领导的重视和支持，参加教材编审的人员均为学校的教学骨干，保证了本教材的编写能够按计划有序地进行，并为编好教材提供了良好的技术保证，在此向参考文献的作者和学校一并表示衷心的感谢。

虽然在主观上力求谨慎从事，但限于时间和编者的学识、经验，疏漏之处，仍恐难免，恳请广大同行和读者不吝赐教，以便今后修改提高。

编　者

目
Contents
录

学习单元一

直流电路的认识

先导案例

手电筒是日常生活中最常用的照明工具，如图 1-1（a）所示，手电筒电路就是一个最简单的实际电路。手电筒中的灯泡为何能点亮？它是如何工作的呢？

电路模型的概念，电路的基本物理量——电压、电流以及参考方向的概念，电阻、电压源、电流源等电路基本元件的约束关系——伏安特性，电路整体约束关系——基尔霍夫定律。以上都是电路的基础知识，是电路分析的基本依据，贯穿于全书。只有掌握了这些基本概念和定律才能进一步学习后续内容。

学习模块 1　电路及电路模型的组成

学习目标

1. 熟悉电路的组成及其功能。
2. 理解理想元件及电路模型的概念。
3. 认识常用电路元件图形符号。

随着现代科技的日益进步，电能在人类社会的各个领域中得到了广泛的应用，并发挥着越来越重要的作用，人们的日常生活已经离不开电能。

试想想，没有电的世界是一个什么样的世界？

一、一个电路问题

水流流过的路径称为河床或渠道，电路是电流流过的路径。

列举一些实际电路如图 1－1 所示。为了明白电路理论包括哪些内容，以汽车照明电路为例，如图 1－1（c）所示，蓄电池（12.6 V）、左前灯（5.25 Ω）、右前灯（5.25 Ω）、连接导线和汽车底盘构成了汽车照明电路。当合上开关时，电路中有电流通过，灯泡发光。我们说，蓄电池、灯泡、开关通过导线的连接就构成了一个电路。可以利用电路理论计算导线中的电流、电池输出的功率和流入每个前灯的能量。

蓄电池、小灯泡、导线、开关统称电路元器件。

二、电路的组成

图 1－1 所示的电路中，蓄电池为电路提供电能，称之为电源；灯泡将电能转化为光能，称之为负载，也称之为用电器；导线和开关起到传输电能和控制电能的作用，称之为电路的中间环节。

电路是由电源、负载、中间环节三个基本部分组成的。

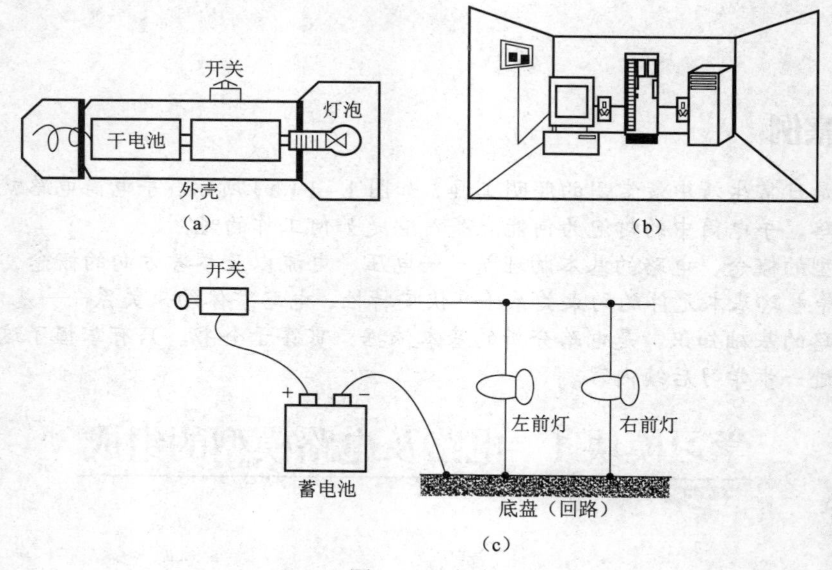

图 1－1　电路

（a）手电筒；（b）家电线路；（c）汽车照明电路

1. 电源

电源为电路提供电能，电源内部进行从非电能到电能的转换。

常见的电源有干电池、蓄电池、发电机等，其中干电池是将化学能转换成电能，发电机是将机械能转换成电能。

2. 负载（用电器）

负载（用电器）是将电能转换成其他形式能的装置。

常见的负载如灯泡、电炉、电动机等，其中灯泡是将电能转换成光能和热能，电动机是将电能转换成机械能。

试想想，如果我们的生活中没有用电器将会是什么样子？

3. 导线

提起导线，大家再熟悉不过了。导线是用来连接电路元件，起着传输、分配电能的作用。导线不一定都是线的形状，手电筒筒壳内的金属片、印刷电路板上的铜膜等都是导线，常用的导线是铜导线、铝导线。

4. 开关

开关在电路中用来控制电路的接通或断开，以保证电路的正常工作。开关在我们日常生活中使用得非常普遍，你可以列举出身边各种各样的开关。

电路中简单的中间环节可以仅由连接导线和开关组成，但复杂的中间环节可以是一个庞大而复杂的控制系统。

三、电路模型

图 1－1 是用电器的实物图形来表示的电路，其优点是直观，但画起来很复杂，不便于分析和研究。因此，为了便于电路的描述，总是把实际的电器抽象成为理想化的模型，用规定的图形符号来表示。

图 1－1（c）所示电路中的蓄电池用电压源 U_S（12.6 V）来代替，灯泡用电阻元件 R（5.25 Ω）来代替，导线、底盘用理想导线来代替，这样就构成与图 1－1（c）所示汽车照明电路相对应的电路模型，如图 1－2 所示。

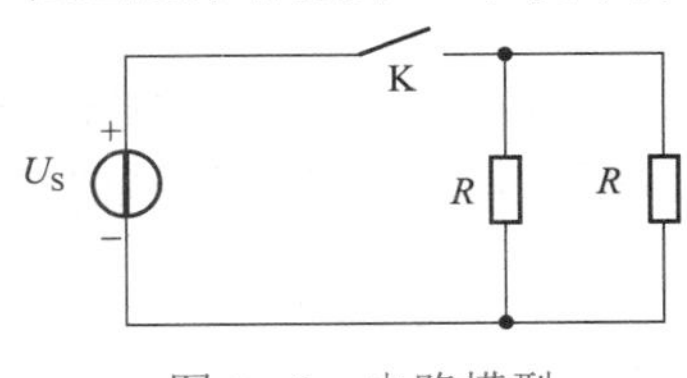

图 1－2　电路模型

部分常用理想电路元件的图形符号及文字符号如表 1－1 所示。

表 1－1　常用理想电路元件的文字符号与图形符号

名称	符号	名称	符号	名称	符号
电阻器		电压源	+ U_S −	白炽灯	
电容器		电流源	I_S	干电池	+
电感器		电压表	V	熔断器	
接地		电流表	A	开关	

自我检测

1. 试列举两种实际电路，指出电路的三个组成部分，并说明电路的功能。
2. 什么是电路模型？为什么电路中分析的是电路模型？

学习模块 2　电路基本物理量的认识

学习目标

1. 掌握电路中基本物理量的概念。

2. 深刻理解电路元件中电压、电流参考方向的概念。
3. 掌握电功率及其计算方法。

在图1-1（c）所示的汽车照明电路中，要分析灯泡为什么会发光、灯泡的亮度与哪些因素有关等问题时，都将涉及电路的基本物理量。

电路的基本物理量包括电流、电压、电功率等，我们学习电工基础的基本任务就是分析和计算电路中的基本物理量。

一、电流

1. 电流的定义

电荷的定向运动形成电流，即

电荷定向移动→电流

表示电流强弱的物理量称为电流，用 $i(t)$ 表示，定义为单位时间内通过导体横截面的电荷量。设在 Δt 时间内通过横截面 S 的电荷量为 Δq，则通过该截面的电流为

$$i(t)=\frac{\Delta q}{\Delta t} \tag{1-1}$$

若电流的大小和方向都不随时间变化，则称为直流电流。用大写的字母 I 表示，并有

$$I=\frac{Q}{t} \tag{1-2}$$

式中，Q 是在时间 t 内通过导体横截面的电荷量。

在国际单位制（SI）中，电流的单位是安培，简称安（A）。对大电流以千安（kA）为单位，小电流以毫安（mA）或微安（μA）为单位，其关系为

$$1\ \text{kA}=10^{3}\ \text{A}$$
$$1\ \text{mA}=10^{-3}\ \text{A}$$
$$1\ \mu\text{A}=10^{-6}\ \text{A}$$

2. 电流的参考方向

我们知道“水往低处流”，因此水流是有方向的，同样电流也有方向。我们规定电流的实际方向为正电荷运动的方向。但是，在电路分析中，电流的实际方向很难预先判断出来，而且有时实际的电流方向是不断变化的，因此很难在电路中标明电流的实际方向。如何解决这个问题呢？我们在电路中引入人为假定的电流方向，称之为电流的“参考方向”。

在图1-3中选定某一个方向为电流的参考方向（图中用实线表示）。把电流看作代数量，若电流的实际方向与电流的参考方向一致，则电流为正值（$I>0$）；若电流的实际方向与电流的参考方向相反，则电流为负值（$I<0$）。引入电流参考方向后，根据电流的正负，就可以确定电流的实际方向。

电流的参考方向是任意指定的，在电路中一般用箭头表示，也可以用双下标表示，如 i_{ab} 表示参考方向是由“a”指向“b”。

参考方向是电路中一个重要的概念，学习时应注意以下两点：

（1）电流的参考方向是人为任意设定的，但一经设定就不得改变；

（2）不标参考方向的电流没有任何意义。

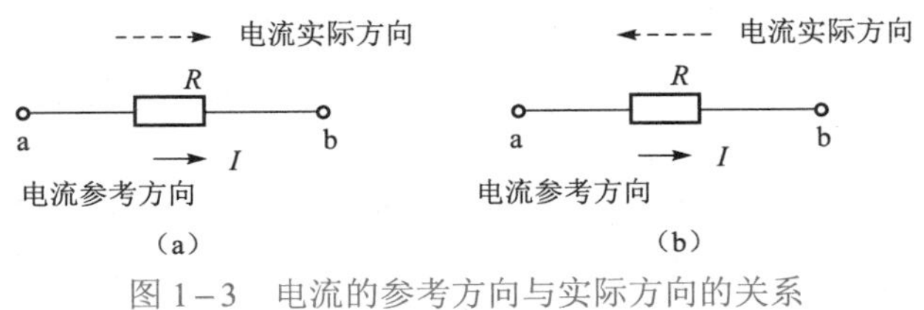

图 1－3　电流的参考方向与实际方向的关系

（a）$I>0$；（b）$I<0$

小结：

（1）电荷的定向运动形成电流。

（2）在电路中表示电流时，必须要同时知道参考方向和电流值，电流值可为正，也可为负。

例 1－1　如图 1－4 所示，已知 $I=-5$ A，若将参考方向改为 I' 的方向，则 $I'=?$

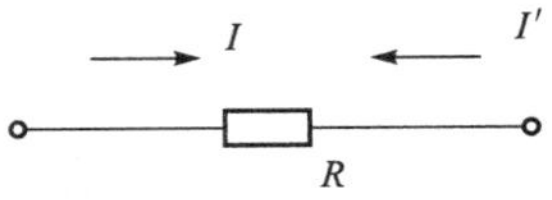

图 1－4　例 1－1 图

解　因为 $I=-5$ A，表明电路中电流的实际方向与参考方向相反，参考方向改为 I' 的方向时，电流的实际方向与参考方向相同，所以

$$I'=5\text{ A}$$

思考题：取 $I=5$ A，重解该题。

例 1－2　如图 1－5 所示，试说明电流的实际方向。

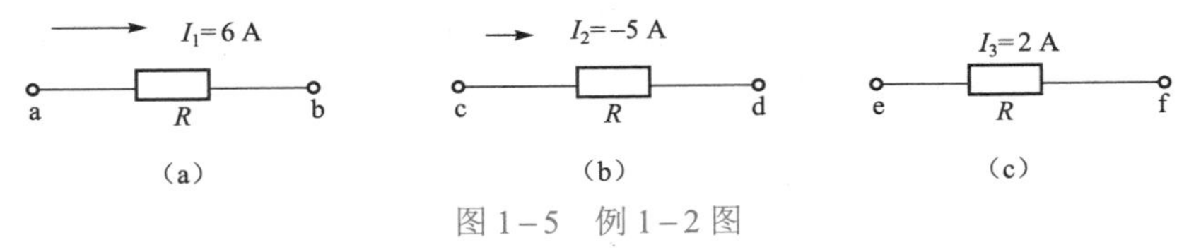

图 1－5　例 1－2 图

解　图（a）中，$I_1=6\text{ A}>0$ 为正值，说明电流的实际方向和参考方向相同，即从 a 流到 b。

图（b）中，$I_2=-5\text{ A}<0$ 为负值，说明电流的实际方向和参考方向相反，即从 d 流到 c。

图（c）中，未设定电流的参考方向，给出的 $I_3=2\text{ A}>0$ 无物理意义，无法判断实际电流的方向。

思考题：结合本例说明电流的参考方向与实际方向的相互关系。

例 1－3　某导体在 5 分钟内均匀通过 6 库仑的电荷量，求导体中流过的电流。

解
$$I=\frac{\Delta q}{\Delta t}=\frac{6}{5\times 60}=0.02\text{ A}$$

思考题：试将该电流用毫安和千安来表示，并说明用哪一个单位来表示更合理？

二、电压和电位

1. 电压

我们知道水从高处流向低处是因为两点间有水压差，如图 1－6 所示。同样在电路中使电荷做定向运动形成电流的条件是两点间具有电位差，称之为电压。

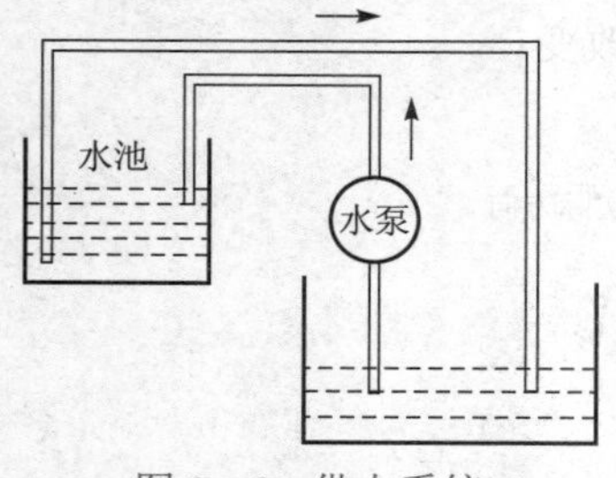

图1-6　供水系统

电压是衡量电场力移动电荷做功能力的物理量。我们规定：电场力把Δq正电荷从a点移到b点所做的功为ΔW_{ab}，则a、b间的电压（用u_{ab}表示）为

$$u_{ab}=\frac{\Delta W_{ab}}{\Delta q} \tag{1-3}$$

大小和方向都不随时间变化的电压称为直流电压，用U_{ab}表示，即

$$U_{ab}=\frac{W_{ab}}{q} \tag{1-4}$$

在国际单位制（SI）中，电压的单位是伏特，简称伏（V）。对大电压以千伏（kV）为单位，小电压以毫伏（mV）或微伏（μV）为单位，其关系为

$$1\ \text{kV}=10^{3}\ \text{V}$$
$$1\ \text{mV}=10^{-3}\ \text{V}$$
$$1\ \mu\text{V}=10^{-6}\ \text{V}$$

电压的实际方向规定为从高电位点指向低电位点，是电压降的方向。与电流一样，为方便电路分析，需选定一个电压参考方向。若电压的实际方向与电压的参考方向一致，则电压为正值（$U>0$）；若电压的实际方向与电压的参考方向相反，则电压为负值（$U<0$）。在选定的电压参考方向下，根据电压值的正负，就可以确定电压的实际方向。

电压参考方向可用箭头来表示，如图1-7（a）所示；或用极性符号来表示，“+”表示高电位，“-”表示低电位，如图1-7（b）所示；也可用双下标表示，U_{ab}表示“a”为高电位，“b”为低电位，如图1-7（c）所示。

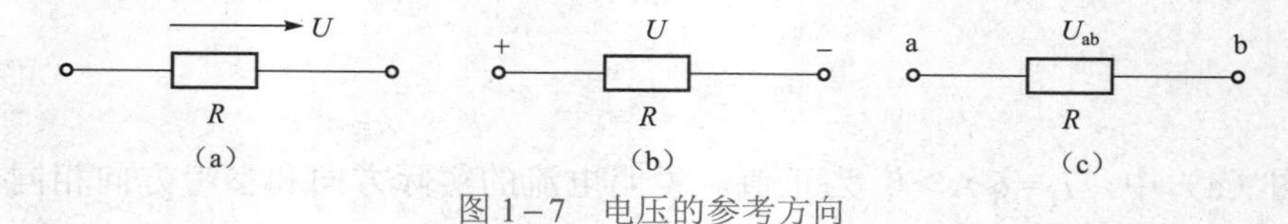

图1-7　电压的参考方向

例1-4　电阻R上的电压参考方向如图1-8所示，已知$U_1=5$ V，$U_2=-3$ V，试说明电压的实际方向。

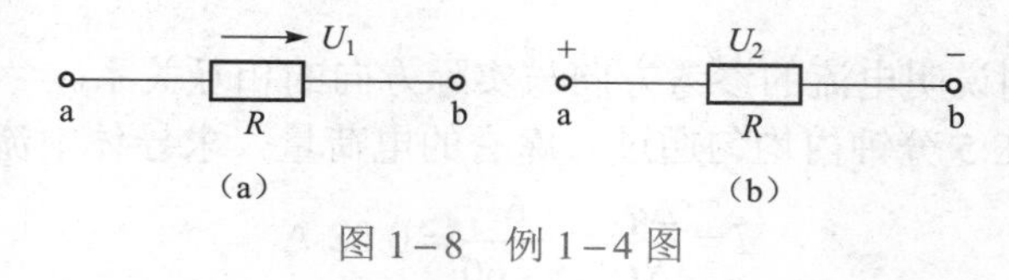

图1-8　例1-4图

解　图（a）中，$U_1=5\ \text{V}>0$为正值，说明电压的实际方向和参考方向相同，即从a指向b；

图（b）中，$U_2=-3\ \text{V}<0$为负值，说明电压的实际方向和参考方向相反，即从b指向a。

思考题：结合本例说明电压的参考方向与实际方向的相互关系。

例1-5　电荷量为0.003 C的正电荷，在电场中从a点移到b点，电场力所做的功为0.06 J。试求U_{ab}=？电荷量为0.04 C的正电荷从a点移到b点，电场力所做的功是多少？

解

（1）$U_{ab}=\dfrac{W_{ab}}{q}=\dfrac{0.06}{0.003}\text{V}=20\text{ V}$

（2）$W_{ab}=q\times U_{ab}=0.04\times 20\text{ J}=0.8\text{ J}$

思考题：如果将电荷量为 0.04 C 的正电荷从 b 点移到 a 点时，电场力所做的功又是多少？

2. 关联参考方向和非关联参考方向

对一段电路或一个元件上的电压参考方向和电流参考方向可以独立地加以任意指定。当电流、电压的参考方向选得一致时，则称之为关联参考方向，如图 1-9（a）中的 I 和 U；反之称为非关联参考方向，如图 1-9（b）中的 I 和 U。

一般来说，对负载采用关联参考方向，对电源采用非关联参考方向。

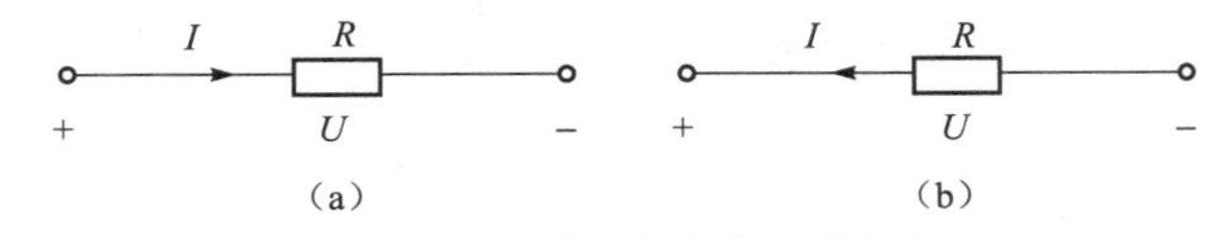

图 1-9 电压、电流的参考方向
（a）关联参考方向；（b）非关联参考方向

3. 电位

如图 1-10 所示，测得距离海平面的海拔，两点间的海拔差称为高度。同样，可以将此方法运用到电路中。我们把电路中某点与参考点之间的电压差称为该点的电位。电路中 a 点的电位可表示为 U_a，电位的单位和电压的单位一样，用伏（V）表示。

电路中参考点（也可称为基准点）的电位为零，通常用字母“O”或符号“⊥”表示。参考点与电位的相互关系为：

（1）电位参考点可以任意选择，参考点的电位为零。

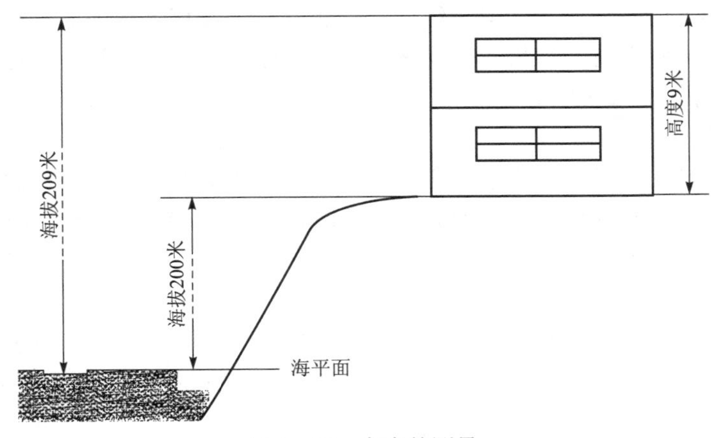

图 1-10 高度的测量

（2）电路中各点的电位为该点与参考点之间的电压差。

（3）参考点不同，电路中各点的电位也不同，但任意两点间的电位差（电压）不变。

（4）在研究同一电路时，只能选取一个电位参考点。

例 1-6 在图 1-11 所示电路中，已知 $U_{S1}=10\text{ V}$，$U_{S2}=4\text{ V}$，分别以 c、a 为参考点，求 a、b、c 各点的电位及 ab 两点之间的电压。

解　电路中各点的电位是指该点对参考点的电压降。比参考点高的电位为“+”，比参考点低的电位为“−”。

（1）以c点为参考点（$U_c=0$ V），a、b、c点的电位为

$$U_c=0\ \text{V}$$
$$U_a=U_{S1}=10\ \text{V}$$
$$U_b=U_{S2}=4\ \text{V}$$
$$U_{ab}=U_a-U_b=(10-4)\text{V}=6\ \text{V}$$

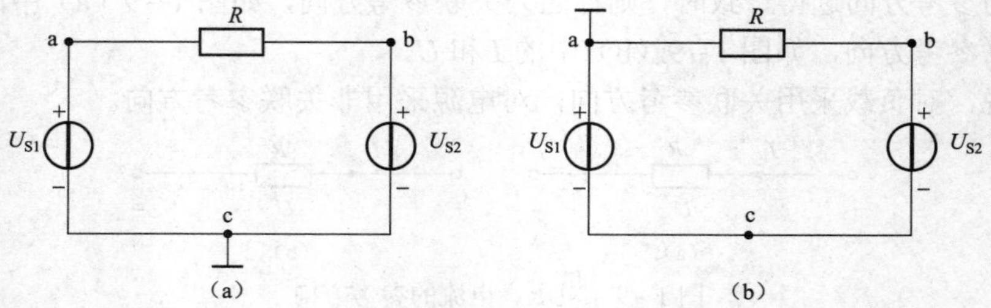

图1-11　例1-6图
（a）$U_c=0$ V；（b）$U_a=0$ V

（2）以a点为参考点（$U_a=0$ V），a、b、c点的电位为

$$U_a=0\ \text{V}$$
$$U_b=U_{S2}-U_{S1}=(4-10)\text{V}=-6\ \text{V}$$
$$U_c=-U_{S1}=-10\ \text{V}$$
$$U_{ab}=U_a-U_b=[0-(-6)]\text{V}=6\ \text{V}$$

可见，参考点不同，电路中各点的电位也不同，但任意两点间的电位差（电压）不变。参考点的选择原则上讲是任意的，但一经选定，在分析和计算过程中就不得改动。

思考题：根据本例求得的结果，试问是选用a点还是c点为参考点更为合理？

三、电功与电功率

电路是电流流过的路径，也是电能流动的路径。我们知道用电设备都有额定功率的限制：例如100瓦的灯泡当其长期输出大于100瓦功率时，灯泡将烧毁。因此能量在电路中流动时，必须计算其流动的“速度”即——功率。

1. 电功率

电功率简称为功率，定义为单位时间内电路吸收或释放的电能，用$P(t)$表示。在Δt时间内，正电荷Δq在电场力作用下，从a点移动到b点所做的功为ΔW，则有

$$P(t)=\frac{\Delta W}{\Delta t}$$

由式（1-1）和式（1-3）可得

$$P(t)=u(t)i(t) \tag{1-5}$$

在直流电路中，电流、电压均为常量，故有

$$P=UI \tag{1-6}$$

式（1-5）、式（1-6）是按电流和电压为关联参考方向表示的，如图1-12（a）所示计

算的电路消耗（或吸收）功率。若电流和电压为非关联参考方向，如图1－12（b）所示，电路消耗（或吸收）的功率为

$$P(t)=-u(t)i(t) \tag{1-7}$$

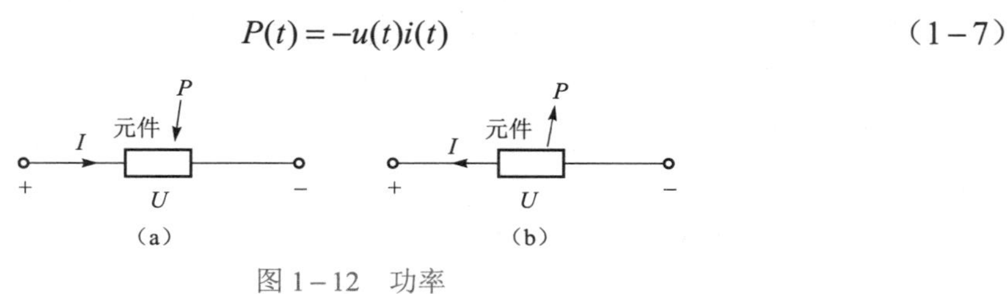

图1－12　功率

（a）关联参考方向；（b）非关联参考方向

电路消耗的功率有以下几种情况：

（1）$P>0$，说明该段电路消耗功率为P，为负载性质；

（2）$P=0$，说明该段电路不消耗功率，为导线性质；

（3）$P<0$，说明该段电路消耗功率为$-P$，发出（或提供）功率为P，为电源性质。

在国际单位制（SI）中，功率的单位是瓦特，简称为瓦（W）。对大功率，以千瓦（kW）或兆瓦（MW）为单位；对小功率，以毫瓦（mW）或微瓦（μW）为单位。相互的关系为

$$1\ \text{kW}=10^3\ \text{W}$$
$$1\ \text{MW}=10^6\ \text{W}$$
$$1\ \text{mW}=10^{-3}\ \text{W}$$
$$1\ \mu\text{W}=10^{-6}\ \text{W}$$

例1－7　试求图1－13中元件的功率。

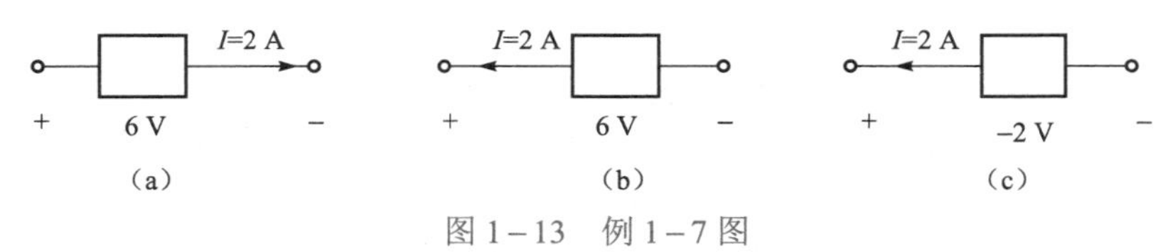

图1－13　例1－7图

解　（a）电流和电压为关联参考方向，元件吸收的功率为

$$P=UI=(6\times 2)\text{W}=12\ \text{W}$$

元件消耗的功率为12 W。

（b）电流和电压为非关联参考方向，元件吸收的功率为

$$P=-UI=(-6\times 2)\text{W}=-12\ \text{W}$$

元件发出的功率为12 W，或元件消耗的功率为−12 W。

（c）电流和电压为非关联参考方向，元件吸收的功率为

$$P=-UI=[-(-2)\times 2]\text{W}=4\ \text{W}$$

元件消耗的功率为4 W。

思考题：试问本例中哪些元件具有电源特性？哪些元件具有负载特性？

2. 电功

电流流过负载时，负载将电能转化成其他形式的能。电流所做的功称为电功，用符号W表示。

在直流电路中，电流、电压均为恒值，在0～t段时间内电路消耗的电能为

$$W=UIt \quad (1-8)$$

在国际单位制（SI）中，电功的单位是焦耳，简称为焦（J）。日常生活中常用“度”来衡量使用电能的多少，功率为1 kW的设备用电1小时所消耗的电能为1度，即

$$1\text{度}=1\text{千瓦}\times 1\text{小时}=3.6\times 10^6\ \text{J} \quad (1-9)$$

例1-8 直流电动机的工作电压为220 V，工作电流为10 A，试求其工作10 h所消耗的电能。

解 $W=UIt=(220\times 10\times 10)\ \text{kW}\cdot\text{h}=22\ \text{kW}\cdot\text{h}=22\text{度}$

例1-9 试求220 V、40 W白炽灯的工作电流，若平均每天工作2.5 h，电价为0.53元/度，求每月（以30天计）应付出的电费。

解 由$P=UI$，则

$$I=\frac{P}{U}=\frac{40}{220}\ \text{A}\approx 0.18\text{A}$$

每月消耗电能

$$W=Pt=(40\times 2.5\times 30)\text{W}\cdot\text{h}=3\ 000\ \text{W}\cdot\text{h}=3\ \text{kW}\cdot\text{h}=3\text{度}$$

每月应付电费 0.53×3 元 $=1.59$ 元

自我检测

1. 在图1-14中，请用虚线箭头表示电流的实际方向，同时确定i是大于零还是小于零。

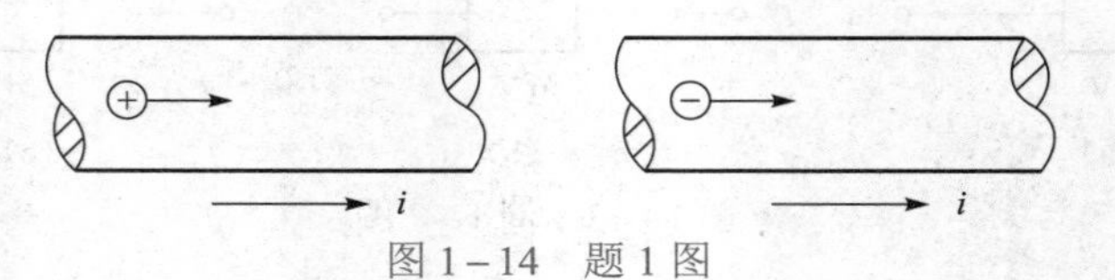

图1-14 题1图

2. 已知某电路中$U_{ab}=-5$ V，试说明a、b两点哪点电位高？
3. 如图1-15所示，当$U=-150$ V时，试写出U_{AB}和U_{BA}各为多少伏？
4. 已知流过电路中的电荷$q=(100t+10)$ C，求电流i，画出q和i随t变化的曲线。
5. 若元件电压、电流为参考方向，如图1-16所示，已知

（a）$U=10$ V，$I=2$ A；（b）$U=-10$ V，$I=-2$ A；

（c）$U=-10$ V，$I=2$ A；（d）$U=10$ V，$I=-2$ A。

求各元件的功率，并判断它们是电源还是负载。

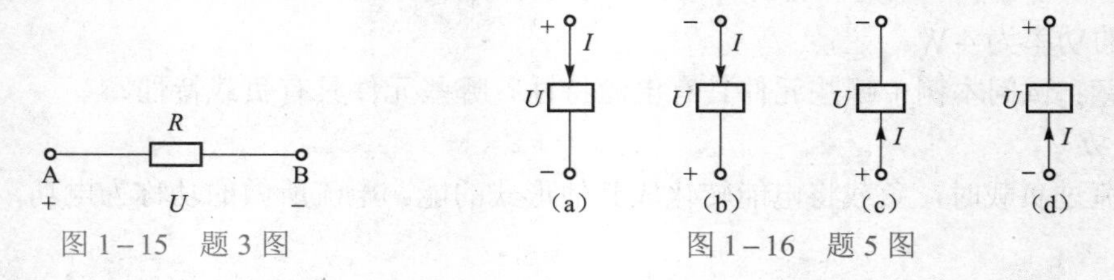

图1-15 题3图　　图1-16 题5图

6. 如图 1－17 所示，已知 $U_{AB}=10\ V$，$U_{CB}=20\ V$，$U_{AD}=15\ V$，以 A 为参考点，试求 A、B、C、D 四点电位 V_A、V_B、V_C、V_D。若以 C 为参考点，上述各点电位又是多少？

7. 如图 1－18 所示，已知元件的吸收功率 $P=30\ W$，求元件的端电压。若元件的发出功率 $P=30\ W$，元件的端电压又是多少？

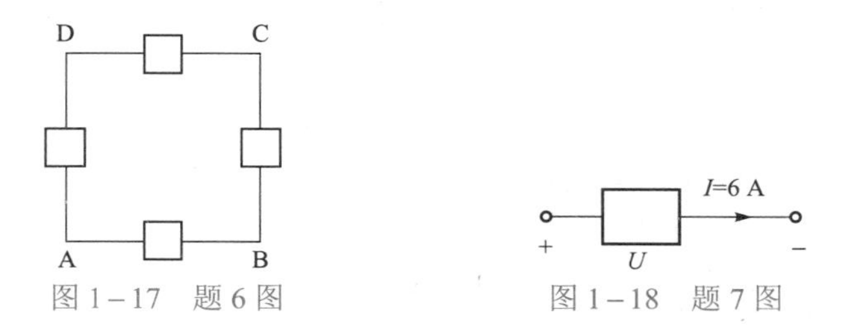

图 1－17　题 6 图　　图 1－18　题 7 图

答案

4. $I=100\ A$

6. 以 A 为参考点：$V_B=-10\ V$　$V_C=10\ V$　$V_D=-15\ V$

以 C 为参考点：$V_A=-10\ V$　$V_B=-20\ V$　$V_D=-25\ V$

7. $U=5\ V$　$U=-5\ V$

学习模块 3　常用电路元件的认识

学习目标

1. 了解电阻元件的种类及其参数。
2. 理解电压源与电流源的参数，掌握它们的伏安特性。
3. 了解受控源及其特性。

前面我们介绍了电流、电压，并说明了如何描述电路中的能量流动。为说明这些内容，还给出了一些电路元件：电源、开关和电阻，但没有对这些电路元件进行仔细的定义和解释。在本节将介绍这些电路元件。

一、电阻元件

图 1－1（c）所示的汽车照明电路中，灯泡可以用电阻来表示。那么电阻是一个什么样的电路元件？电阻的阻值又与哪些因素有关呢？

电阻是表征导体对电流阻碍能力的物理量，用 R 表示，单位为欧，符号为 Ω。

实验证明，在一定温度（一般为 20 ℃）下，均匀截面金属导体的电阻与长度、电阻率成正比，与其截面积成反比，即

$$R=\rho\frac{l}{S} \tag{1-10}$$

式中：l——导体的长度，单位米（m）；

S——导体的截面积，单位平方米（m^2）；

ρ——导体的电阻率，单位欧·米（Ω·m），电阻率也称电阻系数，通常是指在20 ℃时，长1 m，截面积为1 m^2的电阻值。

导体的电阻率ρ与导体的几何形状无关，只与导体材料和所处的温度有关。电阻率反映了各种材料导电性能的好坏，电阻率越大，表示导电性越差。通常将电阻率小于 10^{-6} Ω·m的材料称为导体，如金属导体；电阻率大于10^7 Ω·m的材料称为绝缘体，如石英、塑料等；而电阻率介于导体和绝缘体之间的材料称为半导体，如锗、硅。为减少输电线路中电能的损耗，要求导线的电阻尽可能的小，所以各种导线都用铜、铝等电阻率小的金属导体制成。为了安全，电工工具上都安装了橡胶等电阻率很大的绝缘体。

表1－2列出了常用电工材料在20 ℃时的电阻率。

表1－2　几种常用材料的电阻率与温度系数

材料	电阻率ρ/（Ω·m）（20 ℃）	温度系数α/1/℃
银	0.159	0.003 80
铜	0.017 5	0.003 93
铝	0.028 3	0.004 10
铁	0.097 8	0.005 0
钨	0.057 8	0.005
康铜	0.48	0.000 008
黄铜	0.07	0.002
镍铬合金	1.09	0.000 16
铁铬合金	1.26	0.000 28

导体的电阻值还与温度有关。例如，当温度升高以后，一般金属材料的电阻会增大，而碳、电解液及某些合金材料的电阻会减小。

电阻的倒数叫做电导，用符号G表示，即

$$G=\frac{1}{R} \tag{1-11}$$

电导和电阻一样，也是反映物体导电能力的物理量。电导的单位是西门子，简称西，用符号S表示。

二、电压源和电流源

1. 电压源

（1）理想电压源。理想电压源总是保持给定的电压值，与其输出的电流无关。理想电压源可以无限地提供能量，简称电压源。

电压源具有以下两个特点：

① 电压源的端电压u_S是一个固定的函数，不随外电路的不同而改变；

② 电压源的输出电流由外电路决定。

电压源的图形符号如图 1－19（a）所示，其中 u_S 为电压源的电压，“+”、“－”为参考极性。我们把端电压为常数的电压源称为直流电压源，即有 $u_S=U_S$。直流电压源的图形符号如图 1－19（b）和（c）所示，图 1－19（c）中长线表示电压源的正极，短线表示电压源的负极。

图 1－20 为直流电压源的伏安特性，是一条不通过原点且与电流轴平行的直线。

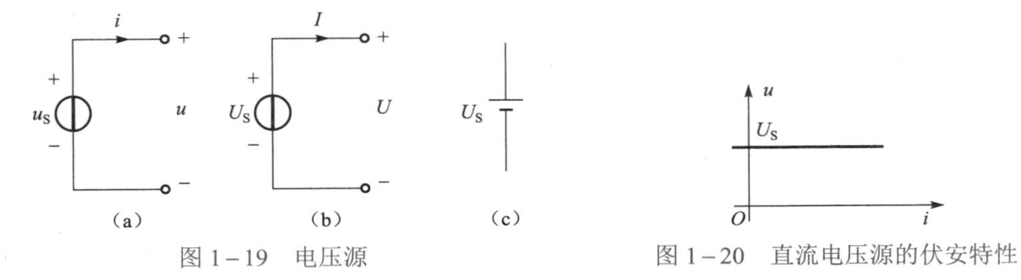

图 1－19　电压源　　　　图 1－20　直流电压源的伏安特性

（2）实际电压源。理想电压源在实际中是不存在的，实际电压源内部总存在一定的电阻，我们称之为内阻。由于实际电压源中内阻的存在，电压源的电压并不能全部输出，有一部分内阻分压，因此实际电压源不具有端电压恒定的特点。如干电池是一个具有一定内阻的直流电压源，当接上负载时，内阻上有能量损耗，工作电流越大，内阻能量损耗就越大，干电池的端电压（输出给负载）就越小。

实际电压源的电路模型可以用理想电压源 U_S 和内阻 R_S 相串联来表示，如图 1－21（a）所示。实际电压源的端电压 U 为

$$U=U_S-IR_S \tag{1-12}$$

式中，IR_S 部分为电源内阻的压降，说明实际电压源的端电压 U 低于理想电压源的电压 U_S。

由式（1－12）可知实际直流电压源的伏安特性如图 1－21（b）所示，由（b）图可知实际电压源的内阻越小，其特性越接近理想电压源。工程中常用的稳压电源及大型电网在工作时的输出电压基本不随外电路而变化，都可以近似地看做理想电压源。

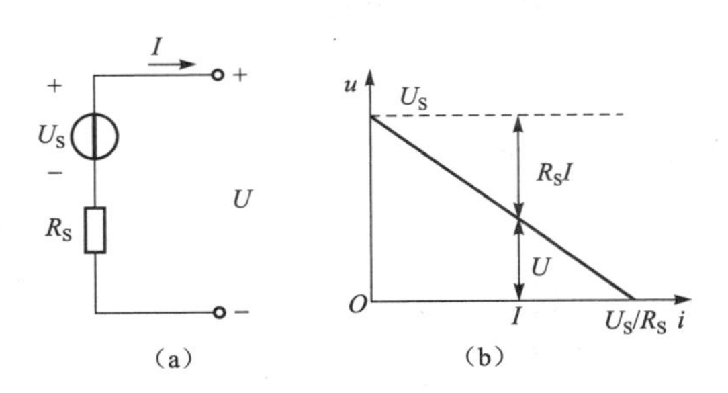

图 1－21　实际电压源模型与伏安特性

2. 电流源

（1）理想电流源。理想电流源提供恒定的电流，与其输出电压无关。理想电流源可以提供任意所需的能量，简称电流源。

理想电流源具有以下两个特点：

① 电流源的电流 i_S 是一个固定的函数，不随外电路的不同而改变；

② 电流源的端电压由外电路决定。

电流源的图形符号如图 1－22（a）所示，其中 i_S 为电流源的电流，箭头所指的方向为 i_S 的参考方向。电流为常数的电流源称为直流电流源，即 $i_S=I_S$，直流电流源的图形符号如图 1－22（b）所示。直流电流源的伏安特性曲线如图 1－22（c）所示，是平行于 u 轴的一条直线。

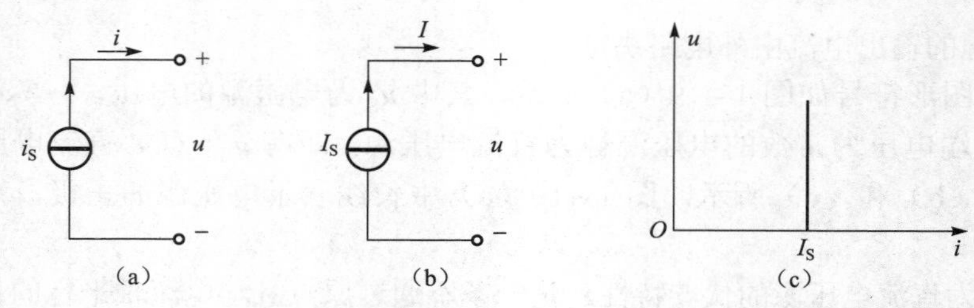

图 1－22　电流源及伏安特性

（2）实际电流源。理想电流源在实际中是不存在的。由于实际电流源内电导的存在，电流源的电流并不能全部输出，有一部分将在内阻中分流，因此实际电流源不具有恒定端电流的特点。实际电流源的电路模型可以用理想电流源 I_S 和内导 G_S 相并联来表示，如图 1－23（a）所示。实际电流源的端电流 I 为

$$I = I_S - UG_S \tag{1-13}$$

式中，UG_S 部分为电源内导的分流，说明实际电流源的端电流 I 低于理想电流源的电流 I_S。

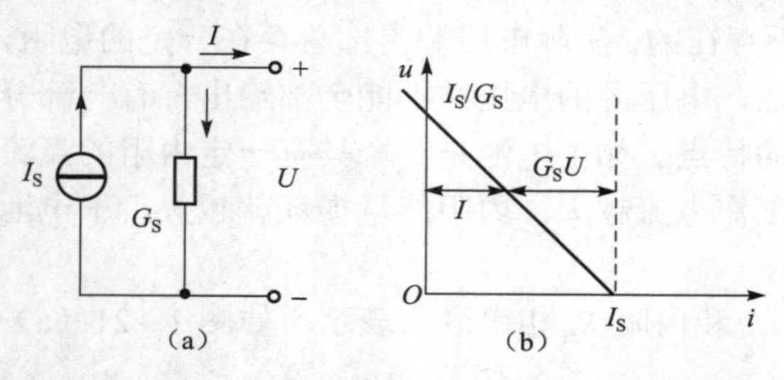

图 1－23　实际电流源及伏安特性接

由式（1－13）可知实际直流电流源的伏安特性如图 1－23（b）所示，由（b）图可知实际电流源的内导越小，其特性越接近理想电流源。晶体管稳流电源及光电池等器件在工作时都可以近似地看做理想电源。

电压源的输出电压、电流源的输出电流都不受外电路的影响，是一个独立量，因此这类电源常被称为独立电源。

例 1－10　如图 1－24 电路中，已知 $I=2$ A，$R=4\ \Omega$，试求 I_S 及 U。

解　电流源输出恒定电流，即

$$I_S = I = 2\ \text{A}$$

电流源的端电压由外电路决定，即

$$U = IR = (2 \times 4)\text{V} = 8\ \text{V}$$

思考题：将 R 的阻值改为 8 Ω、50 Ω再求解上题。

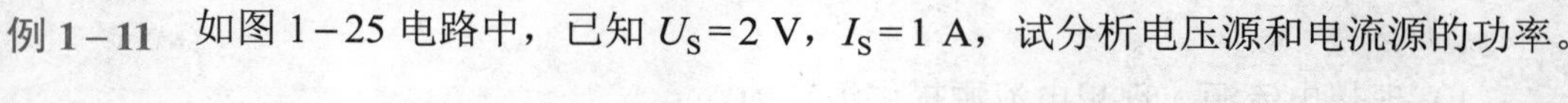
例 1－11　如图 1－25 电路中，已知 $U_S=2$ V，$I_S=1$ A，试分析电压源和电流源的功率。

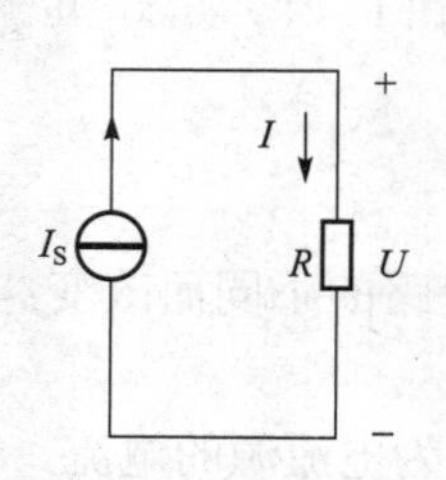

图 1－24　例 1－10 图

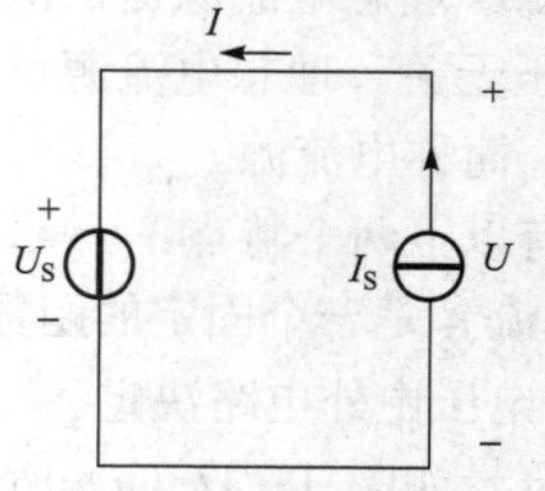

图 1－25　例 1－11 图

解　由图可知 $I=1$ A，$U=2$ V。

电压源的参考方向为关联参考方向，电压源的功率为

$$P_1 = UI = (2\times1)\text{W} = 2\ \text{W}$$

$$P_1 > 0 \quad \text{吸收功率}$$

电流源的参考方向为非关联参考方向，电流源的功率为

$$P_2 = -UI = (-2\times1)\text{W} = -2\ \text{W}$$

$$P_2 < 0 \quad \text{释放功率}$$

通过计算可知电流源释放的功率等于电压源吸收的功率，在电路中功率始终都是守恒的，即电路中释放的功率总是等于电路中吸收的功率。图 1－25 中，电流源是电压源的外电路，同时，电压源又是电流源的外电路。

思考题：将电压源的极性反向后再求解本例。

例 1－12　图 1－26 所示电路为蓄电池充电的电路模型，其中 R 为限流电阻。

（1）试求端电压 U；

（2）求蓄电池吸收的功率；

（3）求电阻所消耗的功率。

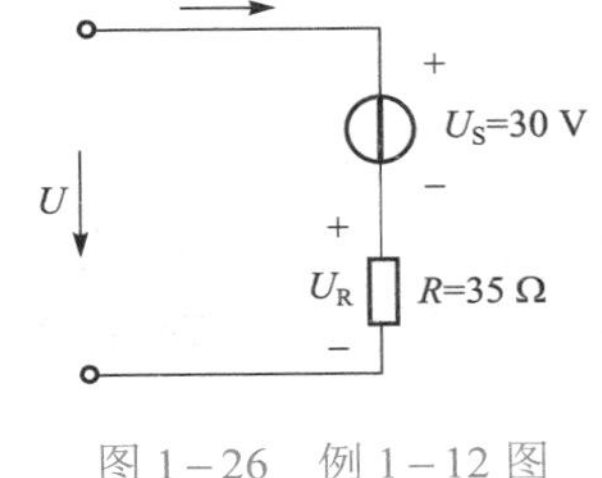

图 1－26　例 1－12 图

解　电路中电压和电流的参考方向如图 1－26 所示。

（1）限流电阻 R 上的压降为

$$U_R = RI = (35\times2)\text{V} = 70\ \text{V}$$

可求得端电压 U 为

$$U = U_S + U_R = (30+70)\text{V} = 100\ \text{V}$$

（2）蓄电池充电，其吸收的功率为

$$P_{U_S} = U_S I = (30\times2)\text{W} = 60\ \text{W}$$

（3）电阻所消耗的功率为

$$P_R = U_R I = (70\times2)\text{W} = 140\ \text{W}$$

思考题：如果不小心将外加的充电电压方向接反了，再计算电流 I，分析会出现怎样的结果？

三、受控源

受控源是从实际电路中抽象出来的四端理想电路模型。受控源的端口电压或电流是受电路中某部分的电流或电压控制的，并不是独立的，因此受控源又称为非独立电源。

受控源有两个端口，一个为受控端或称为输出端口，受控量可以是电压或电流；另一个为施控端或称为输入端口，施控量可以是电流或电压。

受控量是电压的称为受控电压源，受控电压源按其施控量是电压还是电流又可分为电压控制电压源（VCVS）和电流控制电压源（CCVS）两种；受控量是电流的称为受控电流源，受控电流源按其施控量是电压还是电流又可分为电压控制电流源（VCCS）和电流控制电流源（CCCS）两种。

受控源的电路模型如图 1－27 所示。受控源的端口电压和电流关系分别为

电压控制电压源（VCVS）

$$\left.\begin{aligned} u_2(t) &= \mu u_1(t) \\ i_1(t) &= 0 \end{aligned}\right\} \tag{1-14}$$

电流控制电压源（CCVS）

$$\left.\begin{aligned} u_2(t) &= r i_1(t) \\ u_1(t) &= 0 \end{aligned}\right\} \tag{1-15}$$

电压控制电流源（VCCS）

$$\left.\begin{aligned} i_2(t) &= g u_1(t) \\ i_1(t) &= 0 \end{aligned}\right\} \tag{1-16}$$

电流控制电流源（CCCS）

$$\left.\begin{aligned} i_2(t) &= \beta i_1(t) \\ u_1(t) &= 0 \end{aligned}\right\} \tag{1-17}$$

式中，μ、r、g、β 是控制系数，其中 μ 和 β 的量纲为 1，r 和 g 分别具有电阻和电导的量纲。当控制系数为常数时，被控量与施控量成正比，这种受控源称为线性受控源。本教材只介绍线性受控源。

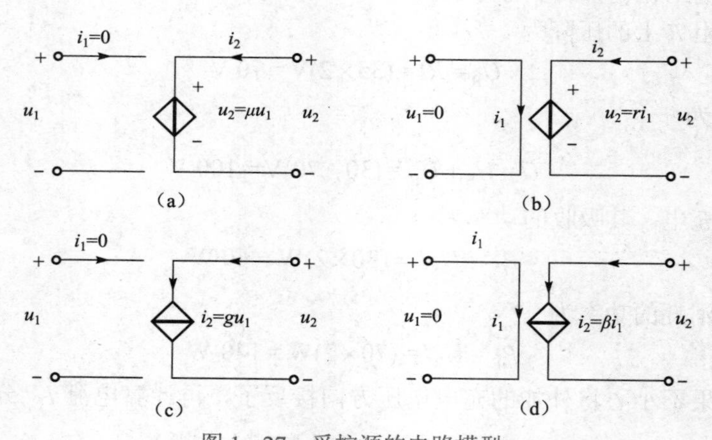

图 1－27　受控源的电路模型

（a）VCVS；（b）CCVS；（c）VCCS；（d）CCCS

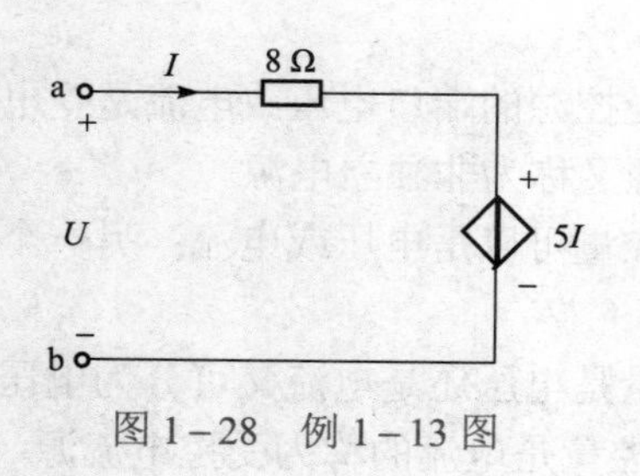

图 1－28　例 1－13 图

例 1－13　求如图 1－28 所示电路中 ab 端的等效电阻。

解　由图 1－28 易知

$$U=8I+5I$$

化简得

$$U=13I$$

所以

$$R=\frac{U}{I}=13\ \Omega$$

故 ab 端的等效电阻为 13 Ω。

自我检测

1. 受控源与理想电源有哪些区别？

2. 能否用图 1-29 中的（a）、（b）电路来表示实际直流电压源和实际直流电流源的电路模型，为什么？

3. 如图 1-30 所示，试求（a）、（b）电路中的电压源发出的功率。

4. 如图 1-31 所示，试求（a）、（b）电路中的电流源发出的功率。

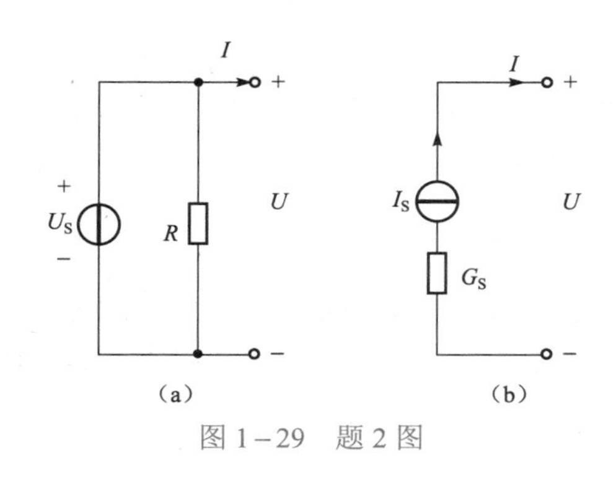

图 1-29　题 2 图

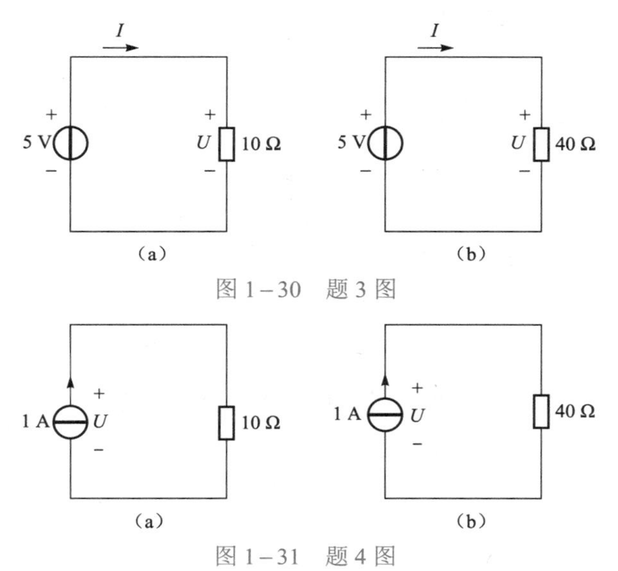

图 1-30　题 3 图

图 1-31　题 4 图

答案

1. 受控源的端口电压或电流是受电路中某部分的电流或电压控制的；理想电源的端口电压或电流是独立的。

2. 不能

3.（a）2.5 W　（b）0.625 W

4.（a）10 W　（b）40 W

学习模块 4　欧姆定律及应用

学习目标

1. 掌握电阻元件的伏安特性。

2. 掌握欧姆定律及应用。

通过前面的介绍我们可以知道，在导体两端加上电压时，导体中会产生持续的电流，那么，导体中的电流、导体两端的电压和导体的电阻又是什么样的关系，该如何进行定量的分析？德国科学家欧姆（1787—1854）在1827年最先通过实验发现了电流、电压和电阻的关系，我们称之为欧姆定律。

一、欧姆定律

如图1-32所示，欧姆定律指出：流过电阻的电流 i 与电阻两端的电压 u 成正比，与电阻的阻值 R 成反比。即

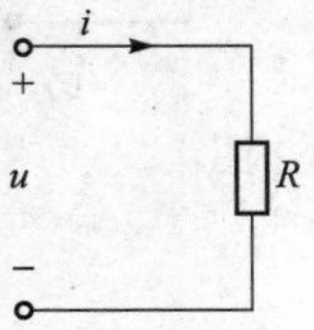

$$i=\frac{u}{R}$$

欧姆定律也可写成

$$u=Ri \tag{1-18}$$

图1-32 线性电阻

引入电导概念后，式（1-18）亦可写成

$$u=\frac{i}{G}$$

在国际单位制（SI）中，电阻的单位是欧姆，简称欧（Ω），对于大电阻我们通常采用兆欧（MΩ）和千欧（kΩ）为单位。相互的关系为

$$1\ \text{M}\Omega=10^6\ \Omega$$

$$1\ \text{k}\Omega=10^3\ \Omega$$

如果电阻元件电压与电流采用的是非关联参考方向时，如图1-33所示，则欧姆定律应写为

$$u=-Ri \tag{1-19}$$

或

$$u=-\frac{i}{G}$$

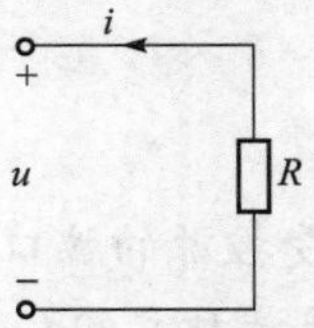

图1-33 非关联参考方向

所以注意欧姆定律的公式必须与参考方向配套使用。

例1-14 某白炽灯接在220 V电源上，正常工作时的电流为0.88 A，试求灯丝的热态电阻？

解 由欧姆定律可得

$$R=\frac{U}{I}=\frac{220}{0.88}\Omega=250\,\Omega$$

思考题：灯丝的热态电阻大，还是冷态电阻大？并以此来说明白炽灯为什么在刚通电时容易烧断灯丝。

例1-15 有一量程为300 V（即测量范围是0～300 V）的电压表，其内阻为40 kΩ。试求电压表测量电压时所允许通过的最大电流是多少？

解 图1-34（b）所示为电压表的等效电路，当所测电压为300 V时，流过电压表的电流为最大，所以有

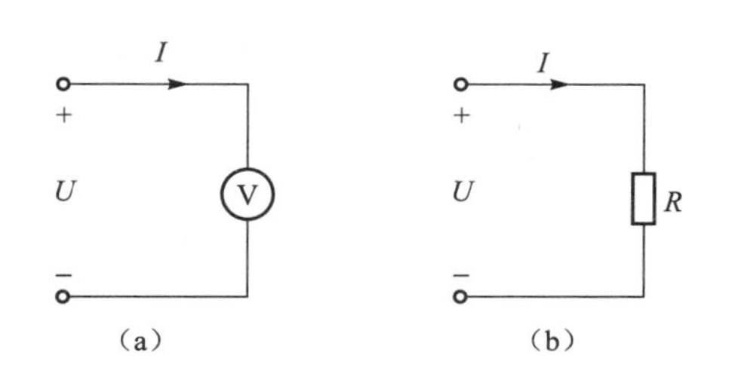

图 1－34　电压表等效电路

$$I_m = \frac{U_m}{R} = \frac{300}{40 \times 10^3}\text{A} = 0.007\,5\text{ A} = 7.5\text{ mA}$$

思考题：本例说明电压表在测量电压时，有电流流过电压表，试分析该测量电流对电压的测量造成什么样的影响？如何进行矫正呢？

例 1－16　如果人体最小电阻为 800 Ω，已知通过人体的电流为 50 mA 时，就会引起呼吸困难，不能自主摆脱电源，试求安全工作电压。

解　由式（1－18）可得

$$U = IR = (0.05 \times 800)\text{V} = 40\text{ V}$$

即人的安全工作电压为不超过 40 V。

通常对于不同的人体、不同的场合，安全电压的规定是不一样的。我国国家标准规定：12 V、24 V 和 36 V 三个电压等级为安全电压等级。其实是否安全与人体电阻、触电时间长短、工作环境、人体与带电体的接触面积和接触压力等都有关系，所以即使是在规定的安全电压下工作，也要按规定的操作规范操作，不可麻痹大意。

二、线性电阻及伏安特性

在电路分析中，元件的端电压 $u(t)$ 与端电流 $i(t)$ 的函数关系称为该元件的伏安特性，也叫做外特性，用 VCR 表示。

电阻的阻值不随其端电压和流过的电流而改变的电阻称之为线性电阻。对于线性电阻而言，电阻值 R 是常数，其伏安特性在 $u-i$（或 $i-u$）平面上是通过坐标原点的直线，如图 1－35（a）、（b）所示。

电阻的阻值随其端电压和流过的电流而改变的电阻称之为非线性电阻。如图 1－36 所示二极管的伏安特性曲线就是非线性的。

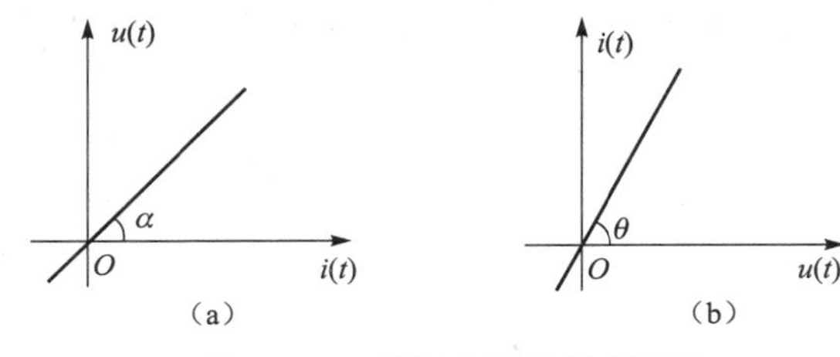

图 1－35　线性电阻的伏安特性

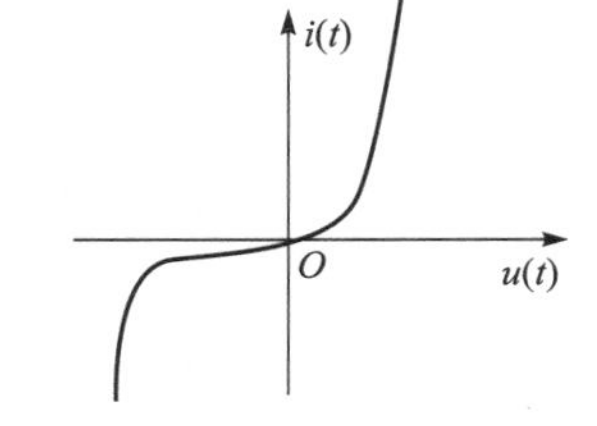

图 1－36　二极管的伏安特性

由线性元件组成的电路称为线性电路。含有非线性元件的电路称为非线性电路。本教材不分析非线性电路。

根据电阻值 R 的大小，在电路中有两种特殊工作状态：

（1）当 $R=0$ 时，无论电流 i 为何值，电压 u 都恒等于零，我们把这种工作状态称为短路。

（2）当 $R=\infty$ 时，无论电压 u 为何值，电流 i 都恒等于零，我们把这种工作状态称为开路。

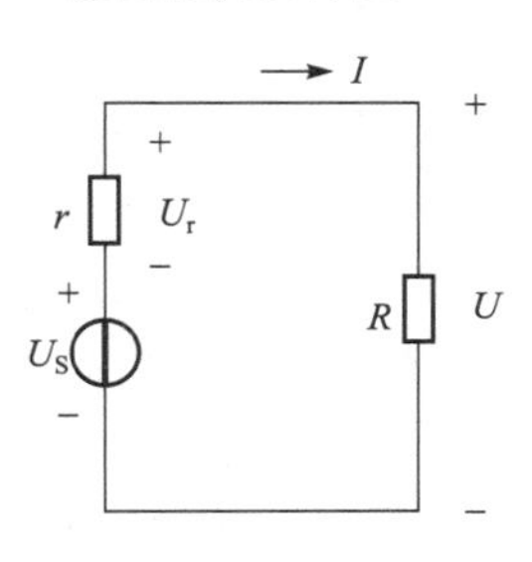

图 1－37　例 1－17 图

例1－17　如图1－37所示，已知$U_S=24$ V，内阻$r=2$ Ω，负载电阻$R=10$ Ω。试求：

（1）电路中的电流I；

（2）电源的端电压U；

（3）内阻压降U_r。

解　（1）$I=\dfrac{U_S}{R+r}=\dfrac{24}{10+2}\text{ A}=2\text{ A}$

（2）$U=IR=2\times10\text{ V}=20\text{ V}$

（3）$U_r=-Ir=-2\times2\text{ V}=-4\text{ V}$

思考题：如果将电阻R改为6 Ω，再求电流I和电压U。如果把R看做负载，则负载增加时，电路中的电流是增大还是减少？负载两端的电压呢？负载两端的电压如果减小，减小部分的电压降又加在哪儿了呢？

自我检测

1. 标称值为“6 V、0.9 W”的小灯泡的额定电流是多少？如果误将其接到15 V的电源上，会产生什么后果？

2. 求图1－38所示电路中各元件的未知量。

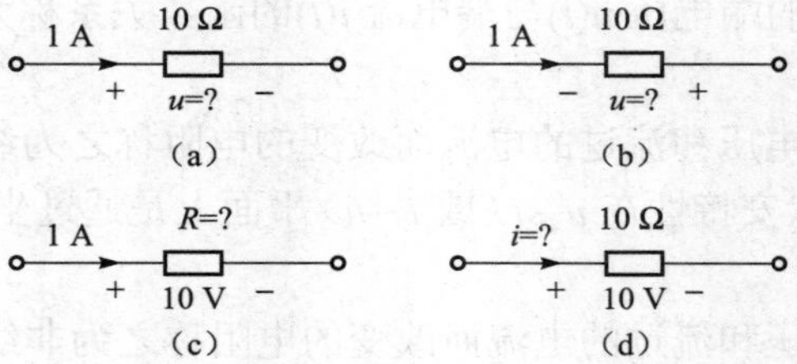

图1－38　题2图

3. 如图1－39所示电路，在指定的电压U和电流I参考方向下，写出各元件U和I的约束方程。

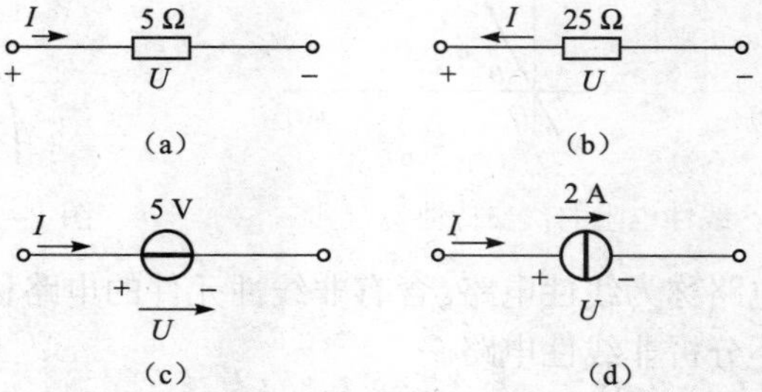

图1－39　题3图

答案

1. 150 mA　灯泡将烧毁。

2.（a）10 V（b）−10 V（c）10 Ω　（d）1 A

3.（a）$U=5I$（b）$U=-25I$（c）$U=5$ V（d）$I=2$ A

学习模块 5　基尔霍夫定律及应用

学习目标

1. 理解基尔霍夫电压和电流定律的实质，包括它的广义应用。
2. 能熟练列出电路中电压、电流的约束方程。
3. 能用基尔霍夫电压和电流定律分析复杂直流电路。

如图 1－40（a）所示，已知水管 1 的流量为 3 m^3/s，水管 2 的流量为 4 m^3/s（假定水管中的流量是自动产生的），流向如图所示。不难算出水管 3 在图示流向时的流量为 7 m^3/s。如果将水管 1 反向后连接，则水管 3 中的流量变为 1 m^3/s。从该实例中我们可以知道，水管 3 中的水流不仅与水管 1、2 中的流量有关系，而且与水管 1、2 的连接方式也有关系。

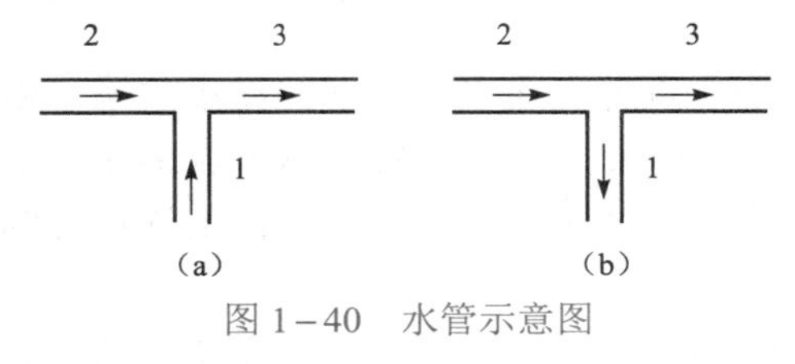

图 1－40　水管示意图

同样电路中的电流和电压也必然要受到两类约束。一是元件特性对本元件的电压和电流的约束（相当于水管本身具有的流量），例如线性电阻元件的电流与电压必须满足欧姆定律的约束，即 $u=Ri$；另一类是元件的相互连接给电压和电流带来的约束（相当于水管的连接），这类约束关系也称为“拓扑约束”。

德国物理学家基尔霍夫（1824—1887）于 1847 年发表的基尔霍夫定律反映了电路的拓扑约束关系。基尔霍夫定律是集中参数电路的基本定律，包括基尔霍夫电流定律（KCL）和基尔霍夫电压定律（KVL）。

一、电路结构术语

电路总是由电路元件连接而成的。为描述电路元件的连接关系，便于介绍基尔霍夫定律，在此给出支路、节点、回路和网孔四个电路结构术语。

1. 支路

一般来说，电路中的每一个二端元件可视为一条支路。但是为了分析和计算方便，常把电路中流过同一电流的每个分支称为支路。如图 1－41 所示的电路中有三条支路，分别为 adb、ab、acb。支路中流过的电流称之为支路电流，我们用箭头表示支路电流的参考方向，如图中的 i_1、i_2、i_3。支路电流与支路电压一般取关联参考方向。adb、acb 支路含有电源，称之为有源支路；ab 支路不含有有源元件，称之为无源支路。

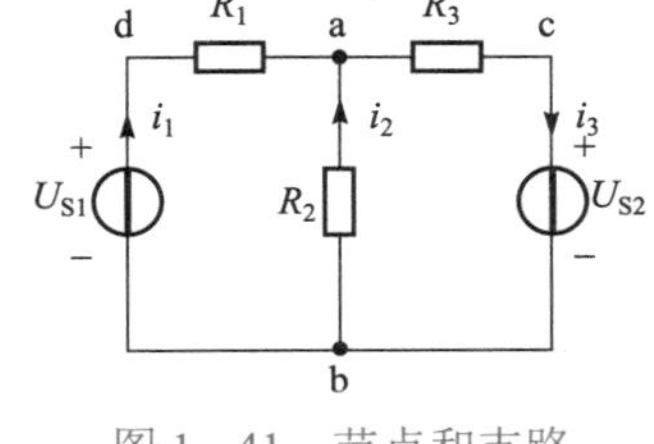

图 1－41　节点和支路

2. 节点

一般来说，元件之间的连接点称为节点，但若以电路中的每个分支作为支路，则节点是指三条或三条以上支路的连接点。如图 1－41 所示的电路中有两个节点，分别为 a 点和 b 点，而d、c则不称为节点。所有的支路都可以看做是连接两个节点的分支。

3. 回路

由支路构成的闭合电路称为回路。如图1－41所示的电路中有三个回路，分别为adbca、adba、abca。我们规定构成任一回路的闭合节点序列中，除起点和终点外其他节点只能出现一次。

4. 网孔

在平面电路中，内部不含支路的回路称为网孔。所谓平面电路，就是将该电路画在一个平面上时，不会出现交叉的支路。如图1－41所示的电路中有两个网孔，分别为adba和abca。回路adbca不能称为网孔，因其在回路中含有支路ab。在同一个平面电路中，网孔个数少于回路个数。

二、基尔霍夫电流定律（KCL）

基尔霍夫电流定律简称KCL，描述了电路中任一节点各支路电流之间的约束关系。由电荷守恒可知，电路中的任一个节点，单位时间内流入该节点的电荷必然等于流出该节点的电荷，否则，将会发生电荷的“堆积”。基尔霍夫电流定律是电荷守恒和电流的连续性的体现。

基尔霍夫电流定律（KCL）：集中参数电路中，任意时刻，任意节点，流入节点电流之和等于流出该节点的电流之和。

如图1－41所示，i_1、i_2流入节点a，i_3流出节点a，即

$$i_1+i_2=i_3 \tag{1-20}$$

式（1－20）改写为

$$i_3-i_1-i_2=0 \tag{1-21}$$

式（1－21）说明，流入或流出节点电流的代数和为0。式中取流出节点的电流为“+”，流入节点的电流为“－”。

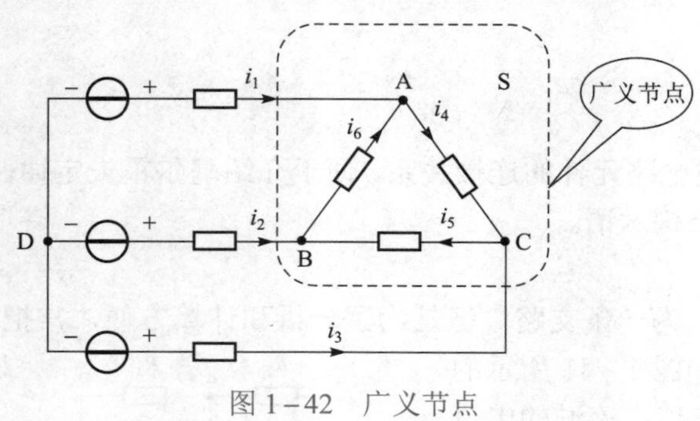

图1－42　广义节点

注意电流流入还是流出节点是按支路电流的参考方向来判断的。

基尔霍夫电流定律KCL也可推广到广义的节点，即包含几个节点的闭合面。如图1－42所示电路中，闭合面S内包含3个节点A、B、C。图1－42中有四个节点，六条支路，各支路的电流参考方向如图所示，各节点的KCL方程

节点A　$-i_1+i_4-i_6=0$

节点B　$-i_2-i_5+i_6=0$

节点C　$-i_3-i_4+i_5=0$

以上三式相加，可得

$$i_1+i_2+i_3=0$$

此式表明，对任意的封闭面S，流入（或流出）封闭面的电流代数和等于零。

例 1－18　如图 1－43 所示，已知负载电流 $I_L=12$ A，第一个电源提供电流为 $I_1=3$ A，试求第二个电源提供的电流 I_2 为多少？

解　节点 a 的 KCL 方程为

$$-I_1-I_2+I_L=0$$

即

$$-(+3)-I_2+(+12)=0$$

式中，－（+3）项中的符号意义不同，括号外的“－”由参考方向确定，括号内的“+”由电流的数值确定。

求得

$$I_2=9\ \text{A}$$

思考题：如果第一个电源提供的电流为 $I_1=-3$ A，第二个电源提供的电流 I_2 为多少？并判断第一个电源是吸收电能还是释放电能。

例 1－19　如图 1－44 所示的电路，若电流 $I_1=1$ A，$I_2=5$ A，试求电流 I_3。

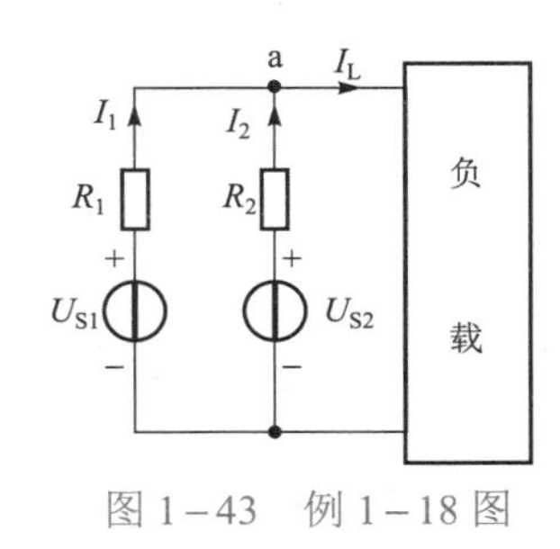

图 1－43　例 1－18 图

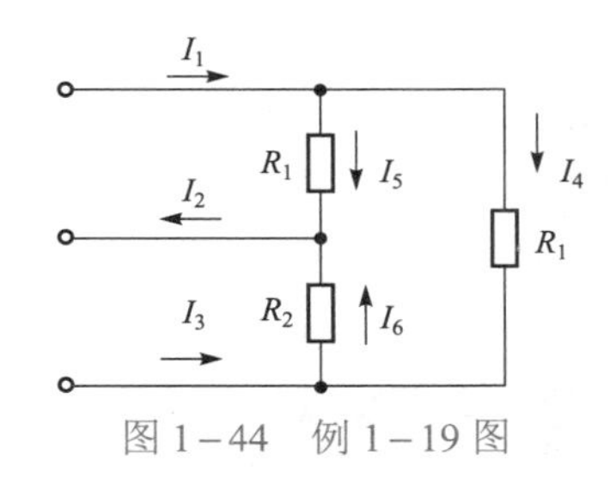

图 1－44　例 1－19 图

解　将三个电阻看做闭合面，则有

$$-I_1+I_2-I_3=0$$

得

$$I_3=4\ \text{A}$$

思考题：如果已知电流 $I_4=6$ A，试求电流 I_5 和 I_6。

三、基尔霍夫电压定律（KVL）

基尔霍夫电压定律简称 KVL，描述了电路中任一回路各支路电压之间的约束关系。基尔霍夫电压定律是根据能量守恒定律推导出来的。单位正电荷沿任一闭合路径移动一周时，能量交换总和为零，即其能量不改变，因此回路中各段电压的代数和恒为零。

基尔霍夫电压定律（KVL）：集中参数电路中，在任一时刻，电路中任一闭合回路内各段电压的代数和恒等于零，即

$$\sum u=0 \tag{1-22}$$

式（1－22）称为回路电压方程。列写回路电压方程时首先要选定一个回路的方向，当电压的参考方向与回路方向一致时，取“+”，相反时则取“－”号。如图 1－45 是某电路的一部分，回路方向如图所示，应用

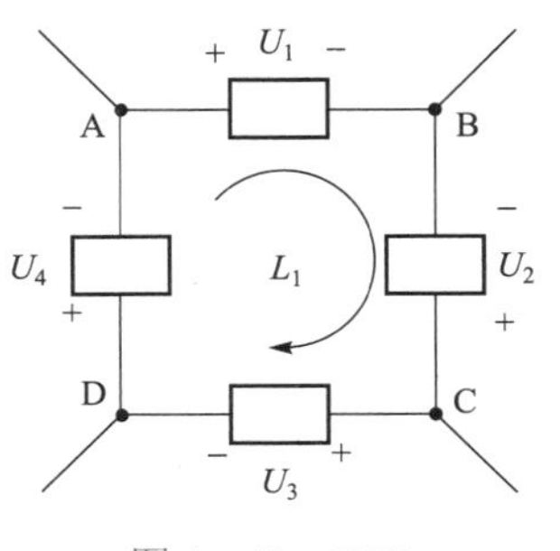

图 1－45　KVL

基尔霍夫电压定律，可以列出 L_1 回路 KVL 方程为

$$U_1-U_2+U_3+U_4=0$$

KVL 不但适用于闭合的回路，也适用于不闭合的广义回路。如图 1－46 中的 acdba，虽然没有构成电流流通路径，但同样适用基尔霍夫电压定律。可以列出 L_1 回路 KVL 方程为

$$I_1R_1+I_2R_2+U_{S1}-U_{S2}-U_{ab}=0$$

可得

$$U_{ab}=I_1R_1+I_2R_2+U_{S1}-U_{S2}$$

例 1－20 图 1－47 所示为某电路中的一个回路，已知 $I_3=-2A$，$I_4=2A$，$I_5=-6A$，$I_6=1A$，$U_{S1}=6V$，$U_{S2}=10V$，$R_1=1\ \Omega$，$R_2=5\ \Omega$，$R_4=1\ \Omega$，试求未知参数 R_3 及电压 U_{BD}。

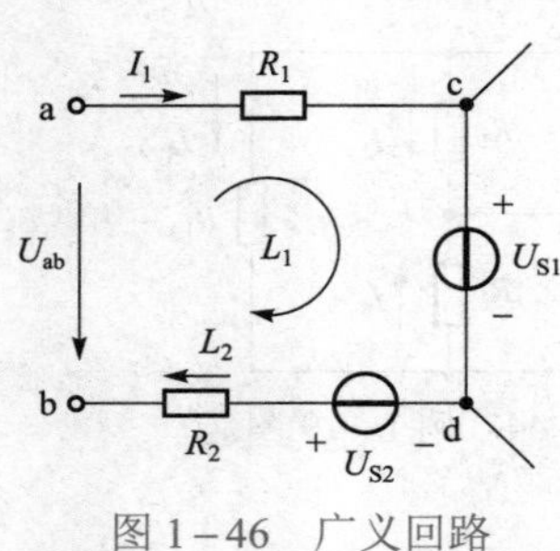

图 1－46　广义回路

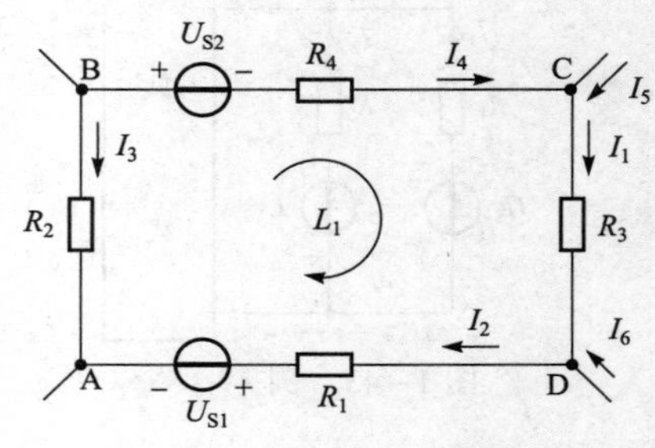

图 1－47　例 1－20 图

解法一　节点 C 的 KCL 方程

$$I_1=I_4+I_5$$

节点 D 的 KCL 方程

$$I_2=I_1+I_6$$

回路 L_1 的 KVL 方程

$$U_{S2}+R_4I_4+R_3I_1+R_1I_2+U_{S1}-R_2I_3=0$$

将各已知值代入可得

$$R_3=6.25\ \Omega$$

对假想回路 ABDA 列 KVL 方程为

$$U_{BD}+R_1I_2+U_{S1}-R_2I_3=0$$

求得

$$U_{BD}=-13\ V$$

解法二　求 U_{BD} 电压也可以由回路 BCDB 列 KVL 方程

$$-U_{BD}+R_3I_1+U_{S2}+R_4I_4=0$$

同样求得

$$U_{BD}=-13\ \text{V}$$

通过求 U_{BD} 电压可知不论沿哪条路径，两节点间的电压值是相同的。因此，基尔霍夫电压定律实质上是电压与路径无关性质的反映。

思考题：列写 ABCA 和 ADCA 回路的回路方程，并试求电压 U_{AC}。

例 1－21　一段有源支路 ab 如图 1－48 所示。已知 $U_{S1}=6\ \text{V}$，$U_{S2}=14\ \text{V}$，$U_{ab}=5\ \text{V}$，$R_1=2\ \Omega$，$R_2=3\ \Omega$，设电流参考方向如图所示，求 I。

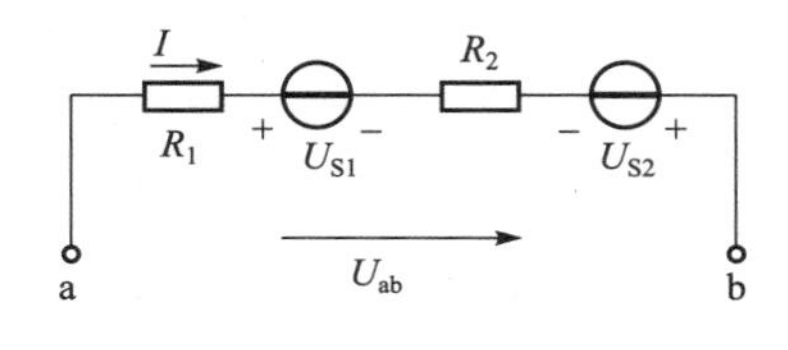

图 1－48　例 1－21 图

解　选择顺时针方向得 KVL 方程

$$IR_1+U_{S1}+IR_2-U_{S2}-U_{ab}=0$$

得

$$I=\frac{U_{ab}+U_{S2}-U_{S1}}{R_1+R_2}=\frac{5+14-6}{2+3}\text{A}=2.6\ \text{A}$$

思考题：将电压源 U_{S2} 的电压改为–14 V，再求电流 I。

自我检测

1. 如图 1－49 所示，根据 KVL 找出 U 与 I 的关系式，并对照一下，看一看有何规律？（有时我们把这种规律称为含源支路的欧姆定律。）

2. 如图 1－50 所示的两个电路中，各有多少支路和节点？U_{ab} 和 I 是否等于零？

3. 求图 1－51 电路中的电压 U_{ab} 和 U_{bc}。

4. 求图 1－52 中 a、b 两点间的电压 U_{ab}。

5. $U_{ab}+U_{bc}+U_{ca}=0$ 是否永远正确？

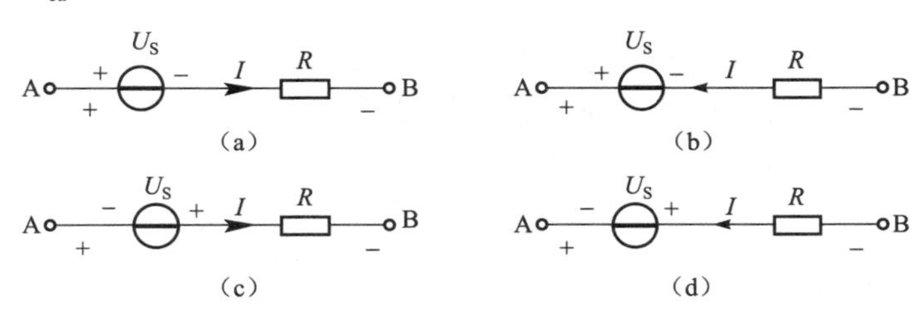

图 1－49　题 1 图

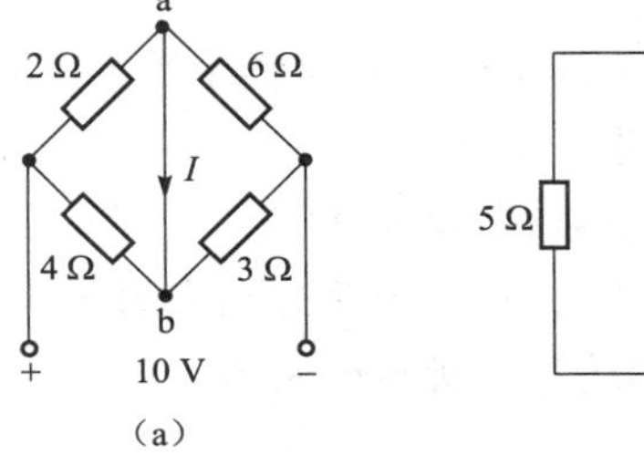

图 1－50　题 2 图

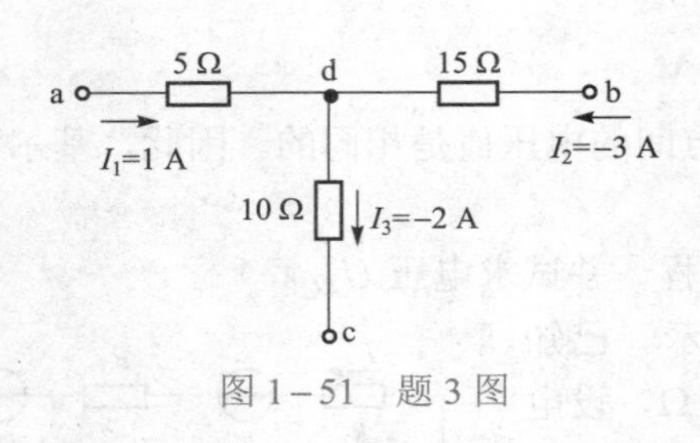

图1－51　题3图

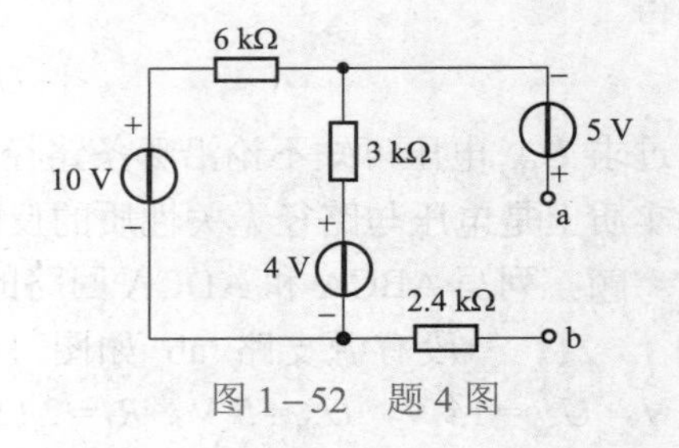

图1－52　题4图

答案

3. 50 V　－65 V

4. 11 V

知识拓展

先导案例解决

手电筒由电源（干电池）、负载（灯泡）、中间环节（控制设备和连接导线）组成，满足构成电路的要素。手电筒的实际电路如图1－53所示。干电池在其正负极间能保持一定的电压，向电路提供电能，当开关闭合后，开关及连接导线使电流构成通路，灯泡实际上是一个电阻器，由电阻丝制成，电流通过时能发热到白炽状态而发光。

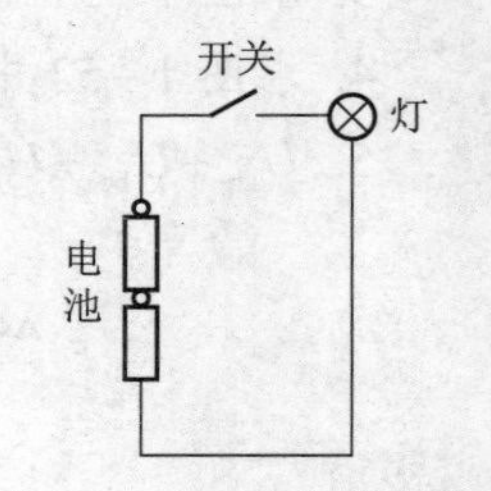

图1－53　手电筒电路

知识梳理与总结

1. 电路组成、状态及功能

① 电路一般由电源、负载、中间环节（控制设备和连接导线）组成；

② 电路具备三种工作状态：通路、开路和短路；

③ 电路的主要功能是完成电能的传输、分配与转换。

理想电路元件是指实际元件的理想化模型，由理想元件构成的电路称为电路模型。在电路分析中，都是用电路模型来代替实际电路进行分析与研究的。

2. 电流、电压和电功率

电路中的主要物理量是指电流、电压和电功率。

① 在计算电流时，首先要设定电流的参考方向。如果计算结果为正值，表示实际方向与参考方向相同，若为负值表示相反。

② 电压的参考方向一般用“+”“−”极性表示，如果计算结果为正值，表示实际方向与参考方向相同，若为负值表示相反。

③ 电路中某点的电位是指该点到电路中参考点之间的电压，所以电位是相对概念。参考点选择不同，电路中各点的电位值也随之改变。计算某点的电位，实际上是计算该点到参考点的电压。

④ 在电压 U 与电流 I 为关联参考方向时，电功率 $P=UI$，并且 $P>0$，表示元件吸收（或消耗）功率，$P<0$ 表示元件输出（或提供）功率。

3. 元件的约束关系

① 电阻 R 是反映元件对电流阻碍作用的一个参数，线性电阻在电压 u 与电流 i 为关联参考方向时有 $u=Ri$，即欧姆定律。

电阻的功率 $P=ui=R^2i=u^2/R$。

② 理想直流电压源是一个二端元件，它的端电压是一固定值，用 U_S 表示，通过它的电流由外电路决定。

③ 理想直流电流源是一个二端元件，它向外电路提供恒定电流，用 I_S 表示，它的端电压由外电路决定。

实际电压源模型用一个理想电压源与一个电阻串联的组合模型表示，实际电压源不允许短路；实际电流源模型用一个理想电流源与一个电阻并联的组合模型表示，实际电流源不允许开路。

4. 电路互联的约束关系

基尔霍夫定律是分析电路的最基本定律，它贯穿整个电路。

① KCL 是对电路中任一节点而言的，运用 KCL 方程 $\sum I=0$ 或 $\sum i=0$ 时，应事先选定各支路电流的参考方向，规定流入节点的电流为正（或为负），流出节点的电流为负（或为正）。

② KVL 是对电路中任一回路而言的，运用 KVL 方程 $\sum U=0$ 或 $\sum u=0$ 时，应事先选定各元件上电压参考方向及回路绕行方向，规定当电压方向与绕行方向一致时取正号，否则取负号。

③ 基尔霍夫定律的应用，是分析、计算复杂电路的一种最基本的方法。

能力测试

技能训练1　电路元件伏安特性测绘

一、操作目的

1. 学会识别常用电路元件的方法。
2. 掌握线性电阻、非线性电阻元件伏安特性的测绘。
3. 掌握实验台上直流电工仪表和设备的使用方法。

二、操作器材

操作器材如表1－3所示。

表1－3　操作器材表

序号	名　称	型号与规格	数量	备　注
1	可调直流稳压电源	0～30 V	1	
2	万用表	FM–47或其他	1	自备
3	直流数字毫安表	0～200 mA	1	
4	直流数字电压表	0～200 V	1	
5	二极管	IN4007	1	DGJ–05
6	稳压管	2CW51	1	DGJ–05
7	白炽灯	12 V，0.1 A	1	DGJ–05
8	线性电阻器	200 Ω，1 kΩ/8 W	1	DGJ–05

三、操作原理

任何一个二端元件的伏安特性可用该元件上的端电压U与通过该元件的电流I之间的函数关系$I=f(U)$来表示，即用$I-U$平面上的一条曲线来表征，这条曲线称为该元件的伏安特性曲线。

（1）线性电阻器的伏安特性曲线是一条通过坐标原点的直线，如图1－54中曲线a所示，该直线的斜率等于该电阻器的电阻值。

（2）一般的白炽灯在工作时灯丝处于高温状态，其灯丝电阻随着温度的升高而增大，通过白炽灯的电流越大，其温度越高，阻值也越大。一般灯泡的“冷

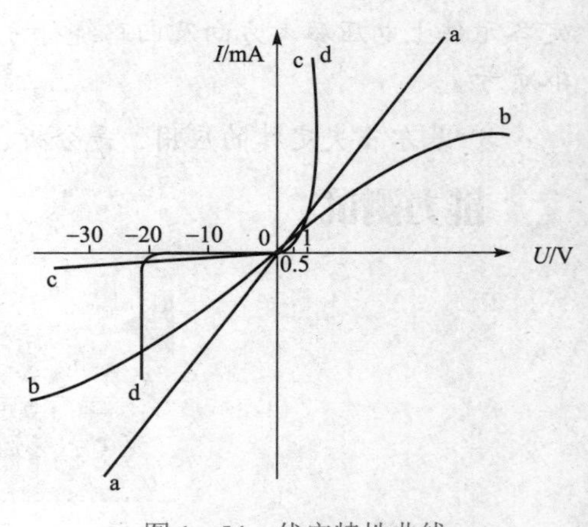

图1－54　伏安特性曲线

电阻”与“热电阻”的阻值可相差几倍至十几倍，所以它的伏安特性如图1－54中曲线b所示。

（3）一般的半导体二极管是一个非线性电阻元件，其伏安特性如图1－54中曲线c所示。正向压降很小（一般的锗管约为0.2～0.3 V，硅管约为0.5～0.7 V），正向电流随正向压降的升高而急剧上升，而反向电压从零一直增加到十几伏至几十伏时，其反向电流增加很小，粗略地可视为零。可见，二极管具有单向导电性，但反向电压加得过高，超过管子的极限值，则会导致管子击穿损坏。

（4）稳压二极管是一种特殊的半导体二极管，其正向特性与普通二极管类似，但其反向特性较特别，如图1－54中曲线d所示。在反向电压开始增加时，其反向电流几乎为零，但当电压增加到某一数值时（称为管子的稳压值，有各种不同稳压值的稳压管）电流将突然增加，以后它的端电压将基本维持恒定，当外加的反向电压继续升高时其端电压仅有少量增加。

注意：流过二极管或稳压二极管的电流不能超过管子的极限值，否则管子会被烧坏。

四、操作内容及步骤

1. 测定线性电阻器的伏安特性

按图1－55接线，调节稳压电源的输出电压U，从0 V开始缓慢地增加，一直到10 V，记下相应的电压表和电流表的读数U_R、I，填入表1－4。

表1－4　U_R、I数值表

U_R/V	0	2	4	6	8	10
I/mA						

2. 测定非线性白炽灯泡的伏安特性

将图1－55中的R换成一只12 V，0.1 A的灯泡，重复实验内容1，填入表1－5。U_L为灯泡的端电压。

表1－5　U_L、I数值表

U_L/V	0.1	0.5	1	2	3	4	5
I/mA							

3. 测定半导体二极管的伏安特性

按图1－56接线，R为限流电阻器。测二极管的正向特性时，其正向电流不得超过35 mA，二极管D的正向电压U_{D+}可在0～0.75 V之间取值。在0.5～0.75 V之间应多取几个测量点。测反向特性时，只需将图1－56中的二极管D反接，且其反向电压U_{D-}可达30 V。

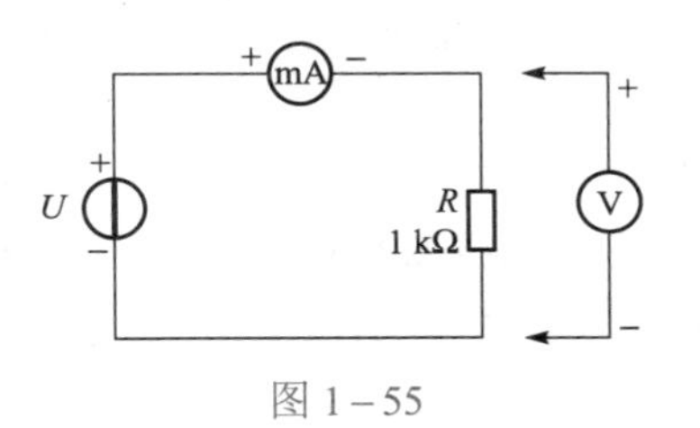

图1－55

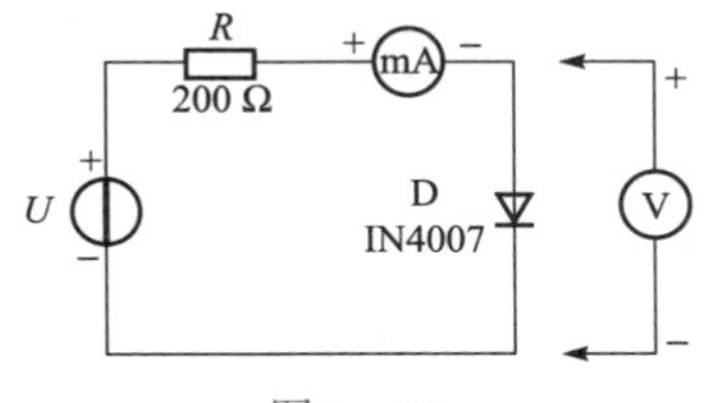

图1－56

正向特性操作数据填入表 1－6。

表 1－6　半导体二极管正向特性操作数据

U_{D+}/V	0.10	0.30	0.50	0.55	0.60	0.65	0.70	0.75
I/mA								

反向特性操作数据填入表 1－7。

表 1－7　半导体二极管反向特性操作数据

U_{D-}/V	0	−5	−10	−15	−20	−25	−30
I/mA							

4. 测定稳压二极管的伏安特性

（1）正向特性操作：将图 1－56中的二极管换成稳压二极管 2CW51，重复实验内容 3 中的正向测量，测量结果填入表 1－8。U_{Z+}为 2CW51 的正向施压。

表 1－8　稳压二极管正向特性操作数据

U_{Z+}/V	
I/mA	

（2）反向特性操作：将图 1－56中的 R 换成 1 kΩ，2CW51 反接，测量 2CW51 的反向特性。稳压电源的输出电压 U 从 0 V 到 20 V，测量 2CW51 两端的电压 U_{Z-}及电流 I 填入表 1-9，由 U_{Z-}可看出其稳压特性。

表 1－9　稳压二极管反向特性操作数据

U/V	
U_{Z-}/V	
I/mA	

五、操作注意事项

（1）测二极管正向特性时，稳压电源输出应由小至大逐渐增加，应时刻注意电流表读数不得超过 35 mA。

（2）如果要测定 2AP9 的伏安特性，则正向特性的电压值应取 0 V，0.10 V，0.13 V，0.15 V，0.17 V，0.19 V，0.21 V，0.24 V，0.30 V，反向特性的电压值取 0 V，2 V，4 V，…，10 V。

（3）进行不同操作步骤时，应先估算电压和电流值，合理选择仪表的量程，勿使仪表超量程，仪表的极性亦不可接错。

六、思考

（1）线性电阻与非线性电阻的概念是什么？电阻器与二极管的伏安特性有何区别？

（2）设某器件伏安特性曲线的函数式为 $I=f(U)$，试问在逐点绘制曲线时，其坐标变量应如何放置？

（3）稳压二极管与普通二极管有何区别，其用途如何？

（4）在图 1－56中，设 $U=2$ V，$U_D=0.7$ V，则电流表读数为多少？

七、操作报告要求

（1）根据各实验数据，分别在方格纸上绘制出光滑的伏安特性曲线（其中二极管和稳压管的正、反向特性均要求画在同一张图中，正、反向电压可取为不同的比例尺）。

（2）根据实验结果，总结、归纳被测各元件的特性。

（3）必要的误差分析。

（4）心得体会及其他。

技能训练 2　基尔霍夫定律的验证

一、操作目的

（1）验证基尔霍夫定律的正确性，加深对基尔霍夫定律的理解。

（2）学会用电流插头、电流插座测量各支路电流。

二、操作器材

操作器材如表 1－10 所示。

表 1－10　操作器材表

序号	名　　称	型号与规格	数量	备　　注
1	直流可调稳压电源	0～30 V	二路	
2	万用表		1	自备
3	直流数字电压表	0～200 V	1	
4	电位、电压测定实验电路板		1	DGJ–03

三、操作原理

基尔霍夫定律是电路的基本定律。测量某电路的各支路电流及每个元件两端的电压，应能分别满足基尔霍夫电流定律（KCL）和电压定律（KVL）。即对电路中的任一个节点而言，应有 $\Sigma I=0$；对任何一个闭合回路而言，应有 $\Sigma U=0$。

运用上述定律时必须注意各支路或闭合回路中电流的正方向，此方向可预先任意设定。

四、操作内容及步骤

操作线路用 DGJ–03 挂箱的“基尔霍夫定律/叠加原理”线路。

（1）操作前先任意设定三条支路和三个闭合回路的电流正方向。图 1－57 中的 I_1、I_2、I_3 的方向已设定。三个闭合回路的电流正方向可设为 ADEFA、BADCB 和 FBCEF。

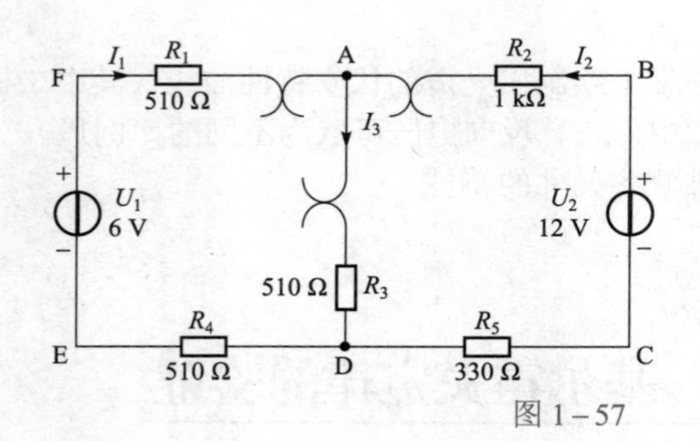

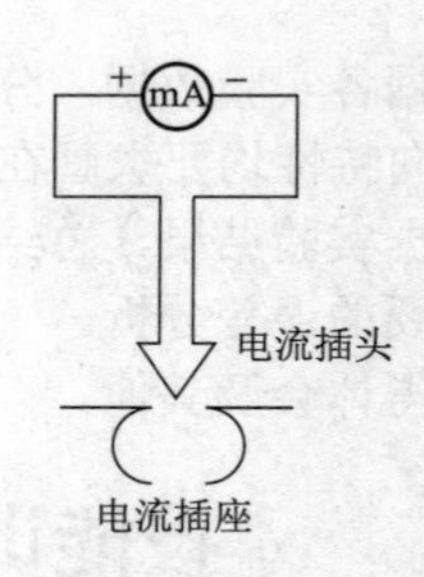

图 1－57

（2）分别将两路直流稳压源接入电路，令 $U_1=6$ V，$U_2=12$ V。

（3）熟悉电流插头的结构，将电流插头的两端接至数字毫安表的“+、–”两端。

（4）将电流插头分别插入三条支路的三个电流插座中，读出并记录电流值。

（5）用直流数字电压表分别测量两路电源及电阻元件上的电压值并记录在表 1－11 中。

表 1－11　电流和电压值

被测量	I_1/mA	I_2/mA	I_3/mA	U_1/V	U_2/V	U_{FA}/V	U_{AB}/V	U_{AD}/V	U_{CD}/V	U_{DE}/V
计算值										
测量值										
相对误差										

五、操作注意事项

（1）本实验线路板系多个操作通用，本次实验中需用到电流插头。DG05 上的 K_3 应拨向 330 Ω侧，三个故障按键均不得按下。

（2）所有需要测量的电压值，均以电压表测量的读数为准。U_1、U_2 也需测量，不应取电源本身的显示值。

（3）防止稳压电源两个输出端碰线短路。

（4）用指针式电压表或电流表测量电压或电流时，如果仪表指针反偏，则必须调换仪表极性，重新测量。此时指针正偏，可读得电压或电流值。若用数显电压表或电流表测量，则可直接读出电压或电流值。但应注意：所读得的电压或电流值的正、负号应根据设定的电流参考方向来判断。

六、思考

（1）根据图 1－57 的电路参数，计算出待测的电流 I_1、I_2、I_3 和各电阻上的电压值，记入表 1－11 中，以便实验测量时，可正确地选择毫安表和电压表的量程。

（2）操作中，若用指针式万用表直流毫安挡测各支路电流，在什么情况下可能出现指针反偏，应如何处理？在记录数据时应注意什么？若用直流数字毫安表进行测量时，则会有什么显示呢？

七、操作报告要求

（1）根据测量数据，选定节点 A，验证 KCL 的正确性。

（2）根据测量数据，选定电路中的任一个闭合回路，验证 KVL 的正确性。

（3）将支路和闭合回路的电流方向重新设定，重复 1、2 两项验证。

（4）误差原因分析。

（5）心得体会及其他。

阅读材料

探索与研究

简单电阻电路的分析

先导案例

万用表是一种可测量电压、电流、电阻、电容的多功能仪表。MF47 型万用表部分原理如图 2-1 所示，它能测量一定范围内的电流和电压。当表头打到“1”端时，可测量 0～0.5 mA 的电流；当表头打到“2”端时，可测量 0～0.25 V 的电压。它是如何工作的呢？

图 2-1　万用表原理示意图

等效变换是分析电路的一种重要方法，其主要思想是用简单的电路等效替代复杂的电路。本单元重点对简单电阻电路的等效变换进行分析和研究。等效变换是电工基础的入门基础，也是进一步学习交流电路及各章节的基础。

学习模块 1　电阻的串联、并联及等效变换

学习目标

1. 掌握串联、并联、混联电路中电阻的等效方法。
2. 在电阻电路中，能完成电压、电流和功率的计算。

等效变换在实际中广泛地使用。例如，额定值为 220 V、1 kW 的白炽灯和额定值为 220 V、1 kW 的电炉，虽然结构和性能完全不同，但是，对 220 V 电源而言，输出的电流和功率完全相等；再如，收音机既可用干电池作为电源，也可以用稳压电源作为电源，对收音机来说，干电池和稳压电源是等效的。

如图 2-2 所示，若给电路（a）和（b）施加相同的电压 u，两电路产生的电流 i 和 i'相等，则称电路（a）和（b）互为等效。对外电路而言，互为等效的电路（a）和（b）可以相互替换，这就是电路的等效变换。

电路等效变换的条件是相互等效的两个电路具有相同的电压、电流关系，等效变换的是外电路中的电压、电流及功率。

电路进行等效变换的目的是使电路的分析计算更加简单。

一、电阻的串联

电路中，多个电阻首尾依次相连构成电阻的串联，如图 2-3（a）所示为三个电阻 R_1、R_2、R_3 的串联电路。

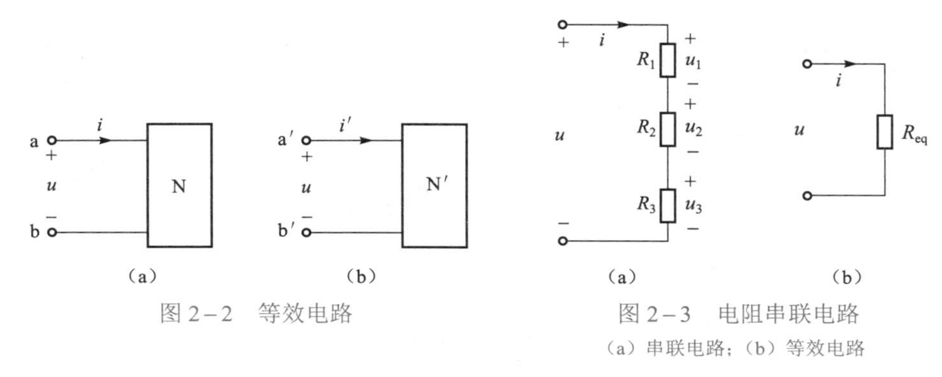

图 2-2　等效电路

图 2-3　电阻串联电路

（a）串联电路；（b）等效电路

如图 2-4 所示圣诞节期间圣诞树上忽亮忽灭的彩灯就是串联连接，串联的灯泡中有一个灯泡装有双金属片的自动开关。当双金属片发热断开时，灯泡全部熄灭；冷却后双金属片重新接通电路，所有的灯泡又变亮。

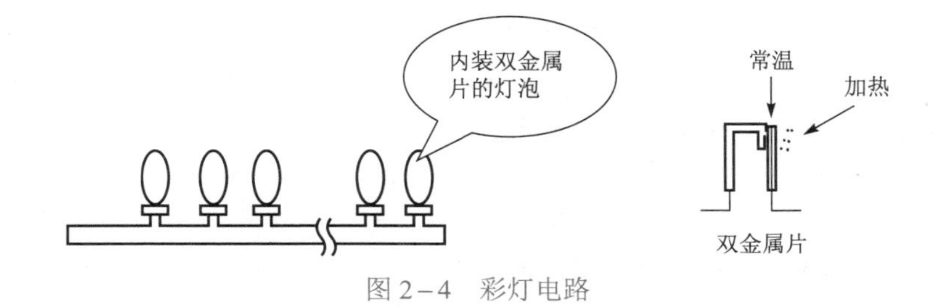

图 2-4　彩灯电路

电阻串联具有以下的特点：

（1）通过串联电阻的电流为同一电流，即

$$u_1=R_1i \qquad u_2=R_2i \qquad u_3=R_3i \tag{2-1}$$

（2）串联电阻的总电阻（等效电阻）等于各电阻之和。

由 KVL 可知，外加电压等于各个电阻上电压之和，即

$$\begin{aligned} u &= u_1+u_2+u_3=R_1i+R_2i+R_3i \\ &=(R_1+R_2+R_3)i=R_{eq}i \end{aligned}$$

其中

$$R_{eq}=\frac{u}{i}=R_1+R_2+R_3 \tag{2-2}$$

由式（2-2）可知：电阻串联的等效电阻等于各串联电阻之和，等效电路如图2-2（b）所示。

若推广到一般情况：n 个电阻串联，等效电阻等于各串联电阻之和，即

$$R_{eq}=R_1+R_2+R_3+\cdots+R_n$$

（3）串联电阻两端的电压与其阻值成正比。

由式（2-1）可知

$$\frac{u_1}{R_1}=\frac{u_2}{R_2}=\frac{u_3}{R_3}$$

电阻串联后各电阻上的电压与总电压之间的关系称为分压关系。由式（2-1）和式（2-2）可知

$$\left.\begin{aligned} u_1&=\frac{R_1}{R_1+R_2+R_3}u \\ u_2&=\frac{R_2}{R_1+R_2+R_3}u \\ u_3&=\frac{R_3}{R_1+R_2+R_3}u \end{aligned}\right\} \tag{2-3}$$

（4）电阻串联时总的吸收功率等于各电阻吸收消耗的功率之和，即

$$P=ui=u_1i+u_2i+u_3i \tag{2-4}$$

串联电阻的分压原理应用十分广泛。如电子线路中常用电位器实现可调串联分压电路；串联电阻分压还可以用来扩大电压表的量程。

例2-1　图2-5所示电路是闪光灯电路，已知电池的内阻（内阻用 r 表示）是0.3 Ω。（1）由于电池内阻的存在，使用时，电池会发热；（2）电流流过电池时，内阻上会有压降，使电池的端电压下降；（3）电池可提供的电流是有限值（约5 A）。

试计算当开关闭合时，用以代表闪光灯的2.5 Ω电阻两端的电压为多少？

解　电源内阻虽然是隔着电源连接，但流过的是同一电流，所以三个电阻是串联连接，由串联分压公式可得

$$U_B=\frac{R_B}{r_1+r_2+R_B}(U_S+U_S)=\frac{2.5}{2.5+0.3+0.3}\times 3\ \text{V}=2.42\ \text{V}$$

思考题：如果因为侵蚀的原因，开关闭合时有1.2 Ω的电阻，那么灯泡两端的电压为多少？

例2-2　图2-6所示电路是实际中常用的一种可调串联分压电路。R_P 是一个可变电阻，滑动端上部电阻为 R_{P1}，下部电阻为 R_{P2}。已知 $R_1=R_2=100\ \Omega$，$R_P=200\ \Omega$，$U_i=12\ \text{V}$，问 U_0 的可调范围为多大？

解　当 $R_{P2}=0$ 时，U_0 最小

$$U_{0\min}=\frac{R_2}{R_1+R_P+R_2}U_i=\frac{100}{100+200+100}\times 12\ \text{V}=3\ \text{V}$$

当 $R_{P2}=R_P=200\ \Omega$ 时，U_0 最大

$$U_{0\max}=\frac{R_2+R_P}{R_1+R_P+R_2}U_i=\frac{100+200}{100+200+100}\times 12\ \text{V}=9\ \text{V}$$

故 U_0 的可调范围为 3～9 V。

思考题：如果 U_0 外接的是 100 Ω的负载，重解本题，可以得出什么结论？

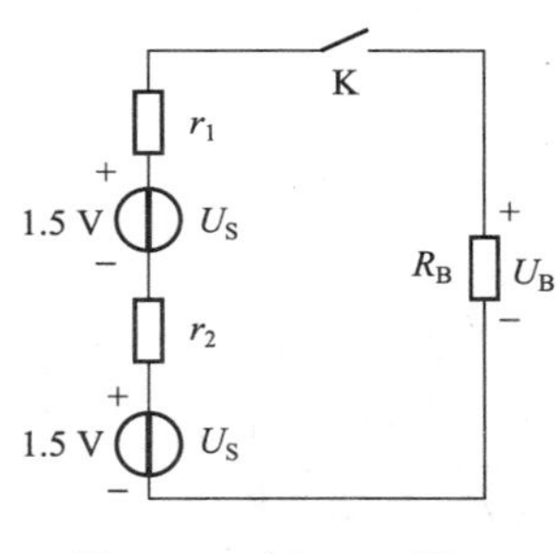

图 2－5　例 2－1 图

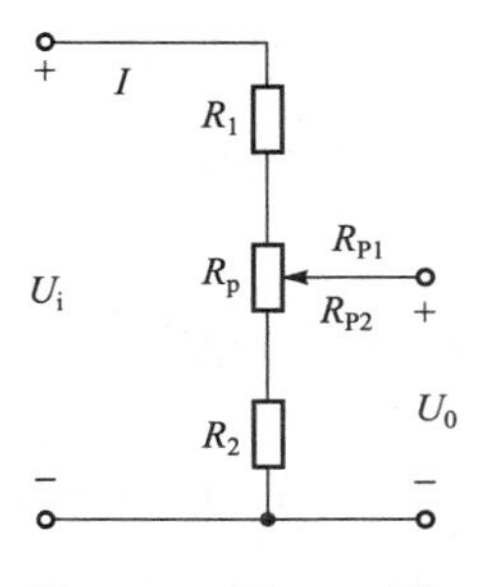

图 2－6　例 2－2 图

例 2－3　欲将一个内阻 R_g 为 1 kΩ，满刻度电流 I_g 为 10 μA 的表头改装成量程为 10 V 的电压表，如图 2－7 所示，问需串联一个多大电阻？

解　由图 2－7 可知

$$U=(R_g+R)I_g$$

$$R=\frac{U}{I_g}-R_g=\left(\frac{10}{10\times 10^{-6}}-1\,000\right)\Omega=999\ \text{k}\Omega$$

如果要改装为多量程的电压表，则需串联不同的分压电阻，如图 2－8 所示为双量程电压表，图中“－”表示电压表的负端；“+”表示电压表的正端。

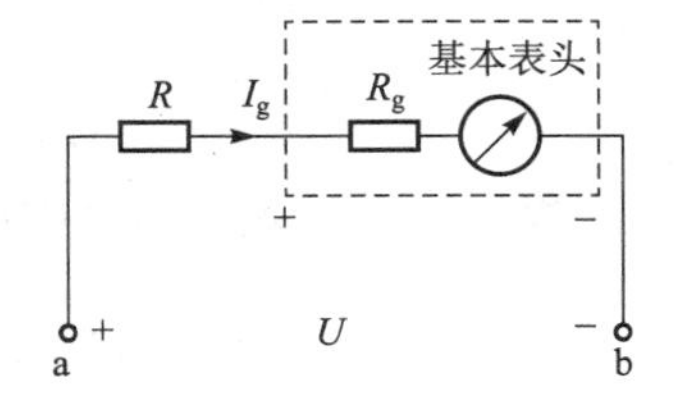

图 2－7 例 2－3 图

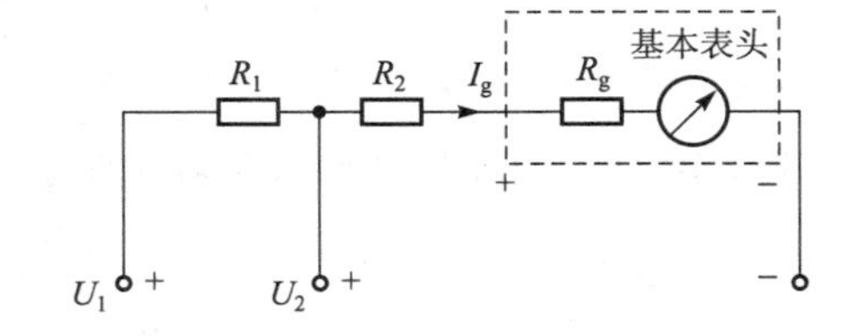

图 2－8　双量程电压表

思考题：如果将内阻 R_g 为 1 kΩ，满刻度电流 I_g 为 10 μA 的表头改装成量程为 10 V 和 20 V 的双量程电压表，试求电阻 R_2。

二、电阻的并联

汽车前灯电路中，前灯电阻的首端连接在一起，尾端连接在一起，这种连接关系称为电阻的并联连接。如图 2－9（a）所示为三个电阻 R_1、R_2、R_3 的并联电路。

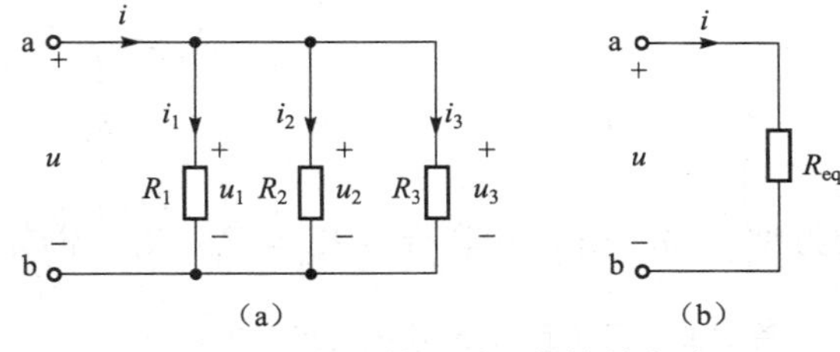

图 2－9　电阻的并联及其等效电路

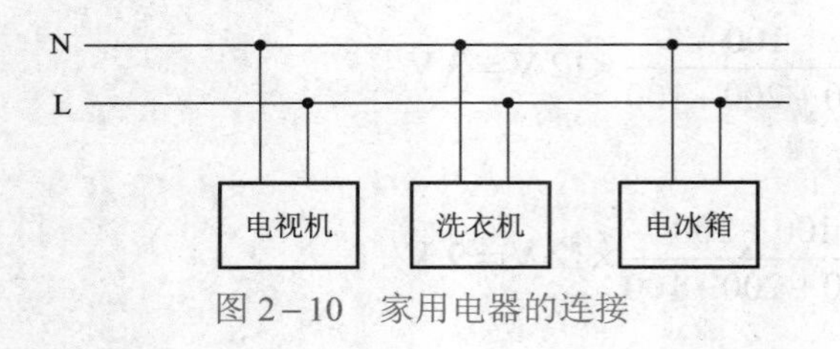

图 2－10　家用电器的连接

并联连接的应用实例很多，如图 2－10 所示的家用电器都是采用并联连接方式，即其中某一家用电器不工作时，不影响其他家用电器的工作。

电阻并联电路具有以下的特点：

（1）并联电阻的端电压相等，即

$$u_1 = u_2 = u_3 = u \tag{2-5}$$

（2）总电流等于各支路电流之和。

由 KCL 可知，总电流等于各个支路电流之和，即

$$i = i_1 + i_2 + i_3 \tag{2-6}$$

（3）电阻并联的等效电阻倒数等于各电阻的倒数之和。

$$i = i_1 + i_2 + i_3 = \frac{u}{R_1} + \frac{u}{R_2} + \frac{u}{R_3} = u\left(\frac{1}{R_1} + \frac{1}{R_2} + \frac{1}{R_3}\right) \tag{2-7}$$

由图 2－9（b），根据欧姆定律得

$$i = \frac{u}{R_{eq}} \tag{2-8}$$

比较式（2－7）、式（2－8）可得

$$\frac{1}{R_{eq}} = \frac{1}{R_1} + \frac{1}{R_2} + \frac{1}{R_3} \tag{2-9}$$

即电阻并联等效电阻的倒数等于各并联电阻倒数之和，等效电路如图 2－9（b）所示。

若推广到一般情况：n 个电阻并联，等效电阻的倒数等于各并联电阻倒数之和，即

$$\frac{1}{R_{eq}} = \frac{1}{R_1} + \frac{1}{R_2} + \frac{1}{R_3} + \cdots + \frac{1}{R_n}$$

（4）电阻并联时总的吸收功率等于各电阻吸收的功率之和，等于等效电阻吸收的功率。即

$$p = ui = \frac{u^2}{R_1} + \frac{u^2}{R_2} + \frac{u^2}{R_3} = \frac{u^2}{R} \tag{2-10}$$

在电路分析中常遇到两个电阻并联的情况，如图 2－11 所示，其等效电阻为

$$R_{eq} = \frac{1}{\dfrac{1}{R_1} + \dfrac{1}{R_2}} = \frac{R_1 R_2}{R_1 + R_2}$$

为方便书写，引入并联符号 $R_{eq} = R_1 // R_2$。例如：$R_{eq} = (3//6)\ \Omega = \frac{3\times 6}{3+6}\Omega = 2\ \Omega$。

各并联支路电流的分流公式为

$$\left.\begin{aligned} i_1=\frac{u}{R_1}=\frac{R_{eq}\cdot i}{R_1}=\frac{\dfrac{R_1R_2}{R_1+R_2}}{R_1}i=\frac{R_2}{R_1+R_2}i \\ i_2=\frac{u}{R_2}=\frac{R_{eq}\cdot i}{R_2}=\frac{\dfrac{R_1R_2}{R_1+R_2}}{R_2}i=\frac{R_1}{R_1+R_2}i \end{aligned}\right\} \tag{2-11}$$

例 2－4　欲将一个内阻 R_g 为 50 Ω，满刻度电流 I_g 为 5 mA 的表头改装成量程为 10 mA 的电流表，问需并联一个多大电阻？

解　由图 2－12 可知，$I=10$ mA 时

$$I_R=I-I_g=(10-5)\text{mA}=5\text{ mA}$$

$$RI_R=R_gI_g$$

$$R=\frac{R_gI_g}{I_R}=\frac{50\times5\times10^{-3}}{5\times10^{-3}}\Omega=50\ \Omega$$

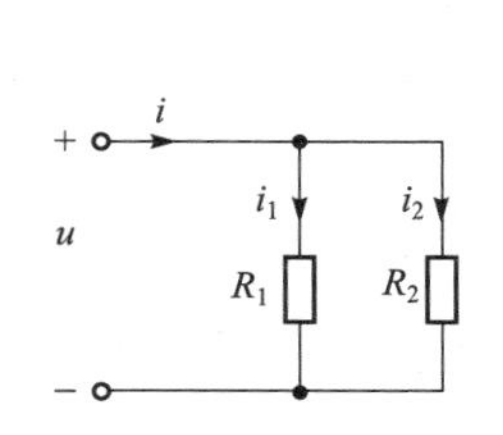

图 2－11　两个电阻并联

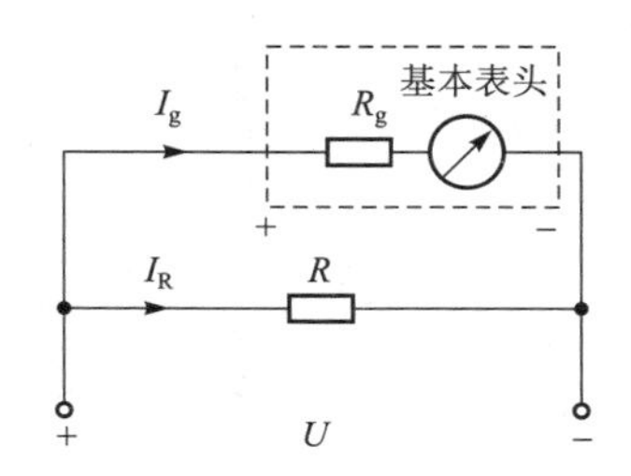

图 2－12　例 2－4 图

思考题：如果将内阻 R_g 为 50 Ω，满刻度电流 I_g 为 5 mA 的表头改装成量程为 10 mA 和 20 mA 的双量程电流表，画出双量程电流表的示意图，并试求电阻 R_2。

三、电阻的混联

电路中，若既有电阻的串联，又有电阻的并联，则把这种连接称为混联。混联电路，经过串、并联化简仍可得到一个等效电阻。

图 2－13 所示的混联电路中，经串、并联化简得到的等效电阻为

$$R_{eq}=R_1+(R_3+R_4)//R_2$$

例 2－5　如图 2－13 所示的电路，已知 $u=100$ V，$R_1=7.2$ Ω，$R_2=64$ Ω，$R_3=6$ Ω，$R_4=10$ Ω，求电路的等效电阻及其各支路的电流。

解　由图 2－13 可知，R_3 与 R_4 串联，再与 R_2 并联，之后与 R_1 串联。其等效电阻为

$$R=R_1+\frac{R_2(R_3+R_4)}{R_2+(R_3+R_4)}=\left(7.2+\frac{64\times(6+10)}{64+(6+10)}\right)\Omega=20\ \Omega$$

各支路电流分别为

$$i_1=\frac{u}{R}=\frac{100}{20}\text{A}=5\text{ A}$$

$$i_2=\frac{R_3+R_4}{R_2+R_3+R_4}i_1=\frac{6+10}{64+6+10}\times 5\ \text{A}=1\ \text{A}$$

$$i_3=i_1-i_2=(5-1)\text{A}=4\ \text{A}$$

思考题：试求出各个电阻上的压降和电阻消耗的功率。

例 2－6 试求图 2－14（a）所示电路的等效电阻。

解　由图可知，6 Ω、3 Ω和 2 Ω电阻分别连到 a 和 b 两点，而 4 Ω电阻两端连到同一点 b 上，故被短路。所以图 2－14（a）的电路可以等效成图 2－14（b）的电路。

其等效电阻为

$$R_{\text{eq}}=\frac{1}{\frac{1}{6}+\frac{1}{3}+\frac{1}{2}}\Omega=1\ \Omega$$

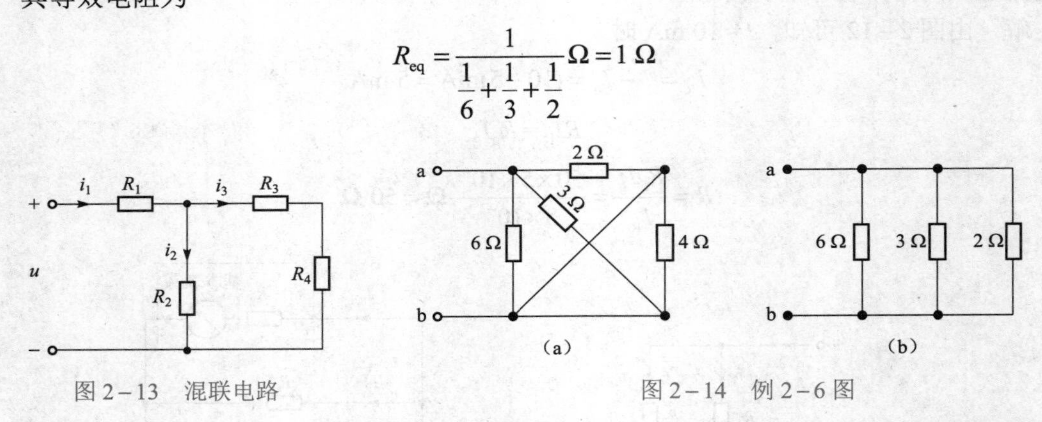

图 2－13　混联电路　　　　图 2－14　例 2－6 图

思考题：电路中 4 Ω 的电阻会影响电路的等效电阻吗？为什么？并总结如何判断电阻短路。

自我检测

1. 当日光灯或电炉子的电阻丝烧断后，再将其接起来，日光灯会比原来更亮，电炉子会比原来热得更快。这是为什么？

2. 在实际工程中，某技术员手头只有标称阻值为 100 Ω、$\frac{1}{8}$ W 的电阻若干，现需要规格为 200 Ω、$\frac{1}{4}$ W 和 50 Ω、$\frac{1}{4}$ W 的电阻，该怎么处理？

3. 如图 2－15 所示，求开关 S_1、S_2、S_3、S_4 依次闭合后，电路的等效电阻。通过计算判断一个电路中并联的电阻越多其等效电阻越大还是越小，并根据这个原理解释一下电路的超载问题。

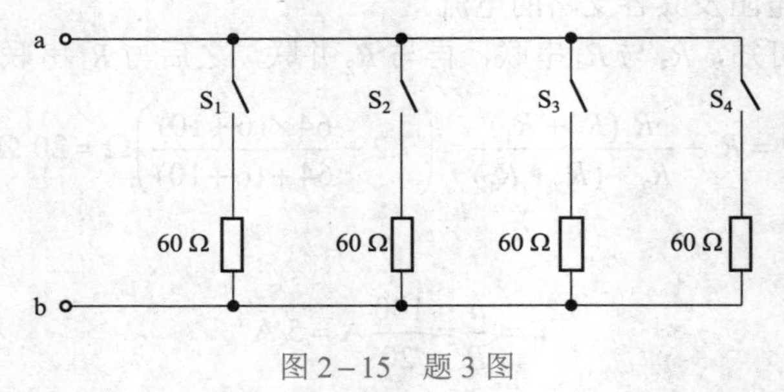

图 2－15　题 3 图

4. 求图 2－16 所示电路中的 I_1、I_2、I_3、I_4 和等效电阻 R_{ab}。

5. 某收音机采用串联分压电路给各级放大器供电，电路如图 2－17 所示，图中标出了各级所需电压和电流，试计算各电阻值。

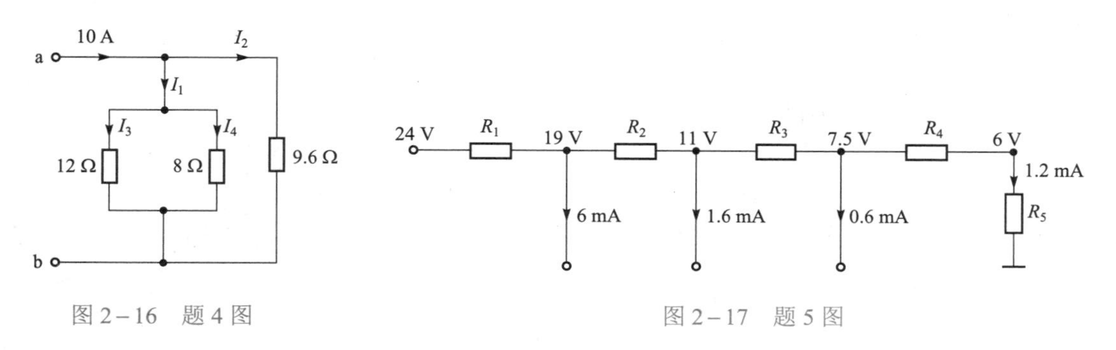

图 2－16　题 4 图　　　图 2－17　题 5 图

答案

1. 电阻变小。

2. 将两个 100 Ω、$\frac{1}{8}$ W 的电阻进行串联和并联。

3. 等效电阻分别为 60 Ω、30 Ω、20 Ω、15 Ω，电路中并联的负载越多，电路的总电流就越大，电路的负载额度也越大。

4. $\frac{20}{3}$ A　$\frac{10}{3}$ A　$\frac{8}{3}$ A　4 A　$R_{eq}=3.2\ \Omega$

5. $R_1=\frac{25}{47}\ \text{k}\Omega$　$R_2=\frac{40}{17}\ \text{k}\Omega$　$R_3=\frac{35}{18}\ \text{k}\Omega$　$R_4=1.25\ \text{k}\Omega$　$R_5=5\ \text{k}\Omega$

学习模块 2　电阻的星形与三角形连接的等效变换

学习目标

了解电阻的三角形连接与星形连接的等效方法。

如图 2－18 所示，当电桥不平衡时，R_5 电阻上有电流流过，此时电阻 R_1、R_2、R_3、R_4、R_5 之间既非串联又非并联，这样就无法用我们前面介绍的知识求出其等效电阻，该如何来求复杂电路的等效变换呢？本节介绍星形和三角形连接的等效变换。

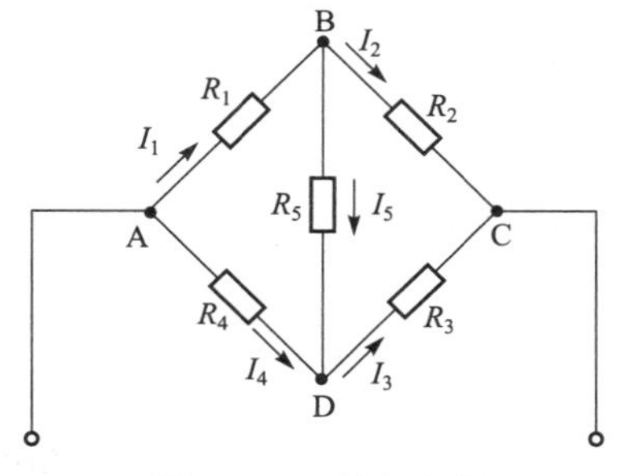

图 2－18　复杂电路

一、星形连接和三角形连接

电路中，常有三个电阻连接成如图 2－19 所示。图 2－19（a）中三个电阻 R_1、R_2、R_3，其中一端连接在一起，而另一端分别通过1、2、3三个端钮与外电路连接，该种连接方式称为星形（Y形）连接；图2－19（b）中，R_{12}、R_{23}、R_{31}三个电阻依次连接在三个节点的每两个节点之间，构成一个回路的连接方式，称之为三角形（△形）连接。

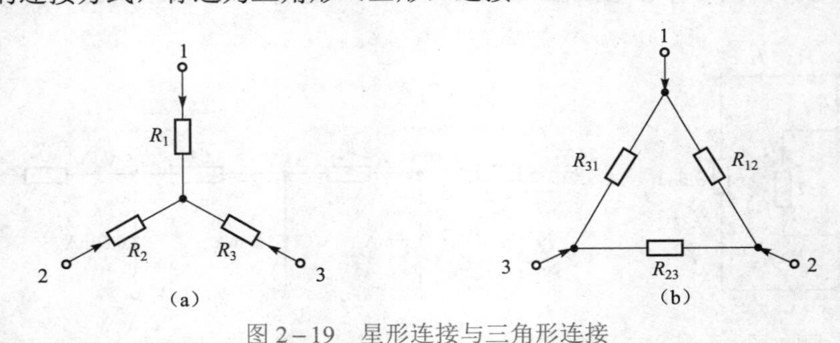

图2－19　星形连接与三角形连接

二、电阻的星形连接和三角形连接的等效变换

电路中进行星形、三角形的等效变换的目的是将复杂电路变换成简单的串、并联电路，以便于分析和计算。如图2－18所示的电路中，要计算电阻R_{AC}就不能直接用串、并联的方法。如将连接到三个节点A、B、D构成三角形连接的电阻R_1、R_4、R_5变成星形连接，用星形连接的三个电阻R_A、R_B、R_D等效替换R_1、R_4、R_5，如图2－20所示，这样就可以利用串、并联的方法计算等效电阻R_{AC}。

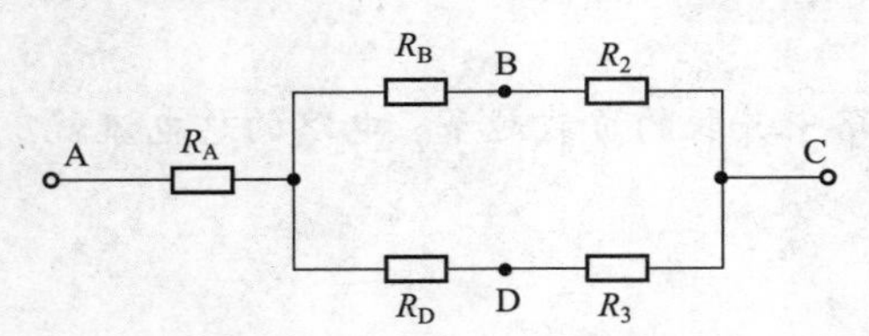

图2－20　复杂电路变换成简单电路

星形、三角形等效变换的原则是：任意两个端点间施加相同的电压，两电路产生相同电流（即端口特性相同）。

1. 三角形连接等效变换成星形连接

电阻由三角形连接变换成星形连接时，即将图2－19（b）变换成（a），已知三角形连接的阻值R_{12}、R_{23}、R_{31}，求星形连接等效电阻R_1、R_2、R_3。

按端口特性相同的原则可求得星形连接等效电阻为

$$\left.\begin{aligned} R_1 &= \frac{R_{12}R_{31}}{R_{12}+R_{31}+R_{23}} \\ R_2 &= \frac{R_{12}R_{23}}{R_{12}+R_{31}+R_{23}} \\ R_3 &= \frac{R_{31}R_{23}}{R_{12}+R_{31}+R_{23}} \end{aligned}\right\} \qquad (2-12)$$

当三角形连接中三个电阻相等，即$R_{12}=R_{23}=R_{31}=R_{\triangle}$时，有

$$R_Y = R_1 = R_2 = R_3 = \frac{1}{3}R_{\triangle}$$

2. 星形连接等效变换成三角形连接

电阻由星形连接变换成三角形连接时，即将图2－19（a）变换成（b），已知星形连接等效电阻R_1、R_2、R_3，求三角形连接的阻值R_{12}、R_{23}、R_{31}。

按端口特性相同的原则可求得三角形连接等效电阻为

$$\left.\begin{aligned} R_{12} &= \frac{R_1R_2+R_2R_3+R_3R_1}{R_3} \\ R_{23} &= \frac{R_1R_2+R_2R_3+R_3R_1}{R_1} \\ R_{31} &= \frac{R_1R_2+R_2R_3+R_3R_1}{R_2} \end{aligned}\right\} \qquad (2-13)$$

当星形连接中三个电阻相等，即 $R_1=R_2=R_3=R_Y$ 时，有

$$R_\triangle = R_{12} = R_{23} = R_{31} = 3R_Y$$

式（2－12）和式（2－13）等效变换公式非常有规律，可结合电阻在不同电路中的表示方式来记忆。

例 2－7　求图 2－21（a）所示电桥的等效电阻 R_{ab}。

解　方法一

分析：将连接到节点 1、2、3 上△连接的电阻等效变换成 Y 连接。由于 $R_\triangle=6\ \Omega$，可得

$$R_Y=\frac{1}{3}R_\triangle=2\ \Omega$$

等效电路如图 2－21（b）所示。

对应等效电阻为

$$R_{ab}=\left(2+\frac{(2+6)\times(2+2)}{(2+6)+(2+2)}\right)\Omega=\frac{14}{3}\ \Omega$$

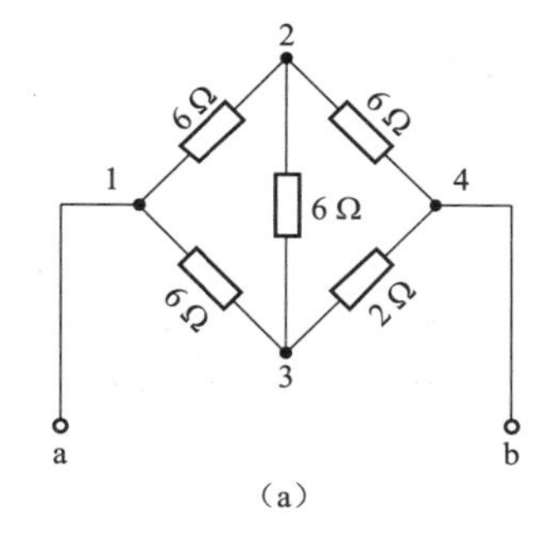

（a）

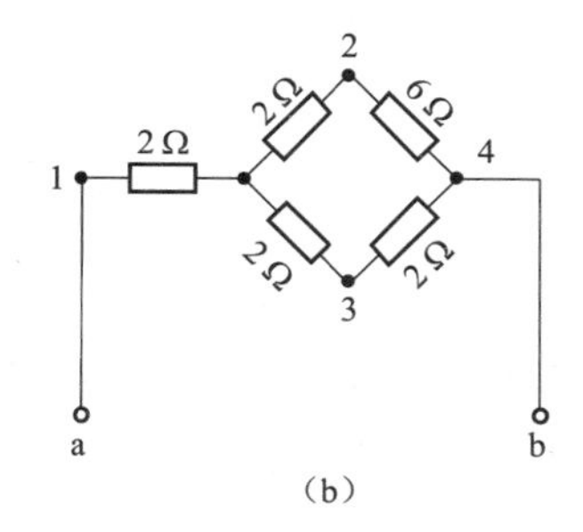

（b）

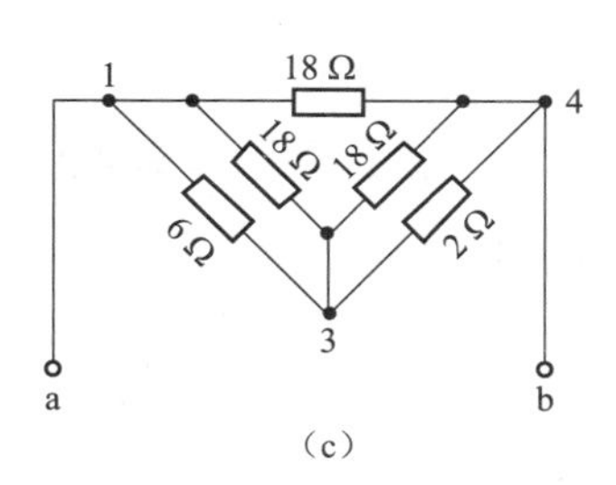

（c）

图 2－21　例 2－8 图

方法二

分析：将连接到节点 2 上 Y 形连接的电阻等效变换成△ 连接。由于 $R_Y=6\ \Omega$，可得

$$R_\triangle=3R_Y=3\times6\ \Omega=18\ \Omega$$

等效电路如图 2－21（c）所示。

对应等效电阻为

$$R_{ab}=\frac{\left(\frac{6\times18}{6+18}+\frac{2\times18}{2+18}\right)\times18}{\left(\frac{6\times18}{6+18}+\frac{2\times18}{2+18}\right)+18}\Omega=\frac{14}{3}\ \Omega$$

思考题：将 2 Ω的电阻改成为 6 Ω，2、3 之间的电阻还起作用吗？为什么？

综上所述，在电路分析中，不管是把星形连接等效变换成三角形连接，还是将三角形连接等效变换成星形连接，电路的分析结果是一样的。应用星形连接与三角形连接等效变换的目的是为了简化电路的分析。选择电路中的元件构成星形还是三角形连接时，要注意电路的连接关系，否则变换后可能会使下一步的分析更复杂。

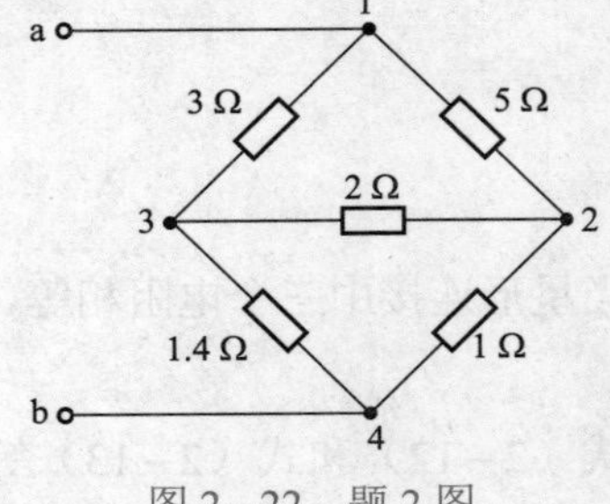

图 2－22　题 2 图

自我检测

1. 写出电阻的 Y 连接与△连接的等效变换公式。
2. 电路如图 2－22 所示，若求电阻 R_{ab}，有几种等效方法？试画出其等效电路图。

答案

2. $R_{ab}=2.5\ \Omega$

学习模块 3　电压源、电流源的连接及等效变换

学习目标

1. 掌握电源等效变换的方法。
2. 能用电源等效变换的方法计算电路中的电压、电流、功率等参数。

一、独立源的串联和并联

1. 电压源的串联

由 KVL 可知，当 n 个电压源串联时，如图 2－23（a）所示，其等效电压源的电压等于各串联电压源电压的代数和，如图 2－23（b）所示。即

$$u_S=u_{S1}+u_{S2}+\cdots+u_{Sn}=\sum_{k=1}^{n}u_{Sk} \tag{2-14}$$

如果 u_{Sk} 的参考方向与 u_S 的参考方向一致，式中 u_{Sk} 前面取“+”号，否则取“−”号。

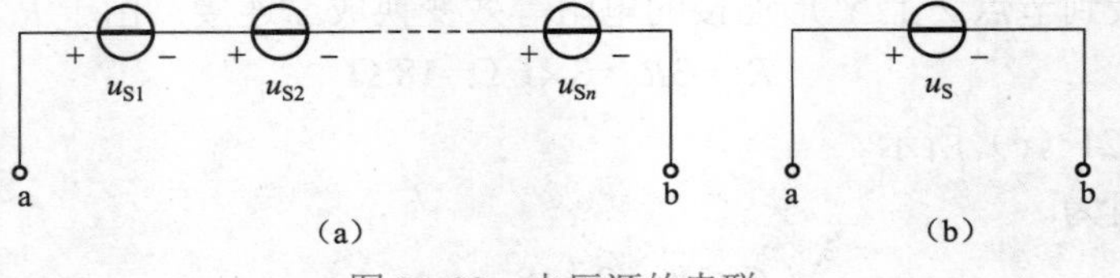

图 2－23　电压源的串联

2. 电流源的并联

由 KCL 可知，当 n 个电流源并联时，如图 2－24（a）所示，其等效电流源的电流等于各

并联电流源电流的代数和，如图 2-24（b）所示。即

$$i_S = i_{S1} + i_{S2} + \cdots + i_{Sn} = \sum_{k=1}^{n} i_{Sk} \tag{2-15}$$

如果 i_{Sk} 的参考方向与 i_S 的参考方向一致，上式中 i_{Sk} 前面取“+”号，否则取“-”号。

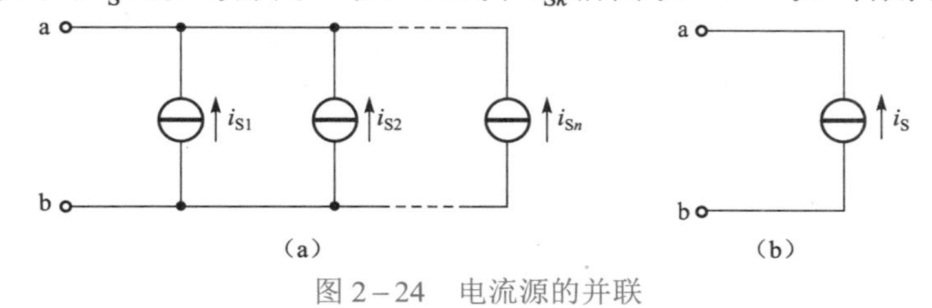

图 2-24　电流源的并联

3. 电压源的并联和电流源的串联

只有在电压值相等的电压源之间才允许同极性并联，由 KVL 可知，其等效电压源的电压为同值的电压，如图 2-25 所示。

注意：电压值不相等的电压源不能并联，否则将不满足 KVL，因而不允许存在。

同理，只有电流值相等的电流源才允许同方向串联，由 KCL 可知，其等效电流源的电流为同值的电流，如图 2-26 所示。

注意：电流值不相等的电流源不能串联，否则将不满足 KCL，因而不允许存在。

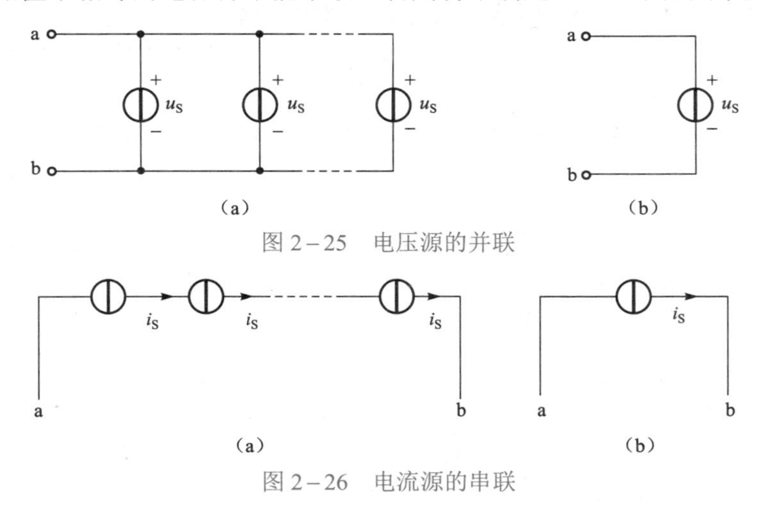

图 2-25　电压源的并联

图 2-26　电流源的串联

二、独立源的等效变换

任一元件或支路与电压源 u_S 并联时，对端口电压无影响，如图 2-27 所示。根据等效变换的条件，图 2-27（a）所示的电路可以等效变换成图 2-27（b）所示的电路；图 2-27（c）所示的电路可以等效变换成图 2-27（d）所示的电路。

结论：电压源与任何线性元件或支路并联时，可等效成电压源。

同理，任一元件或支路与电流源 i_S 串联时，对端口电流无影响，如图 2-28 所示。根据等效变换的条件，图 2-28（a）所示的电路可以等效变换成图 2-28（b）所示的电路；图 2-28（c）所示的电路可以等效变换成图 2-28（d）所示的电路。

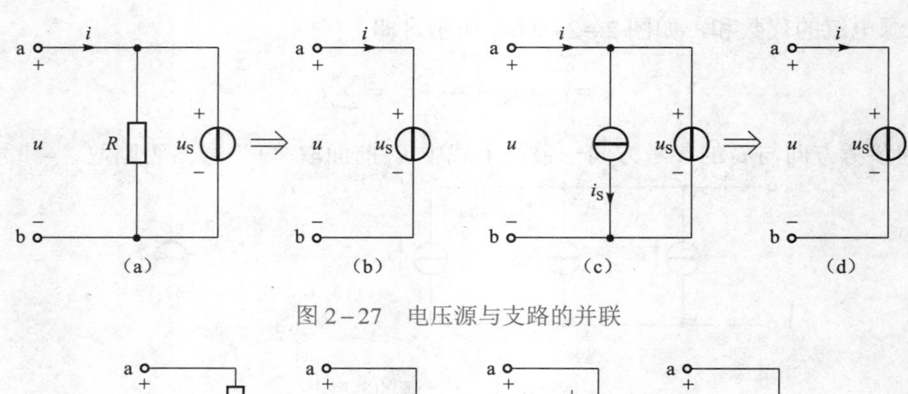

图 2-27　电压源与支路的并联

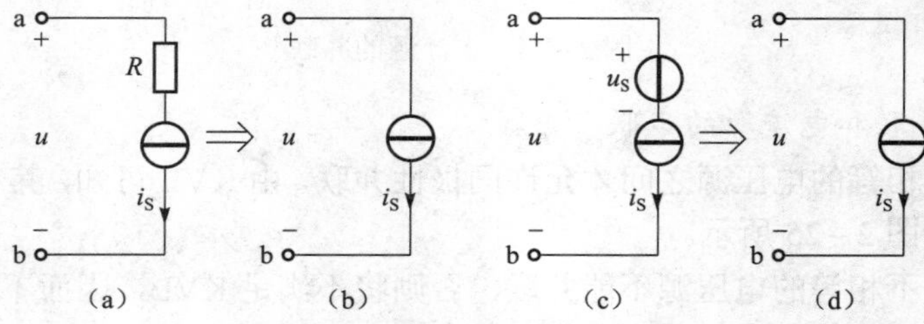

图 2-28　电流源与支路的串联

结论：电流源与任何线性元件或支路串联时，可等效成电流源。

例 2-8　试求图 2-29（a）所示电路的最简等效电路。

解　（1）图 2-29（a）中 1 Ω电阻、1 A 电流源与 4 V 的电压源是并联关系，可等效为 4 V 的电压源，如图 2-29（b）所示；

（2）图 2-29（b）中 5 Ω电阻、4 V 电压源与 2 A 的电流源是串联关系，可等效为 2 A 的电流源，如图 2-29（c）所示。

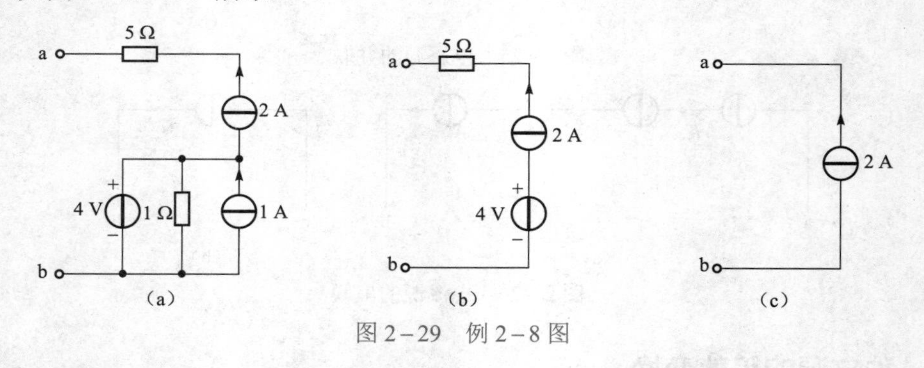

图 2-29　例 2-8 图

思考题：5 Ω电阻、1 Ω电阻和 1 A 电流源对外电路有影响吗？为什么？

三、实际电压源与实际电流源之间的等效变换

在实际工程中，理想电源并不存在，实际电源都有内阻存在。对于内阻，在实际电压源中采用内阻与理想电压源串联的方式来表示；实际电流源中采用内阻与理想电流源并联的方式来表示。学了独立源的等效变换之后，大家可以想一想，实际电压源中能否采用内阻与电压源并联的方式来表示？电流源中能否采用内阻与电流源串联的方式来表示？

实际电压源与实际电流源的模型如图 2-30 所示。

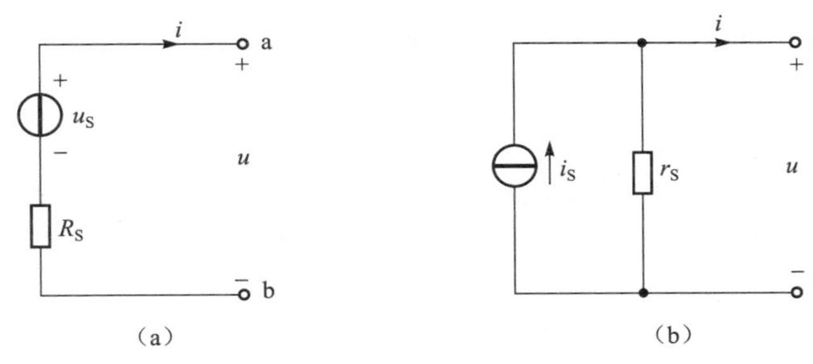

图 2－30　实际电压源与实际电流源

（a）实际电压源；（b）实际电流源

实际电压源的端口特性为

$$u = u_S - iR_S \tag{2-16}$$

实际电流源的端口特性为

$$i = i_S - \frac{u}{r_S} \tag{2-17}$$

1. 实际电压源转换成实际电流源

实际电压源转换成实际电流源，即电压源的参数 u_S、R_S 已知，求等效的实际电流源的参数 i_S、r_S。

式（2－17）可转换成为

$$u = i_S r_S - i r_S \tag{2-18}$$

根据等效变换的条件，比较式（2－16）和式（2－18）可知，只要满足

$$\left.\begin{aligned} r_S &= R_S \\ i_S &= \frac{u_S}{R_S} \end{aligned}\right\} \tag{2-19}$$

则图 2－30 所示两电路的外特性完全相同，两者可以互相置换。

2. 实际电流源转换成实际电压源

实际电流源转换成实际电压源，即电流源的参数 i_S、r_S 已知，求等效的实际电压源的参数 u_S、R_S。

根据等效变换的条件，比较式（2－16）和式（2－18）可知，只要满足

$$\left.\begin{aligned} R_S &= r_S \\ u_S &= r_S i_S \end{aligned}\right\} \tag{2-20}$$

则图 2－30 所示两电路的外特性完全相同，两者可以互相置换。

实际电源在等效变换时应注意以下几点：

（1）实际电源的相互转换，只是对电源的外电路而言的，对电源内部则是不等效的。如电流源，当外电路开路时，内阻上仍有功率损耗；电压源开路时，内阻上并不损耗功率。

(2)变换时要注意两种电路模型的极性必须一致，即电流源流出电流的一端与电压源的正极性端相对应。

（3）实际电源的相互转换中，不仅只限于内阻，可扩展至任一电阻。凡是理想电压源与某电阻 R 串联的有源支路，都可以变换成理想电流源与电阻 R 并联的有源支路，反之亦然。

（4）理想电压源与理想电流源不能相互等效变换。理想电压源的电压恒定不变，电流取决于外电路负载；理想电流源的电流是恒定的，电压取决于外电路负载，故两者不能等效。

在某些电路的分析计算中，利用实际电源的相互转换可使计算大为简化。

例2-9 将图2-31（a）所示的实际电压源等效变换成实际电流源。

解 由式（2-19）可得

$$r_S = 2\ \Omega$$

$$i_S = \frac{u_S}{R_S} = \frac{4}{2}\ \text{A} = 2\ \text{A}$$

所以等效的实际电流源如图2-31（b）所示。

思考题：将电压源的电压极性变为下正上负，相应的等效电流源将如何变动？可以得出什么结论？

例2-10 将图2-32等效变换成实际电压源。

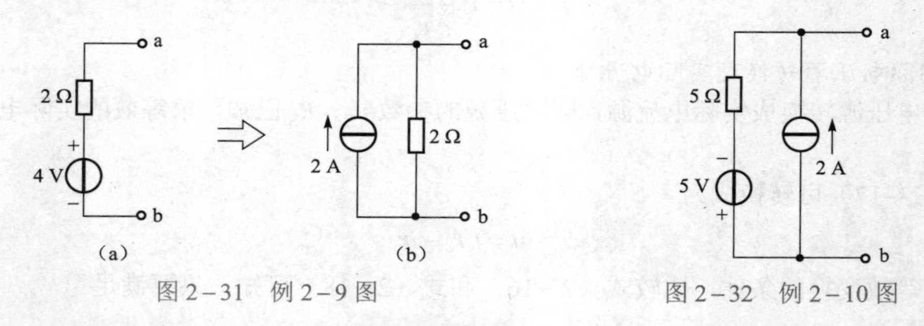

图2-31 例2-9图　　图2-32 例2-10图

解 （1）将实际电压源等效变换为实际电流源，如图2-33（a）所示；

（2）1 A与2 A电流源并联成一个电流源，如图2-33（b）所示；

（3）将实际电流源转换为实际电压源，如图2-33（c）所示。

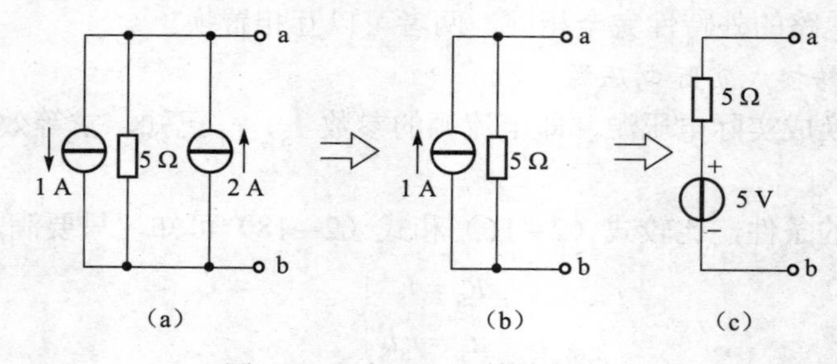

图2-33 例2-10等效变换图

思考题：将5 Ω的电阻改为10 Ω电阻重解该题。

例2-11 化简如图2-34（a）所示电路，并求电流I。

解 利用电源的等效变换，可以将图2-34（a）经（b）、（c）、（d）等效变换成为（e）。由图2-34（e）可得

$$I = \frac{9}{4+5}\ \text{A} = 1\ \text{A}$$

思考题：如果将3 Ω电阻去掉，重解该题。

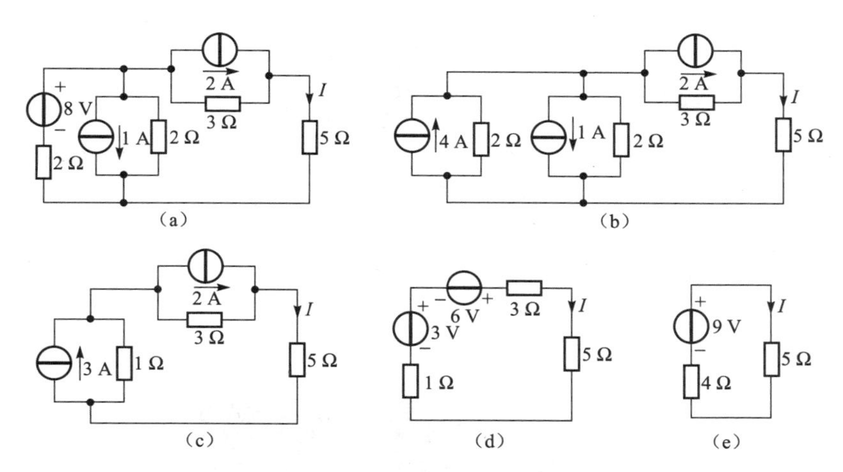

图 2－34　例 2－11 图

自我检测

1. 等效化简图 2－35 所示的电路。

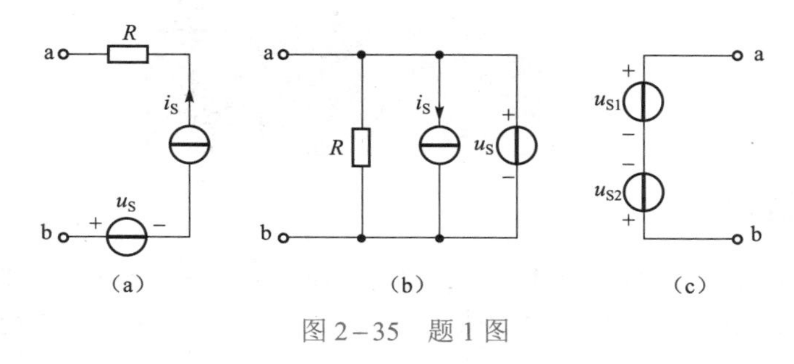

图 2－35　题 1 图

2. 如果图 2－36 所示的电路存在，应满足什么条件？如何化简呢？

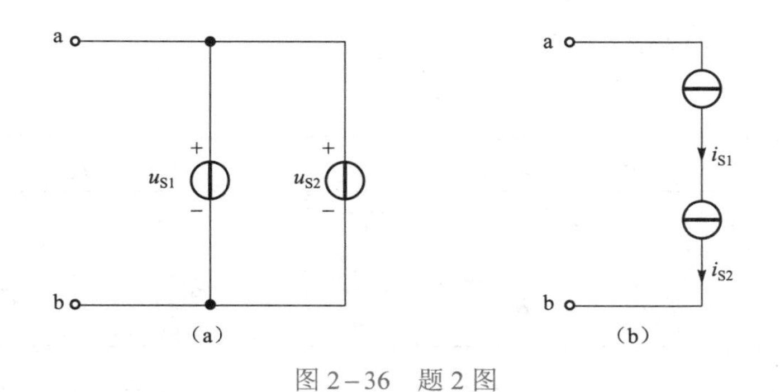

图 2－36　题 2 图

答案

1. 等效电路如图 2－37 所示。

2.（a）电压源的电压相等。

（b）电流源的电流相等。

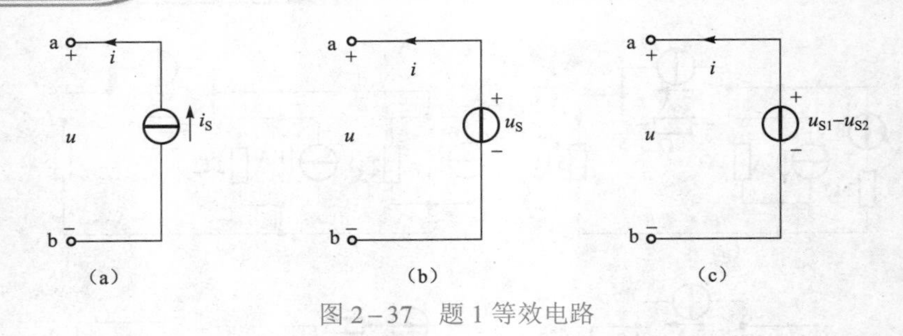

图 2-37　题 1 等效电路

知识拓展

阅读材料

先导案例解决

MF47 型万用表部分原理图中，R1、R2 都是电阻，却有不同的作用。其中，R1 与表头 G 串联，起扩大电压表量程的作用；R2 与表头 G 并联，起扩大电流表量程的作用。

知识梳理与总结

1. 电阻的连接与等效

① 电阻的串联和并联

	串　　联	并　　联
电路图		
电阻	$R=R_1+R_2+\cdots+R_n$	$\frac{1}{R}=\frac{1}{R_1}+\frac{1}{R_2}+\cdots+\frac{1}{R_n}$
电流	$I=I_1=I_2=\cdots=I_n$	$I=I_1+I_2+\cdots+I_n$
电压	$U=U_1+U_2+\cdots+U_n$	$U=U_1=U_2=\ldots=U_n$
功率	$P=P_1+P_2+\cdots+P_n$	$P=P_1+P_2+\ldots+P_n$

② 电阻星形连接与三角形连接的等效变换

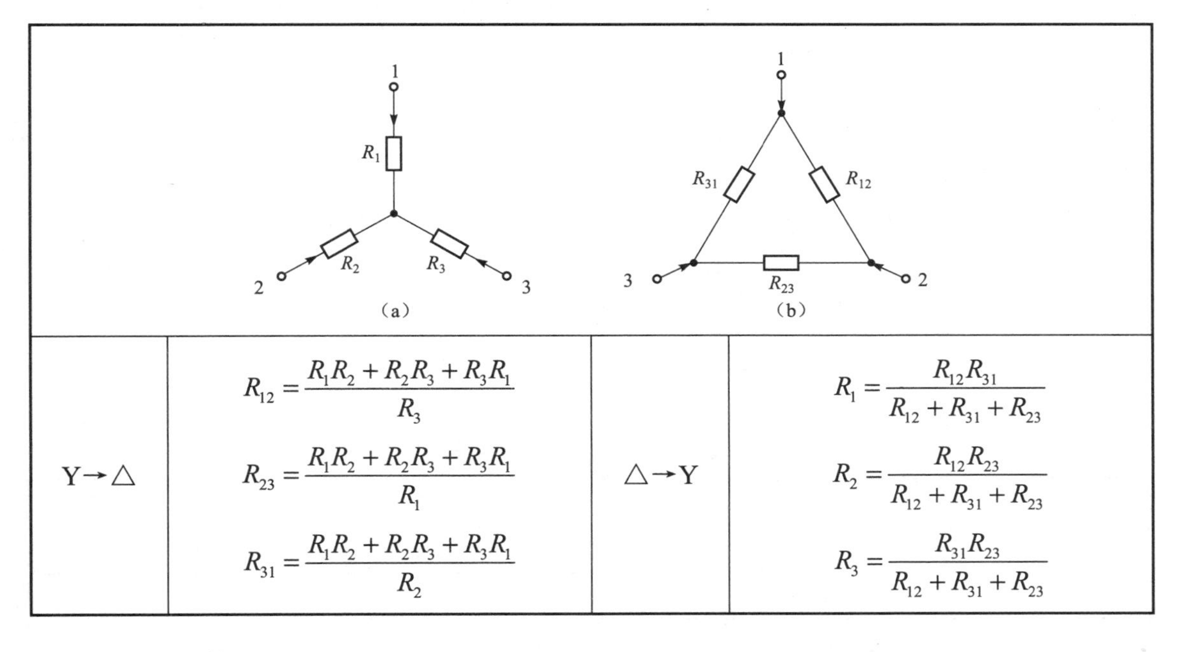

Y→△	$R_{12}=\dfrac{R_1R_2+R_2R_3+R_3R_1}{R_3}$ $R_{23}=\dfrac{R_1R_2+R_2R_3+R_3R_1}{R_1}$ $R_{31}=\dfrac{R_1R_2+R_2R_3+R_3R_1}{R_2}$	△→Y	$R_1=\dfrac{R_{12}R_{31}}{R_{12}+R_{31}+R_{23}}$ $R_2=\dfrac{R_{12}R_{23}}{R_{12}+R_{31}+R_{23}}$ $R_3=\dfrac{R_{31}R_{23}}{R_{12}+R_{31}+R_{23}}$

2. 电源的等效变换

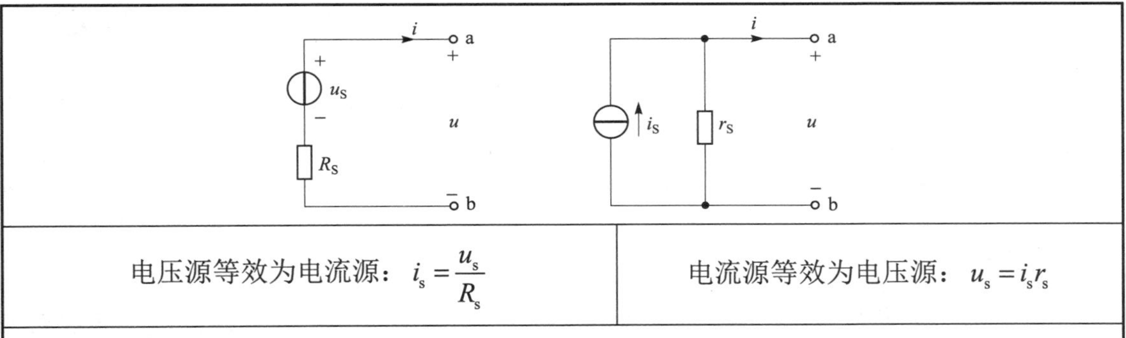

电压源等效为电流源：$i_s=\dfrac{u_s}{R_s}$	电流源等效为电压源：$u_s=i_sr_s$

① 电压源和电流源的等效关系仅对外电路有效，对电源内部不等效。

② 两种实际电源等效变换时，电压源和电流源的参考方向要一一对应，即电压源的正极对应于电流源的电流输出端。

能力测试

技能训练　电源外特性的测试及等效变换

一、操作目的

（1）掌握电源外特性的测试方法。

（2）验证电压源与电流源等效变换的条件。

二、操作器材

操作器材见表 2－1。

表 2－1　技能训练操作器材

序号	名　　称	型号与规格	数量	备　　注
1	可调直流稳压电源	0～30 V	1	
2	可调直流恒流源	0～200 mA	1	
3	直流数字电压表	0～200 V	1	
4	直流数字毫安表	0～200 mA	1	
5	万用表		1	自备
6	电阻器	51 Ω，200 Ω 300 Ω，1 kΩ		DGJ － 05
7	可调电阻箱	0～99 999.9 Ω	1	DGJ － 05

三、操作原理

（1）一个直流稳压电源在一定的电流范围内，具有很小的内阻。故在实用中，常将它视为一个理想的电压源，即其输出电压不随负载电流而变。其外特性曲线，即其伏安特性曲线 $U=f(I)$ 是一条平行于 I 轴的直线。实际的恒流源在一定的电压范围内，可视为一个理想的电流源。

（2）一个实际的电压源（或电流源），其端电压（或输出电流）不可能不随负载而变，因它具有一定的内阻值。故在实验中，用一个小阻值的电阻（或大电阻）与稳压源（或恒流源）相串联（或并联）来模拟一个实际的电压源（或电流源）。

（3）一个实际的电源，就其外部特性而言，既可以看成是一个电压源，又可以看成是一个电流源。若视为电压源，则可用一个理想的电压源 U_S 与一个电阻 R_0 相串联的组合来表示；若视为电流源，则可用一个理想电流源 I_S 与一电导 g_0 相并联的组合来表示。如果这两种电源能向同样大小的负载供出同样大小的电流和端电压，则称这两个电源是等效的，即具有相同的外特性。

（4）一个电压源与一个电流源等效变换的条件为

$$I_S = U_S/R_0,\quad g_0 = 1/R_0 \quad 或 \quad U_S = I_S R_0,\ R_0 = 1/g_0$$

如图 2-37 所示。

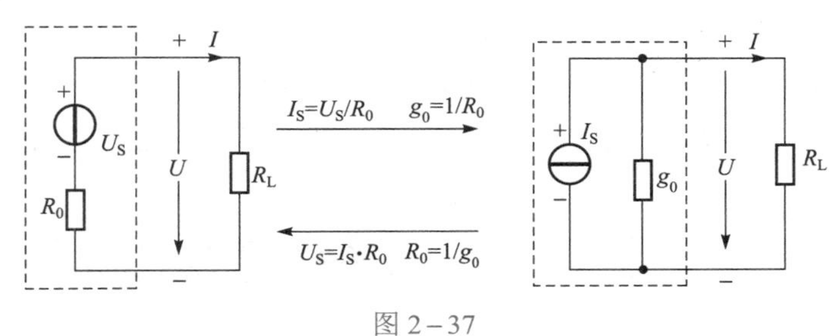

图 2-37

四、操作内容与步骤

1. 测定直流稳压电源与实际电压源的外特性

（1）按图 2-38 接线，U_S 为 +6 V 直流稳压电源。调节 R_2，令其阻值由大至小变化，在表 2-2 中记录两表的读数。

表 2-2　实验数据 1

U/V								
I/mA								

（2）按图 2-39 接线，虚线框可模拟为一个实际的电压源。调节 R_2，令其阻值由大至小变化，在表 2-3 中记录两表的读数。

表 2-3　实验数据 2

U/V							
I/mA							

2. 测定电流源的外特性

按图 2-40 接线，I_S 为直流恒流源，调节其输出为 10 mA，令 R_0 分别为 1 kΩ和∞（即接入和断开），调节电位器 R_L（从 0 至 470 Ω），测出这两种情况下的电压表和电流表的读数。自拟数据表格，记录操作数据。

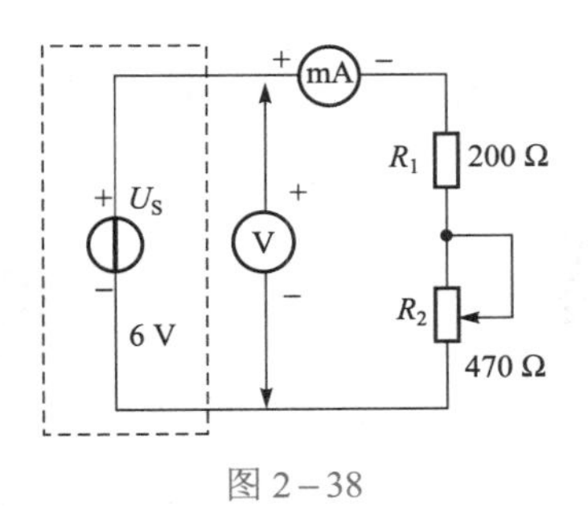

图 2-38

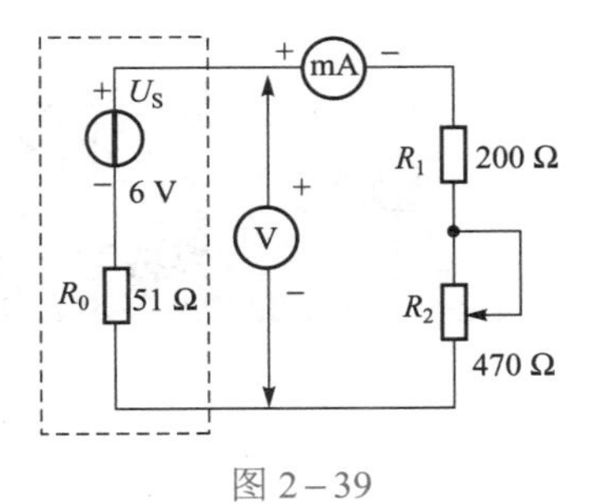

图 2-39

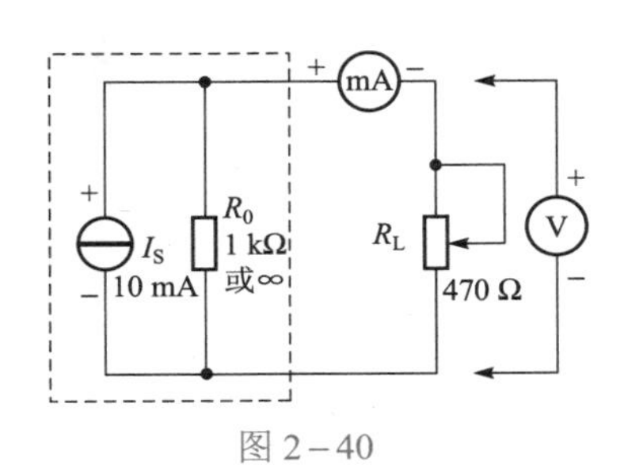

图 2-40

3. 测定电源等效变换的条件

先按图2－41（a）线路接线，记录线路中两表的读数。然后利用图2－41（a）中右侧的元件和仪表，按图2－41（b）接线。调节恒流源的输出电流I_S，使两表的读数与2－41（a）时的数值相等，记录I_S的值，验证等效变换条件的正确性。

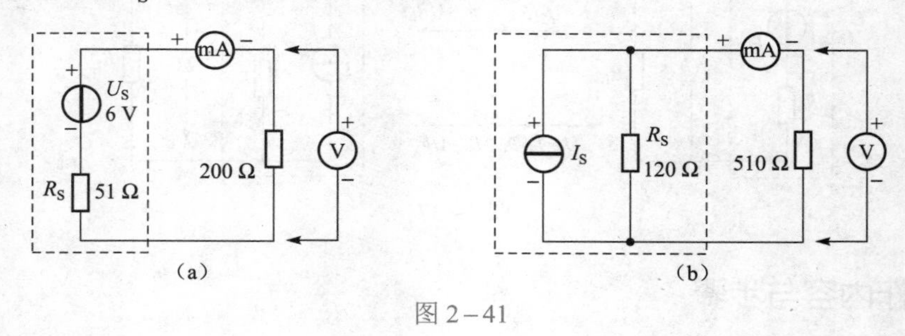

图2－41

五、操作注意事项

（1）在测电压源外特性时，不要忘记测空载时的电压值；测电流源外特性时，不要忘记测短路时的电流值，注意恒流源负载电压不要超过20 V，负载不要开路。

（2）换接线路时，必须关闭电源开关。

（3）直流仪表的接入应注意极性与量程。

六、思考

（1）通常直流稳压电源的输出端不允许短路，直流恒流源的输出端不允许开路，为什么？

（2）电压源与电流源的外特性为什么呈下降变化趋势？稳压源和恒流源的输出在任何负载下是否保持恒值？

七、操作报告要求

（1）根据实验数据绘出电源的四条外特性曲线，并总结、归纳各类电源的特性。

（2）由操作结果，验证电源等效变换的条件。

（3）心得体会及其他。

阅读材料

直流电路的基本分析方法

先导案例

在电路学习中，会碰到含有多个电源和多个支路的复杂电路。对于此类电路，应用前面学过的电阻等效变换和电源等效变换等方法，分析过程非常复杂。如图 3－1 所示，若要求解电阻 R_1、R_2、R_3 中流过的电流，简单地应用欧姆定律、基尔霍夫定律和各类电阻连接规律，将无法解决问题。那又该如何处理呢？

学习单元二介绍的利用等效变换逐步简化的方法对电路进行分析计算，该方法对于简单电路非常有效。但对于复杂电路，需采用系统性和普遍性的方法进行求解。所谓系统性是指求解方法的计算具有规律，便于编程；普遍性是指求解方法对任一线性电路均适用。本单元介绍几种适用于分析复杂电路的电路分析计算方法。

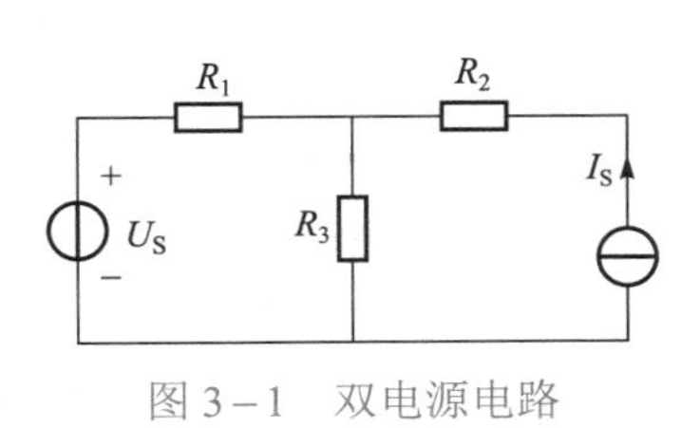

图 3－1　双电源电路

学习模块 1　支路电流法

学习目标

1. 熟悉支路电流法的解题步骤，掌握支路电流法的解题方法。
2. 能用支路电流法确定电路中的电量参数。

对于复杂电路，需采用系统性和普遍性的方法进行求解。其特点是不改变电路结构，通过选择合适的电压或电流变量，根据 KCL、KVL 及元件 VCR 建立足够的独立电路方程，求解这些线性代数方程，得到电路的解。系统性和普遍性求解方法的计算具有规律，便于利用计算机，并且对任一线性电路均适用。

一、引例

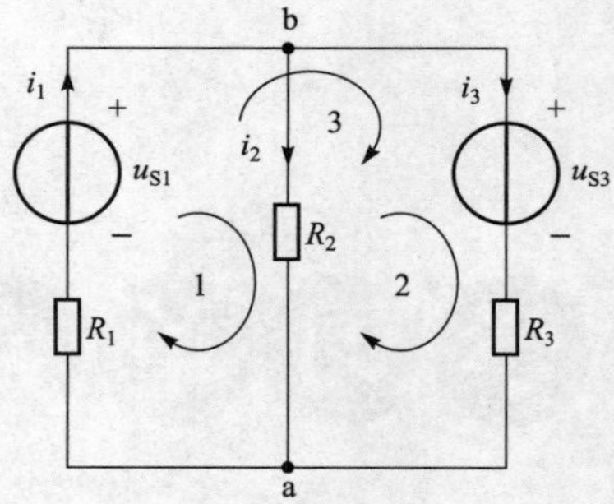

支路电流法是电路分析中普遍采用的求解方法。支路电流法以各支路电流为变量，在不改变电路结构的情况下，利用基尔霍夫电压定律和基尔霍夫电流定律列出电路的方程式，求解各支路的电流，进而可以求得电压、功率、电位等。

如图3-2所示，该电路有三条支路、两个节点和三个回路。以各支路电流为变量，两个节点可以列写两个KCL方程；三个回路可以列写三个KVL方程。

图3-2　引例图

节点a的KCL方程　$i_1-i_2-i_3=0$

节点b的KCL方程　$-i_1+i_2+i_3=0$　　(3-1)

将节点a的KCL方程乘以-1，就是节点b的KCL方程，即由其中的一个方程就可以推出另一个方程。因此，节点a和节点b的KCL方程只有一个是独立的。对于节点的KCL方程，有如下的结论：若电路有 n 个节点，则可以列出（$n-1$）个独立的节点电流方程，与独立方程对应的节点称为独立节点。

回路1的KVL方程　$i_1R_1+i_2R_2-u_{S1}=0$　①

回路2的KVL方程　$-i_2R_2+i_3R_3+u_{S3}=0$　②

回路3的KVL方程　$i_1R_1+i_3R_3-u_{S1}+u_{S3}=0$　③

回路1、2、3的KVL方程中有①+②=③，其实三个方程中，任意两个相加或相减都可推出另外一个方程，说明三个回路方程中只有两个具有独立性，对于回路的KVL方程，有如下的结论：若电路有 n 个节点、b 条支路，则可以列出（$b-n+1$）个独立的回路电压方程，与独立方程对应的回路称为独立回路。

考虑回路电压方程的独立性，在选定回路时至少要包含一条新的支路。为简单起见，通常选择网孔列回路电压方程。

取网孔的回路电压方程整理后得

$$\left.\begin{aligned}i_1R_1+i_2R_2&=u_{S1}\\-i_2R_2+i_3R_3&=-u_{S3}\end{aligned}\right\}\qquad(3-2)$$

式（3-2）是回路电压方程的另一种表达方式。由式（3-2）可以得出：任一回路内电阻上的电压的代数和等于电压源电压的代数和。其中支路电流参考方向与回路参考方向一致时，$R_k\,i_k$ 项取正号，否则取负号；电压源 u_{Sk} 的参考方向（极性）与回路参考方向一致时，u_{Sk} 前取负号，否则取正号。

式（3-1）和式（3-2）组成了图3-2所示电路的支路电流方程。用支路电流法列写出的方程数等于电路中的支路数。

二、支路电流法求解电路的一般步骤

由引例可以总结出支路电流法解题的一般步骤如下：

（1）选定各支路电流的参考方向；

（2）选取 $n-1$ 个独立节点，根据基尔霍夫电流定律列写 KCL 方程；

（3）选取（$b-n+1$）个独立回路，指定回路的绕行方向，根据基尔霍夫电压定律列写回路电压方程（通常选择网孔作为回路）；

（4）求解支路电流，根据所求支路电流求出其他要求的量。

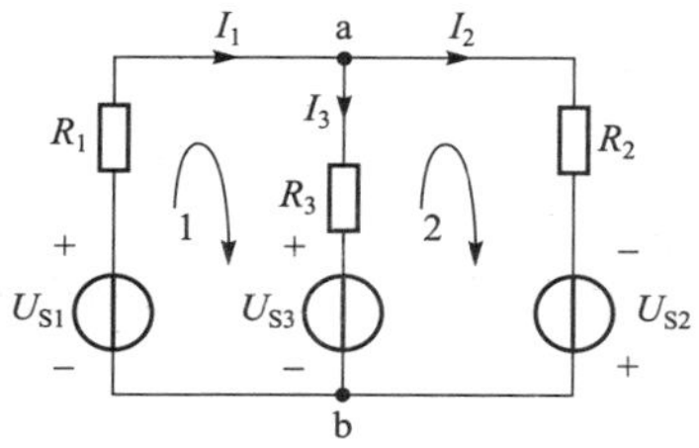

图 3－3　例 3－1 图

例 3－1　如图 3－3 所示，已知 $R_1=2\ \Omega$，$R_2=6\ \Omega$，$R_3=3\ \Omega$，$U_{S1}=8$ V，$U_{S2}=6$ V，$U_{S3}=9$ V。求各支路电流。

解　各支路电流和回路的参考方向如图 3－3 所示。

取 a 为独立节点，KCL 方程为

$$-I_1+I_2+I_3=0$$

网孔 1 的 KVL 方程为

$$R_1I_1+R_3I_3=U_{S1}-U_{S3}$$

网孔 2 的 KVL 方程为

$$R_2I_2-R_3I_3=U_{S3}+U_{S2}$$

将已知条件代入，解之得

$$I_1=1\ \text{A}$$

$$I_2=2\ \text{A}$$

$$I_3=-1\ \text{A}$$

思考题：如果将 U_{S2} 的极性调反，各支路电流会有什么变化？

三、支路电流法中电流源的处理

支路电流法求解要求电路中每一条支路的电压都可以通过支路电流来表示，否则就难以得到式（3－2）所示的 KVL 方程。如支路中含有电流源时，就不能通过支路电流来表示支路电压。那么，出现这种情况时，该如何处理呢？

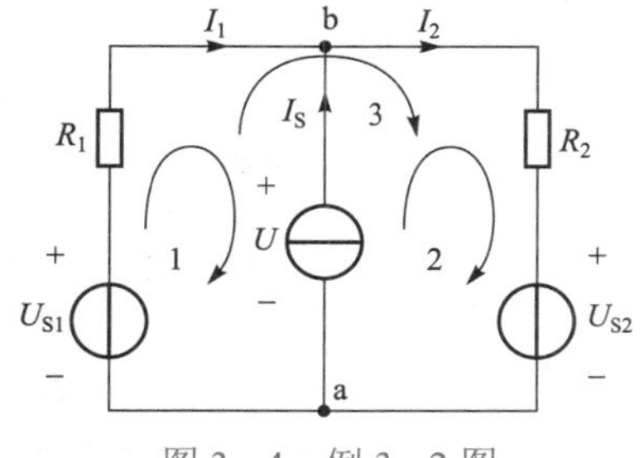

图 3－4　例 3－2 图

例 3－2　如图 3－4 所示，已知 $R_1=4\ \Omega$，$R_2=6\ \Omega$，$I_S=1$ A，$U_{S1}=20$ V，$U_{S2}=4$ V。求各支路的电流。

解一　图 3－4 所示电路中有 3 条支路，根据电流源的特性可知，电流源所在支路的支路电流等于电流源的电流。因此，电路中有 2 条支路的电流未知，设其为 I_1 和 I_2，参考方向如图所示。

取 b 为独立节点，KCL 方程为

$$-I_1+I_2-I_S=0$$

由题意可知，应有 2 个独立 KVL 方程，但 $I_S=1$ A 已知，因此只需列写 1 个 KVL 方程即可。注意，由于电流源两端的电压无法用电流来表示，所以在选择独立回路时，回路中不能包含含有电流源的支路。本例中，显然不能选用网孔作为独立回路，只能选用最外回路列方程

$$R_1I_1+R_2I_2=U_{S1}-U_{S2}$$

将已知条件代入上述两式得支路电流方程为

$$I_1 - I_2 + 1 = 0$$
$$4I_1 + 6I_2 = 20 - 4$$

解得

$$I_1 = 1\ \text{A}$$
$$I_2 = 2\ \text{A}$$

解二　设电流源两端电压为U，取节点b为独立节点，网孔为独立回路，根据支路电流法可得

$$-I_1 + I_2 - I_S = 0$$
$$R_1I_1 + U = U_{S1}$$
$$R_2I_2 - U = -U_{S2}$$

同样可解得

$$I_1 = 1\ \text{A}$$
$$I_2 = 2\ \text{A}$$
$$U = 16\ \text{V}$$

思考题：1. 试用叠加法重解本题，比较支路电流法和叠加法解题哪一种方法更方便？

2. 如果在电流源支路中串入一个 $R_3 = 8\ \Omega$电阻，对各支路电流有影响吗？对电流源的功率有影响吗？

自我检测

1. 如图 3－5 所示的电路中，试问电路有几个节点、几条支路和几个网孔？能列几个独立的 KCL 方程和 KVL 方程？

2. 如图 3－6 所示电路，用支路电流法计算各支路电流。

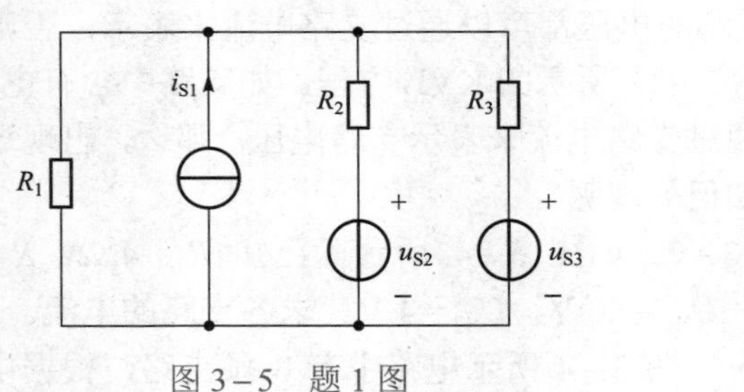

图 3－5　题 1 图

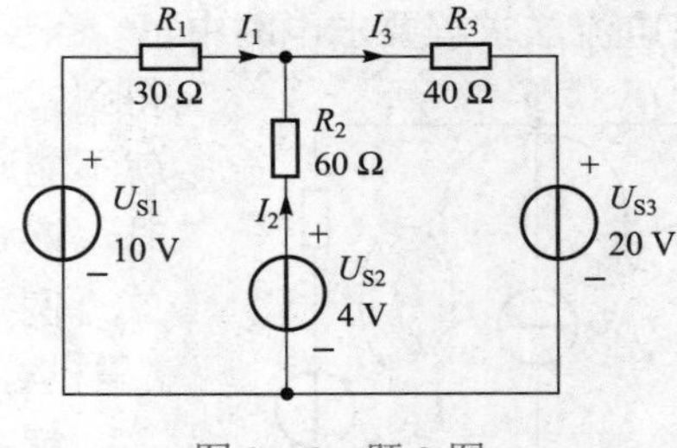

图 3－6　题 2 图

3. 如图 3－7 所示的电路中，已知：$R_1 = 1\ \Omega$，$R_2 = 2\ \Omega$，$U_{S1} = 5\ \text{V}$，$I_{S3} = 1\ \text{A}$。用支路电流法求各支路电流和电流源两端的电压。

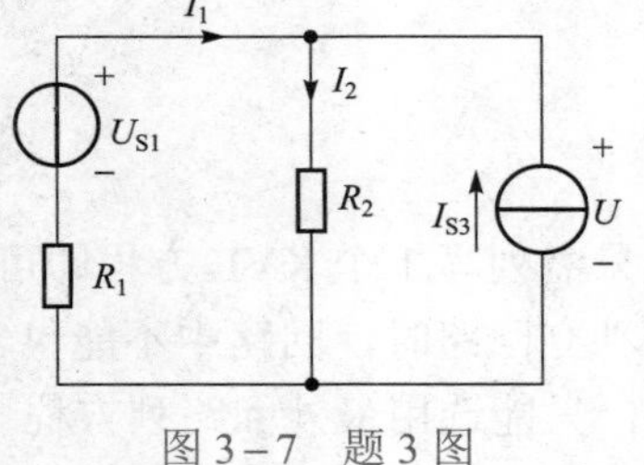

图 3－7　题 3 图

答案

1. 2 个节点、4 条支路、3 个网孔、能列 1 个独立的 KCL 方程和 3 个 KVL 方程。

2. $-\frac{1}{15}\ \text{A}$　$-\frac{2}{15}\ \text{A}$　$-\frac{1}{5}\ \text{A}$

3. 1 A　2 A　4 V

学习模块 2　网孔电流法

学习目标

1. 熟悉网孔电流法的解题步骤，掌握网孔电流法的解题方法。
2. 能用网孔电流法确定电路中的电量参数。

支路电流法是直接使用基尔霍夫定律来分析电路的一种基本方法，这种方法简单、直观，但是当支路较多时，解方程十分复杂。为简化计算，本模块将介绍一种新的电路分析方法，即网孔电流法。

一、网孔电流

1. 网孔电流的概念

网孔电流是假想的沿网孔边界流动的电流。如图 3－8 所示，该电路有 3 个网孔，可设 3 个网孔电流，分别为 I_{L1}、I_{L2}、I_{L3}。在电路中，与各个节点相连接的支路满足 KCL 方程，所以称彼此是不独立的。而网孔电流是假想的，它只沿一个网孔流动，所以，网孔电流之间相互独立，互不影响。

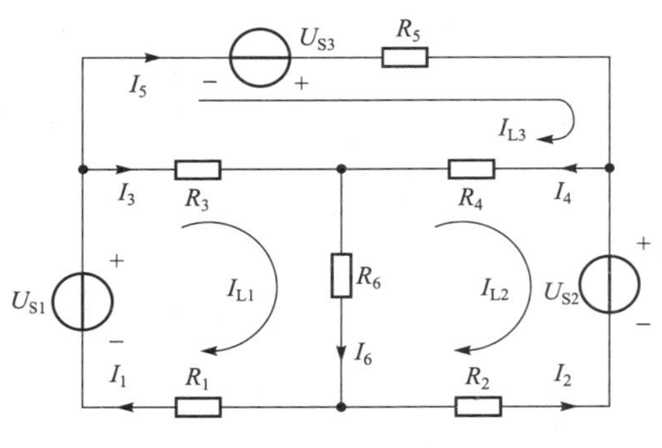

图 3－8　网孔电流示意图

2. 说明

网孔电流是对应网孔的电流，是一个独立的电流，这样，在求出各个网孔电流之后，就可以求出各支路对应的电流，根据图 3－8 可得如下关系式：

$$\left.\begin{aligned}I_1&=I_{L1}\\I_2&=-I_{L2}\\I_3&=I_{L1}-I_{L3}\\I_4&=I_{L3}-I_{L2}\\I_5&=I_{L3}\\I_6&=I_{L1}-I_{L2}\end{aligned}\right\}\qquad(3-3)$$

进而可以求出其他变量，如电压、功率，所以网孔电流是既独立又完备的。

二、网孔方程

网孔方程以网孔电流为求解变量，对独立网孔用 KVL 列出用网孔电流表达的有关回路的电压方程。如图 3－8 所示，电路中有 6 个支路，3 个网孔，采用支路电流法求解时，需要列写 6 个方程，求解的计算工作量比较大。若采用网孔电流法，电路具有 3 个独立回路，所以只需列写 3 个方程就行了，求解工作大大简化。

1. 网孔电流方程的推导

如图3-8所示，根据KVL，可列出各网孔的电压方程如下

$$\left.\begin{aligned}&\text{网孔1: } I_3R_3+I_6R_6+I_1R_1-U_{S1}=0\\&\text{网孔2: } -I_4R_4-I_6R_6-I_2R_2+U_{S2}=0\\&\text{网孔3: } I_5R_5+I_4R_4-I_3R_3-U_{S3}=0\end{aligned}\right\}\qquad(3-4)$$

把式（3-3）代入式（3-4），整理后得

$$\left.\begin{aligned}&(R_1+R_3+R_6)I_{L1}-R_6I_{L2}-R_3I_{L3}=U_{S1}\\&(R_2+R_4+R_6)I_{L2}-R_6I_{L1}-R_4I_{L3}=-U_{S2}\\&(R_3+R_4+R_5)I_{L3}-R_3I_{L1}-R_4I_{L2}=U_{S3}\end{aligned}\right\}\qquad(3-5)$$

2. 具有两个独立节点电路的节点电压方程的一般形式

式（3-5）可进一步写成

$$\left.\begin{aligned}&R_{11}I_{L1}+R_{12}I_{L2}+R_{13}I_{L3}=U_{S1}\\&R_{21}I_{L1}+R_{22}I_{L2}+R_{23}I_{L3}=-U_{S2}\\&R_{31}I_{L1}+R_{32}I_{L2}+R_{33}I_{L3}=U_{S3}\end{aligned}\right\}\qquad(3-6)$$

其中，$R_{11}=R_1+R_3+R_6$，$R_{22}=R_2+R_4+R_6$，$R_{33}=R_3+R_4+R_5$，$R_{12}=-R_6$，$R_{13}=-R_3$，$R_{21}=-R_6$，$R_{23}=-R_4$，$R_{31}=-R_3$，$R_{32}=-R_4$。

上式中，R_{11}、R_{22}、R_{33}为网孔本身的电阻之和，总为正，称为自电阻。R_{12}、R_{13}、R_{21}、R_{23}、R_{31}、R_{32}为相邻网孔之间的电阻之和，可负可正，称为互电阻。当相邻网孔的网孔电流以相同的方向流过该电阻时，互电阻为正，反之，互电阻为负。U_{S1}、U_{S2}、U_{S3}为网孔上的电压源，当网孔电流从电压源负极流入时为正，反之为负。

三、网孔电流法求解电路的一般步骤

网孔电流法解题的一般步骤为：

（1）选定网孔电流的参考方向（一般选择顺时针方向），并标注在图上；

（2）以网孔电流为绕行方向，根据上述方法分别列写每个网孔的网孔电压方程，得式（3-6）所列方程。

注意：自电阻总是正的，互电阻要根据相邻网孔电流的方向决定，相同为正，相反为负；另外还要注意电压源的正负，负极流入为正，正极流入为负。

（3）求解步骤2列写的网孔方程，根据所求网孔电流求出其他量。

例3-3 求如图3-9所示电路的支路电流。其中$U_{S1}=150$ V，$U_{S2}=23$ V，$U_{S3}=191$ V，$U_{S4}=100$ V，$U_{S5}=74$ V，$U_{S6}=15$ V，$R_1=3\ \Omega$，$R_2=73\ \Omega$，$R_3=4\ \Omega$，$R_4=6\ \Omega$，$R_5=8\ \Omega$，$R_6=5\ \Omega$。

解　网孔1的自电阻为$R_1+R_3+R_6=3+4+5=12\ \Omega$，网孔2的自电阻为$R_2+R_4+R_6=7+6+5=18\ \Omega$、网孔3的自电阻为$R_3+R_4+R_5=4+6+8=18\ \Omega$；网孔1、2的互电阻为5 Ω，网孔1、3的互电阻为4 Ω，网孔2、3的互电阻为6 Ω；根据网孔电流的方向和电压源的正负极，可以得到网孔1、2、3的方程等号右边电压分别为150-100-74=-24V，74+15+23=112V，100-191-15=-106 V。

根据上述结果，易得网孔电流方程为

$$\begin{cases}12I_{L1}-5I_{L2}-4I_{L3}=-24\\-5I_{L1}+18I_{L2}-6I_{L3}=112\\-4I_{L1}-6I_{L2}+18I_{L3}=-106\end{cases}$$

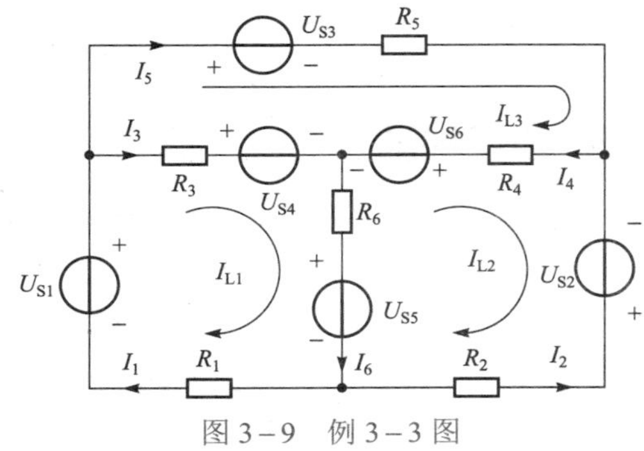

图 3-9　例 3-3 图

解方程得

$$\begin{cases}I_{L1}=-2\text{ A}\\I_{L2}=4\text{ A}\\I_{L3}=-5\text{ A}\end{cases}$$

所以支路电流为

$$\begin{cases}I_1=I_{L1}=-2\text{ A}\\I_2=-I_{L2}=-4\text{ A}\\I_3=I_{L1}-I_{L3}=-2-(-5)=3\text{ A}\\I_4=I_{L3}-I_{L2}=-5-4=-9\text{ A}\\I_5=I_{L3}=-5\text{ A}\\I_6=I_{L1}-I_{L2}=-2-4=-6\text{ A}\end{cases}$$

例 3-4　电路如图 3-10 所示，已知 $R_1=3\ \Omega$，$R_2=6\ \Omega$，$R_3=9\ \Omega$，$R_4=18\ \Omega$，$I_{S1}=4$ A，$U_{S4}=81$ V，试用网孔法求 I_1、I_2、I_3、I_4。

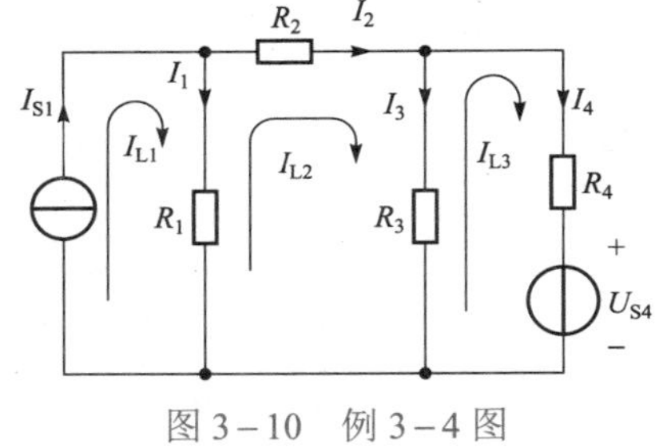

图 3-10　例 3-4 图

解　网孔 1 的回路中有电流源，可直接得 $I_1=I_{S1}=4$ A，网孔 2 的自电阻为 $R_1+R_2+R_3=3+6+9=18\ \Omega$，网孔 3 的自电阻为 $R_3+R_4=9+18=27\ \Omega$；网孔 1、2 的互电阻为 3 Ω，网孔 2、3 的互电阻为 9 Ω；根据网孔电流的方向和电压源的正负极，可以得到网孔 2、3 的方程等号右边电压分别为 0 V，−81 V，根据上述结果，易得网孔电流方程

$$\begin{cases}I_{L1}=I_{S1}=4\text{ A}\\-3I_{L1}+18I_{L2}-9I_{L3}=0\\-9I_{L2}+27I_{L3}=-81\end{cases}$$

解方程得

$$\begin{cases}I_{L1}=4\text{ A}\\I_{L2}=-1\text{ A}\\I_{L3}=-\dfrac{10}{3}\text{ A}\end{cases}$$

进而求得支路电流为

$$\begin{cases}I_1=5\text{ A}\\I_2=-1\text{ A}\\I_3=\dfrac{7}{3}\text{ A}\\I_4=-\dfrac{10}{3}\text{ A}\end{cases}$$

由上述可知，网孔电流减少了方程个数，与支路电流法相比简化了很多。

自我检测

1. 用网孔法求如图3－11所示电路的支路电流。
2. 试用网孔电流法求如图3－12所示电路的电压 U。

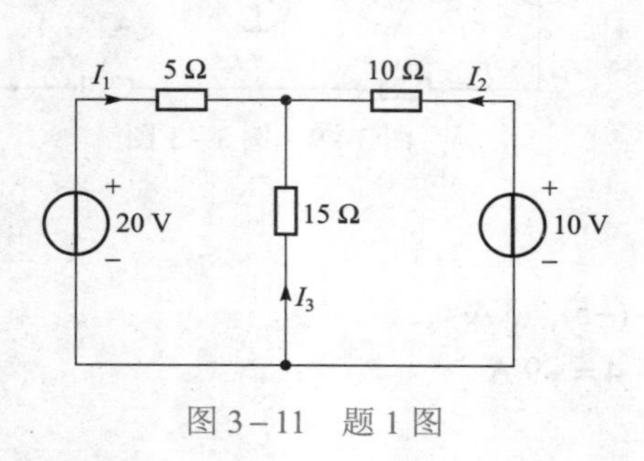

图3－11　题1图

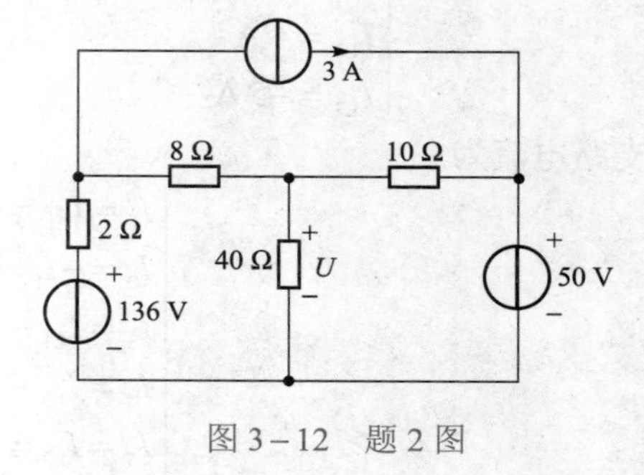

图3－12　题2图

答案

1. $I_1=1.27$ A　$I_2=-0.36$ A　$I_3=-0.91$ A
2. 80 V

学习模块3　节点电压法

学习目标

1. 熟悉节点电压法的解题步骤，掌握节点电压法的解题方法。
2. 能用节点电压法确定电路中的电量参数。

通过前面的分析我们知道，网孔电流法较支路电流法简单，它是以网孔电流为变量，列写KVL方程，由此想到能否用节点电位为变量列写KCL方程，答案是肯定的，本模块介绍分析电路的另一种常用方法——节点电压法。

一、节点电压

1. 节点电压的概念

在具有 n 个节点的电路中任选一节点为参考节点，其余各节点对参考点的电压，称为该节点的节点电压。记为：“U_x”（注意：电位为单下标）。节点电压的参考极性规定为参考节点为负，其余独立节点为正。

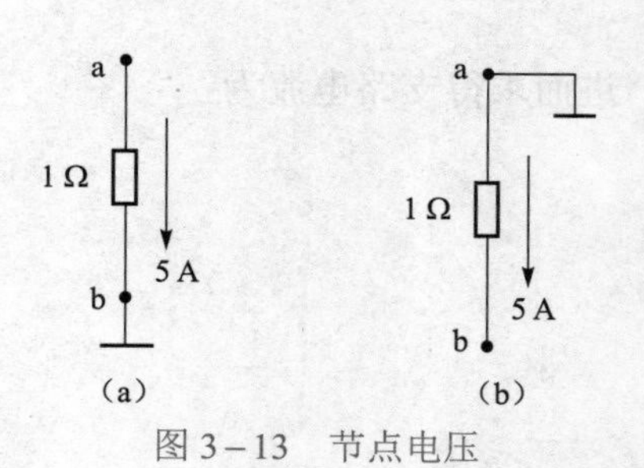

图3－13　节点电压

如图3－13所示，在（a）图中以节点b为参考节点，则节点a的节点电压为

$$U_a=5\ \text{V}$$

在（b）图中以节点 a 为参考节点，则节点 b 的节点电压为

$$U_b=-\ 5\ \text{V}$$

2. 说明

电位值是相对的，参考点选得不同，电路中其他各点的电位也将随之改变；但电路中两点间的电压值是固定的，不会因参考点的不同而改变。

二、节点方程

节点电压法以节点电压为求解变量，对独立节点用 KCL 列出用节点电压表达的有关支路的电流方程。由于任一支路都连接在两个节点上，根据 KVL 可知，支路电压是两个节点电压之差。如图 3－14（a）所示电路，该电路有 5 条支路、3 个节点。显然，采用支路电流法求解时，需要列写 5 个方程，求解的计算工作量比较大。若采用节点电压法，电路具有 3 个独立节点，所以只需要列写 3 个方程就行了，求解工作大大简化。

电路中各支路电压和支路电流采用关联参考方向，如图 3－14（b）所示。以节点 0 为参考节点，节点①、②的节点电压用 U_{n1}、U_{n2} 表示，支路 1、2、3、4、5 的支路电压用 U_1、U_2、U_3、U_4、U_5 表示。

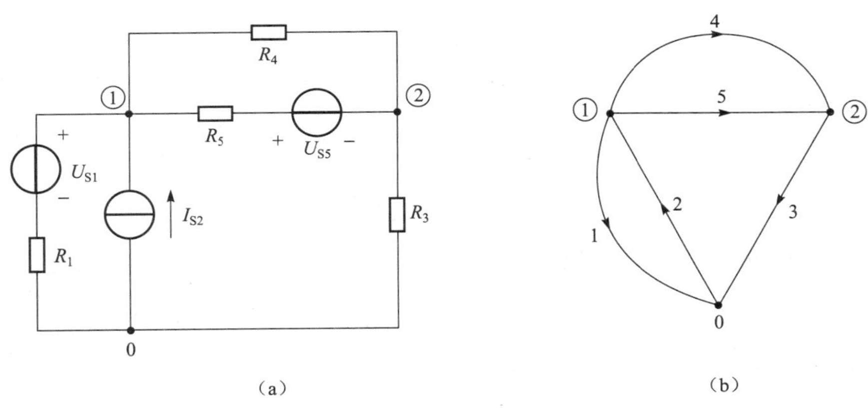

图 3－14　节点电压法

1. 节点电压的特性

（1）定义节点电压后，各支路电压可用节点电压表示

$$U_1=U_{n1},\ U_2=-U_{n1},\ U_3=U_{n2},\ U_4=U_{n1}-U_{n2},\ U_5=U_{n1}-U_{n2}$$

（2）节点电压自动地满足了 KVL。例如，由支路 2、5、3 所组成的回路，取顺时针的回路参考方向，可得 KVL 方程为

$$U_2+U_5+U_3=(-U_{n1})+(U_{n1}-U_{n2})+U_{n2}=0$$

（3）各节点电压是相互独立的。节点电压是一组独立和完备的变量，以节点电压为变量所列的方程是独立的。

2. 节点电压方程的推导

对节点①、②的 KCL 方程为

$$\begin{cases} I_1 - I_2 + I_4 + I_5 = 0 \\ I_3 - I_4 - I_5 = 0 \end{cases}$$

各支路电流用节点电压表示为

$$\begin{cases} I_1 = \dfrac{U_1 - U_{S1}}{R_1} = \dfrac{U_{n1} - U_{S1}}{R_1} \\ I_2 = I_{S2} \\ I_3 = \dfrac{U_3}{R_3} = \dfrac{U_{n2}}{R_3} \\ I_4 = \dfrac{U_4}{R_4} = \dfrac{U_{n1} - U_{n2}}{R_4} \\ I_5 = \dfrac{U_5 - U_{S5}}{R_5} = \dfrac{U_{n1} - U_{n2} - U_{S5}}{R_5} \end{cases}$$

整理得节点电压方程

$$\begin{cases} \left(\dfrac{1}{R_1} + \dfrac{1}{R_4} + \dfrac{1}{R_5}\right)U_{n1} - \left(\dfrac{1}{R_4} + \dfrac{1}{R_5}\right)U_{n2} = I_{S2} + \dfrac{U_{S1}}{R_1} + \dfrac{U_{S5}}{R_5} \\ -\left(\dfrac{1}{R_4} + \dfrac{1}{R_5}\right)U_{n1} + \left(\dfrac{1}{R_3} + \dfrac{1}{R_4} + \dfrac{1}{R_5}\right)U_{n2} = -\dfrac{U_{S5}}{R_5} \end{cases}$$

3. 具有两个独立节点的电路的节点电压方程的一般形式

$$\left.\begin{aligned} G_{11}U_{n1} + G_{12}U_{n2} = I_{S11} \\ G_{21}U_{n1} + G_{22}U_{n2} = I_{S22} \end{aligned}\right\} \tag{3-7}$$

式中，G_{11} 和 G_{22} 分别为节点①、②的自导，等于连接到节点①、②上的全部电导之和，自导总是正的。G_{12} 和 G_{21} 分别为节点①和②的互导，等于连接于节点①和节点②之间公共电导的负值，互导总是负的。在不含有受控源的电阻电路中，$G_{12} = G_{21}$。I_{S11}、I_{S22} 分别为流入节点①和②的电流源（或由电压源和电阻串联等效变换形成的电流源）的代数和。当电流源流入节点时，前面取“+”号，流出节点时，前面取“−”号。

由式（3−7）可得，节点电压方程的实质是 KCL 的体现：节点电压方程的左边是由节点电压产生的流出该节点的电流的代数和，方程的右边是流入该节点的电流源电流的代数和。

三、节点电压法求解电路的一般步骤

节点电压法解题的一般步骤为：

（1）选择合适的参考节点。

（2）用观察法对（n–1）个独立节点列写节点电压方程。

注意：自导总是正的，互导总是负的；并要注意电流源前面的“+”“−”号。

（3）求解节点电压，根据所求节点电压求出其他要求的量。

例 3−5　电路如图 3−15 所示，已知 $R_1 = 3\ \Omega$，$R_2 = 6\ \Omega$，$R_3 = 9\ \Omega$，$R_4 = 18\ \Omega$，$I_{S1} = 4\ \text{A}$，

$U_{S2}=81$ V。试用节点电压法求各支路电流。

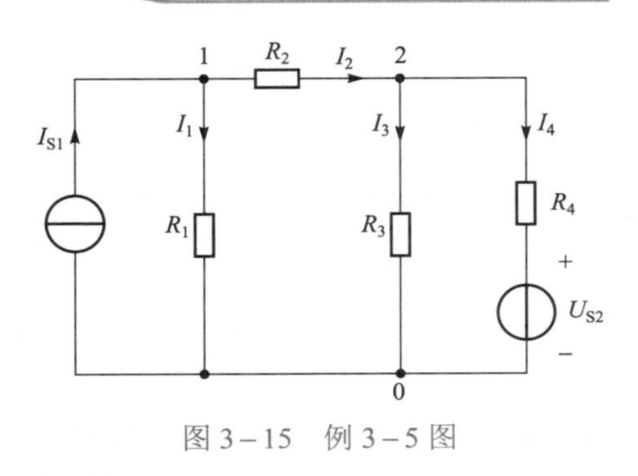

图 3－15　例 3－5 图

解　设以节点 0 为参考节点，节点 1 和节点 2 到参考节点的电压分别为 U_1 和 U_2，由电路图可列出节点电压方程组为

$$\begin{cases}\left(\dfrac{1}{R_1}+\dfrac{1}{R_2}\right)U_1-\dfrac{1}{R_2}U_2=I_{S1}\\ -\dfrac{1}{R_2}U_1+\left(\dfrac{1}{R_2}+\dfrac{1}{R_3}+\dfrac{1}{R_4}\right)U_2=\dfrac{U_{S2}}{R_4}\end{cases}$$

将已知条件代入得

$$\begin{cases}\left(\dfrac{1}{3}+\dfrac{1}{6}\right)U_1-\dfrac{1}{6}U_2=4\\ -\dfrac{1}{6}U_1+\left(\dfrac{1}{6}+\dfrac{1}{9}+\dfrac{1}{18}\right)U_2=\dfrac{81}{18}\end{cases}$$

解得　$U_1=15$ V

　　　$U_2=21$ V

所以，各支路的支路电流为

$$I_1=\frac{U_1}{R_1}=\frac{15}{3}=5\text{ A}$$

$$I_2=\frac{U_1-U_2}{R_2}=\frac{15-21}{6}=-1\text{ A}$$

$$I_3=\frac{U_2}{R_3}=\frac{21}{9}=\frac{7}{3}\text{ A}$$

$$I_4=\frac{U_2-U_{S2}}{R_4}=\frac{21-81}{18}=-\frac{10}{3}\text{ A}$$

思考题：试写出本例中的自导和互导。

例 3－6　电路如图 3－16 所示，试用节点电压法求电流 I_x。

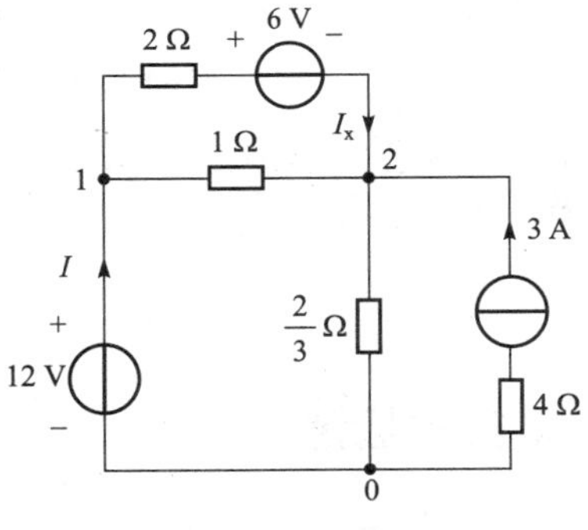

解一　设以节点 2 为参考节点，节点 0 和节点 1 到参考节点的电压分别为 U_0 和 U_1，则节点电压方程为

$$\begin{cases}\dfrac{3}{2}U_0=-3-I\\ \left(1+\dfrac{1}{2}\right)U_1=\dfrac{6}{2}+I\end{cases}$$

图 3－16　例 3－6 图

节点电压方程中多了电压源支路的电流 I，两个方程三个未知数，无法求解，需补充一个节点 0 和 1 之间的电压方程。

补充方程

$$U_1-U_0=12$$

解得

$$U_0 = -6\ \text{V}$$
$$U_1 = 6\ \text{V}$$
$$I = 6\ \text{A}$$

所以电流为

$$I_x = \frac{U_1 - 6}{2} = \frac{6-6}{2}\text{A} = 0\ \text{A}$$

解二　设以节点 0 为参考节点，节点 1 和节点 2 到参考节点的电压分别为 U_1 和 U_2，由电路图可知，节点电压 $U_1 = 12$ V，因此只有节点电压 U_2 为待求量，只需列节点 2 的节点电压方程即可。

$$-\left(1+\frac{1}{2}\right)U_1 + \left(1+\frac{1}{2}+\frac{1}{\frac{2}{3}}\right)U_2 = 3 - \frac{6}{2}$$

解之得

$$U_2 = 6\ \text{V}$$

所以电流为

$$I_x = \frac{U_1 - U_2 - 6}{2} = \frac{12-6-6}{2}\text{A} = 0\ \text{A}$$

思考题：（1）与电流源串联的电阻为什么不计入自导和互导中？将 4 Ω电阻改为 40 Ω对电流源所在支路的支路电流有影响吗？为什么？

（2）当电路中出现理想电压源（也可以理解为没有电阻串联的电压源）支路时，参考节点如何选择节点电压方程最简单？

（3）用支路电流法重解该题，试问支路电流法和节点电压法哪种解题方法更简单？

四、参考节点的选择原则

节点电压法中的参考节点的选择应注意以下两个原则：

（1）参考点与尽可能多的节点相邻；

（2）若电路含有理想电压源支路，应选择理想电压源支路所连的两个节点之一作参考点；这样，另一点的电位等于理想电压源电压，从而使方程数减少。若两者发生矛盾，应优先考虑第二点。

自我检测

1. 如果电路中有 n 个节点，可列几个独立的节点电压方程？

2. 试问以下两种说法正确吗，为什么？

（1）与理想电流源串联的电阻对电路各节点的节点电压不产生任何影响；

（2）与理想电压源并联的电阻对电路中其他支路电流不产生任何影响，故也不影响各节点电位的大小。

3. 如图 3－17 所示电路中，$I_S=260$ A，$R_1=R_2=0.5\ \Omega$，$R_3=0.6\ \Omega$，$R_4=24\ \Omega$，$U_S=117$ V，应用节点电位法求 I_3 电流。

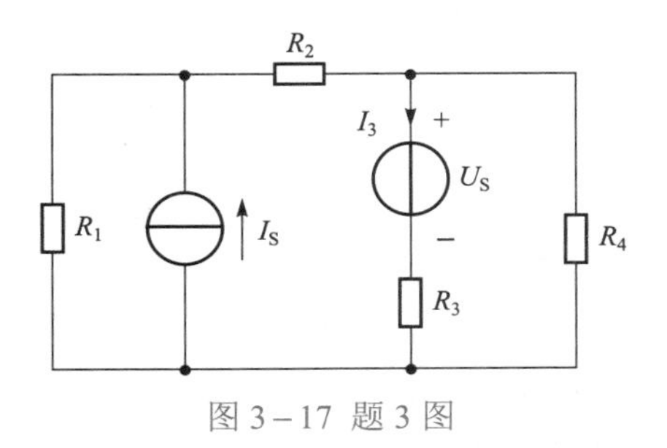

图 3－17　题 3 图

答案

1.（$n-1$）个

2. 两种说法都正确

3. $I_3=5$ A

学习模块 4　叠加定理及其应用

学习目标

1. 熟悉叠加定理的解题步骤，掌握叠加定理的解题方法。
2. 能用叠加定理求解复杂直流电路中的电量参数。

一、引例

1. 定理推导

叠加性是自然界的一条普遍规律，我们知道在力学中，两个分力可以叠加成为一个合力。同样，对于有多个电源的线性电路，总响应也应是各电源单独作用响应的叠加。在给出正式定义之前，先举例说明叠加定理。

在图 3－18（a）所示电路中，有两个电源（u_S 和 i_S）同时作用于电路，试求电路中的 u_2。

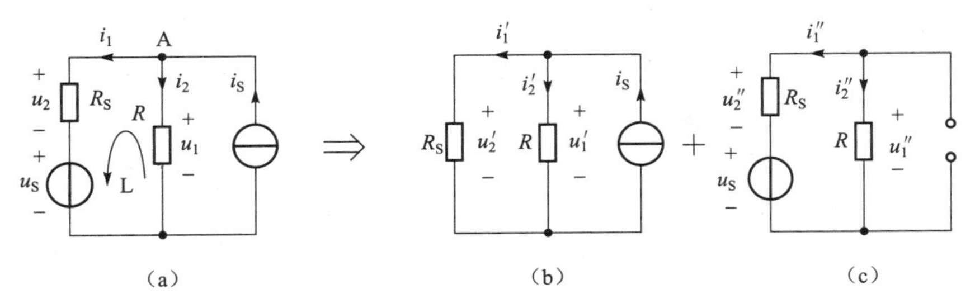

图 3－18　叠加定理举例

由欧姆定律、基尔霍夫电流定律和基尔霍夫电压定律可得

欧姆定律　$$u_1=Ri_2 \quad u_2=R_Si_1 \tag{3-8}$$

回路 L 的 KVL　$$-u_1+u_2+u_S=0 \tag{3-9}$$

节点 A 的 KCL　$$-\ i_S+i_1+i_2=0 \tag{3-10}$$

用欧姆定律消去 i_1 和 i_2，式（3－10）变为

$$\frac{u_1}{R}+\frac{u_2}{R_S}=i_S \tag{3-11}$$

消去式（3－9）和式（3－11）中的 u_1 后，可求得

$$u_2 = i_S(R_S // R) - u_S \frac{R_S}{R+R_S} \qquad (3-12)$$

2. 结论

仔细观察计算结果可以得出以下结论：

（1）u_2 由两部分组成，并且每一部分都对应一个电源。可以理解为第一项由电流源产生；第二项由电压源产生。

（2）第一项与 i_S 和电阻 R、R_S 有关，是假定将电压源短路后，由电流源单独作用在电阻 R_S 上产生的电压，如图 3－18（b）所示。

（3）第二项与 u_S 和电阻 R、R_S 有关，是假定将电流源开路后，由电压源单独作用在电阻 R_S 上产生的电压，如图 3－18（c）所示。

综合以上三点可引出叠加定理，下面详细进行介绍。

二、叠加定理

1. 叠加定理的表述

叠加定理可以表述为：线性电路中任一条支路电流或电压等于各个独立电源单独作用时在该支路所产生的电流或电压的代数和（叠加性）。

所谓电源单独作用，是指电路中的某一个电源作用，而其他电源不作用。由电压源的定义可知，电压源端电压与电流无关，除去电压源，就是使电压源的电压为零，即短路；同理，电流源的电流与端电压无关，除去电流源，就是使电流源的电流为零，即开路。因此，如果电压源不作用，相当于短路；如果电流源不作用，相当于开路。

在大多数情况下，每组电源单独作用的分电路总是要比原电路简单，从而可以简化电路的分析与计算。所以应用叠加定理可以将一个复杂的电路，分成几个简单的电路，将简单电路的计算结果综合起来，便可求得原复杂电路中的电流和电压。

2. 标准示例

用叠加定理求图 3－19（a）所示电路的支路电流 I。之所以将这个例子称为“标准示例”，是因为本例介绍叠加定理的求解过程。

分析：图中有三个电源，因此必须分解为三个简单电路，每个电路只有一个电源。

（1）启动 10 V 电源。

如图 3－19（b）所示，要计算 10 V 电压源产生的电流 I'，必须除去 4 V 电压源，用短路代替；4 A 电流源也应除去，用开路代替，电阻 R_1 和 R_2 变为串联。由图 3－19（b）可得

$$I' = \frac{U_S}{R_1+R_2} = \frac{10}{6+4} = 1\ \text{A}$$

10 V 电压源产生的电流 I' 与 I 的原标注方向相同，所以在叠加求和时，其符号为“+”。

（2）启动 4 A 电源。

如图 3－19（c）所示，要计算 4 A 电流源产生的电流 I''，必须除去 10 V 和 4 V 电压源，都用短路代替，电阻 R_1 和 R_2 变为并联。由图 3－19（c）可得

$$I'' = I_S \frac{R_2}{R_1+R_2} = 4\times\frac{4}{6+4} = 1.6\ \text{A}$$

注意，4 A 电流源产生的电流 I'' 与 I 的原标注方向相反，所以在叠加求和时，其符号为“−”。

（3）启动 4 V 电源。

如图 3 - 19（d）所示，要计算 4 V 电压源产生的电流 I'''，必须除去 10 V 电压源，用短路代替；4 A 电流源也应除去，用开路代替，电阻 R_1 和 R_2 变为串联。由图 3 - 19（d）可得

$$I'''=-\frac{4}{R_1+R_2}=-\frac{4}{6+4}=-0.4\text{ A}$$

4 V 电压源产生的电流 I''' 与 I 的原标注方向相同，所以在叠加求和时，其符号为“+”。

将 10 V、4 V、4 A 电源单独作用时的结果叠加，同时考虑到总量与分量参考方向之间的关系，可以得到三个电源同时作用于电路时，支路电流 I 为

$$I=I'-I''+I'''=1-1.6-0.4=-1\text{ A}$$

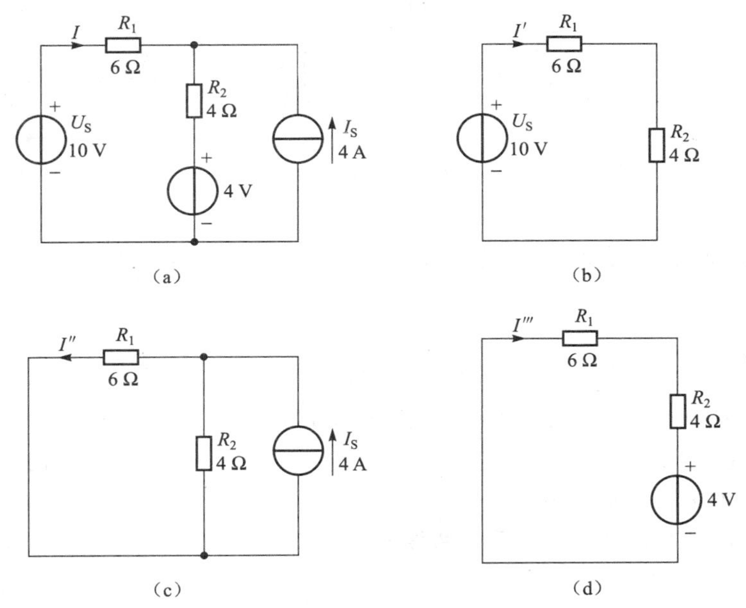

图 3 - 19　叠加定理示例

3. 叠加定理几点说明

叠加定理是线性电路的固有属性，是分析线性电路的基础，在线性电路的分析中起着重要的作用。叠加定理的意义在于说明了线性电路中电源的独立性。利用叠加定理对线性电路进行分析计算时要注意以下几点：

（1）叠加定理只适用于线性电路，不适用于非线性电路；

（2）一个电源作用，其余电源置零：电压源短路；电流源开路；

（3）注意叠加代数和的意义：叠加时，各分电路中的电压和电流的参考方向与原电路中的电压和电流的参考方向一致时，各分量取“+”号，反之取“ - ”号；

（4）叠加定理只能适用线性电路支路电流或支路电压的计算，不能计算功率。

例 3 - 7　如图 3 - 20（a）所示，试用叠加定理求 I_S 的值，使支路电流 I 为 0。

解　如图 3 - 20（b）所示，20 V 电压源产生的电流 I' 为

$$I'=-\frac{20}{10+10}=-1\text{ A}$$

如图3－20（c）所示，I_S电流源产生的电流I''为

$$I''=I_S\frac{10}{10+10}=\frac{1}{2}I_S$$

20 V电压源和I_S电流源产生的总电流为

$$I=I'+I''=-1+\frac{1}{2}I_S=0$$

所以可以求得 $$I_S=2\text{ A}$$

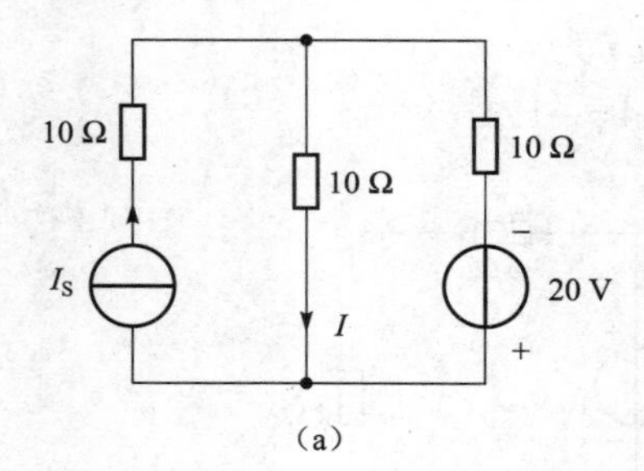

(b) 10 Ω 10 Ω 20 V I'

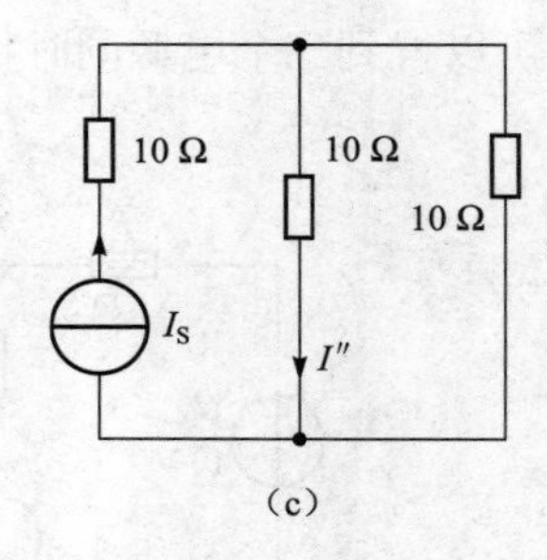

图3－20　例3－7图

思考题：如果将20 V的电源改换成为40 V，I_S又等于多少？能找到什么规律吗？

自我检测

1. 使用叠加定理时，除去电压源和电流源分别用什么电路来等效，其等效电阻是多少？

2. 能否用叠加定理求解功率？

3. 用叠加定理计算图3－21所示的电路中的电流I_1、I_2和I_3。

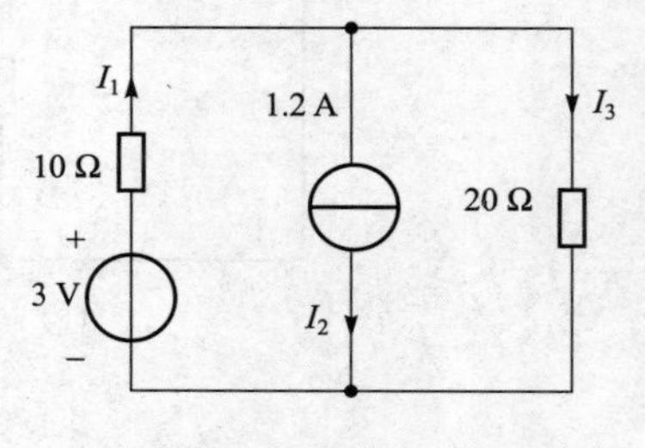

图3－21　题3图

答案

1. 电压源用短路等效，等效电阻为0；电流源用开路等效，等效电阻为无穷大。

2. 一般情况下不能用叠加定理求解功率。

3. $I_1=-0.7$ A　　$I_2=-1.2$ A　　$I_3=0.5$ A

学习模块5　戴维南定理与诺顿定理及其应用

学习目标

1. 熟悉戴维南定理的解题步骤，掌握戴维南定理的解题方法。

2. 会使用戴维南定理确定电路中某一支路的电量参数。

3. 能通过测量或计算的方式，把未知的含源二端网络等效为一个实际的电压源。

负载是电路中特别重要的一个元件，在某种意义上，电路存在的作用就是为负载提供能量。因此，在电路的分析计算中，有时往往只需计算电路中负载支路的电流和电压，但如果使用叠加定理来分析，会引出一些不必要的电流，因此常使用戴维南等效电路或诺顿等效电路来简化计算。

戴维南等效法，最早是法国报务员M.L.戴维南在19世纪80年代提出来的。戴维南等效电路引出了电路的“输出阻抗”思想，该思想对电气工程产生了较大的影响。下面通过引例引出戴维南等效电路，并总结出分析步骤。

一、引例

如图3－22（a）所示，试求通过负载R_L的电流与负载阻值的函数关系。显然，该题也可以采用叠加定理进行求解（课外完成），下面采用戴维南等效电路进行分析。

（1）移去负载电阻。在实验室中，可以将负载移去；求解题目时，只需移去负载电阻R_L，如图3－22（b）所示。

（2）测量（实验室中）或计算a和b之间的开路电压U_{ab}（移去负载之后，a和b之间断开，所以称U_{ab}为开路电压）。可用叠加定理求得U_{ab}为

$$U_{ab}=5\times\frac{6\times4}{6+4}+10\times\frac{4}{6+4}=12+4=16\ \text{V}$$

（3）插入开路电压的电压源。如图3－22（c）所示，在ab两点间插入电压值为开路电压的电压源。显然，$U_{aa'}$的电压为0。

（4）重新将负载电阻R_L连接到a和a′之间。如图3－22（d）所示，因为$U_{aa'}$的电压为0，所以负载电阻R_L中不存在电流，重新放置电阻对电路不会有任何的影响。这是一个非常重要的结论，要引起足够的重视。

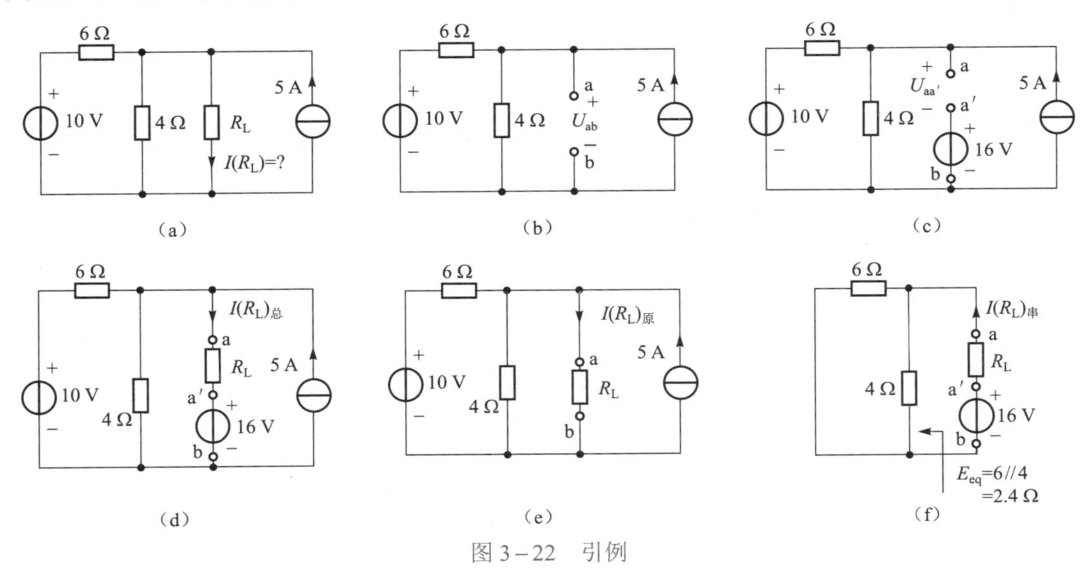

图3－22　引例

（5）重新放置负载，恢复原来的电路，只是现在已在负载支路中串入一个电压为开路电压的电压源。电压源的极性与流过负载的电流成关联参考方向，其大小刚好可以阻止电流通

过负载，可以说串入的电压源切断了负载中的电流。就像力学中施加一个反力阻止物体移动一样。

（6）叠加。利用叠加定理，采用电路中原电流源与串入开路电压的电压源求解流过负载电阻的电流。由图3－22（e）、（f）所示，可得

$$I(R_L)_{总}=I(R_L)_{原}-I(R_L)_{串}=0 \tag{3-13}$$

$I(R_L)_{原}$表示电路中原电源（10 V 电压源和 5 A 电流源）在负载上产生的电流；$I(R_L)_{串}$表示串入的开路电压源在负载上产生的电流。式中的负号是因为串入的开路电压源与原电流方向相反。

由式（3－13），结合图3－22（f）可得

$$I(R_L)_{原}=I(R_L)_{串}=\frac{16}{R_L+2.4}$$

结论：

（1）式（3－13）说明开路电压源产生的电流可以代替原电路中多个（本例中为两个）电源产生的电流。

（2）将原电路中的电源除去，从负载端看进去的等效电阻R_{eq}称之为电路的输出阻抗。

（3）线性电路中，含有电源的电路可以用电源模型来等效，戴维南定理和诺顿定理（见本模块第四部分）可以用图3－23表示。

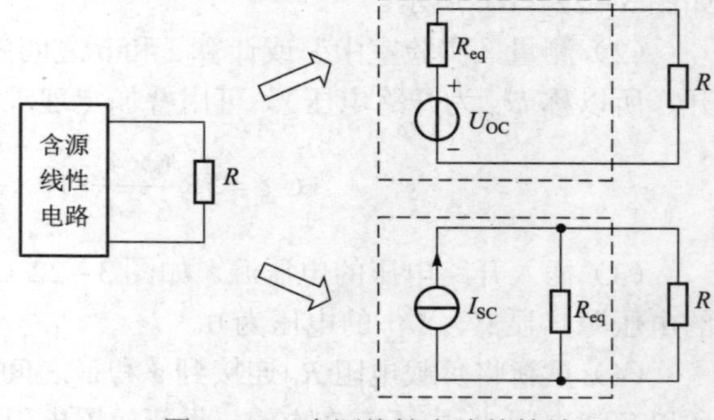

图3－23　含源线性电路的等效

二、戴维南定理

1. 戴维南定理

戴维南定理可表述为：线性含源电路对外电路的作用可等效为一个理想电压源和电阻的串联组合（电压源模型）。

其中：电压源电压为该含源电路的开路电压U_{OC}；电阻为该含源电路的输出电阻R_{eq}，该电阻通常也称之为戴维南电阻。如图3－24所示。

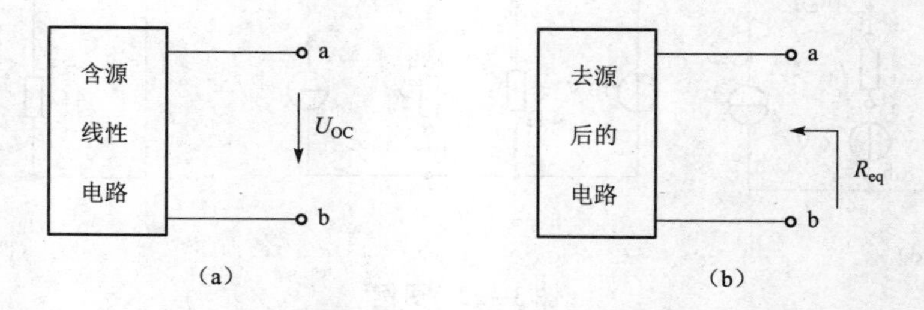

图3－24　戴维南等效参数的求取

例3－8　求如图3－25（a）所示含源线性线路的戴维南等效电路。

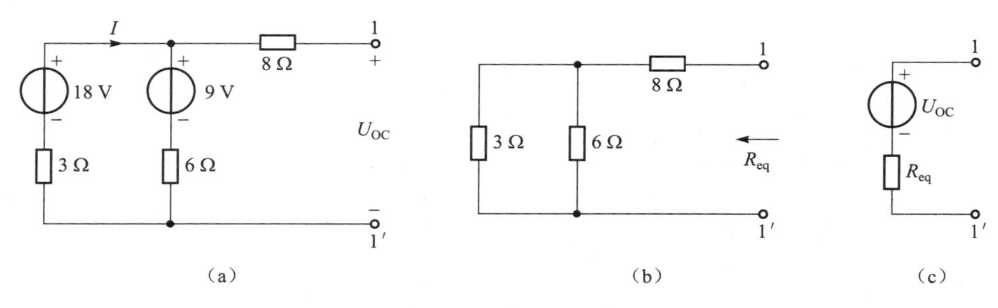

图 3－25　例 3－8 图

解　先求含源一端口的开路电压 U_{OC}，如图 3－25（b）所示，由叠加定理可得

$$U_{OC}=18\times\frac{6}{6+3}+9\times\frac{3}{6+3}=15\text{ V}$$

再求戴维南等效电阻 R_{eq}，将图 3－25（a）所示含源线性线路去源后，如图 3－25（b）所示，可得

$$R_{eq}=8+\frac{3\times 6}{6+3}=10\ \Omega$$

综上所述，图 3－25（a）所示含源线性线路的戴维南等效电路如图 3－25（c）所示。

思考题：将 8 Ω的电阻更换成 16 Ω，对开路电压 U_{OC} 有影响吗？戴维南等效电路将如何变化？

例 3－9　试用戴维南定理求图 3－26（a）所示电路中的电压 U。

解　先求出由 ab 端看进去的戴维南等效电路。

将 ab 端开路，如图 3－26（b）所示，由叠加定理可求得开路电压 U_{OC} 为

$$U_{OC}=4-2\times 1=2\text{ V}$$

将原电路中所有电源置零，即电压源短路，电流源开路，如图 3－26（c）所示，求得戴维南等效电阻 R_{eq} 为

$$R_{eq}=1\ \Omega$$

由此得到戴维南等效电路如图 3－26（d）所示，可求得电压 U 为

$$U=\frac{1}{1+1}\times 2=1\text{ V}$$

思考题：（1）试问电路中 2 Ω 电阻对戴维南等效电路有无影响？

（2）试求 1 Ω 负载电阻的功率，换成其他阻值的负载电阻，再求负载电阻的功率，是否会大于 1 Ω 负载电阻的功率？

2. 戴维南等效参数的实验测定

戴维南等效电路中的开路电压 U_{OC} 和戴维南等效电阻 R_{eq} 可由实验方法测得。如图 3－27（a）所示，线性有源电路的开路电压 U_{OC} 可用电压表直接测得。如图 3－27（b）所示，用电流表测出短路电流 I_{SC} 后，可根据式（3－14）计算求得戴维南等效电阻 R_{eq}。在某些情况下，为防止短路电流 I_{SC} 过大，可外接一限流电阻 R'（阻值已知），再用电流表测量短路电流 I_{SC}，此时，戴维南等效电阻 R_{eq} 应按式（3－15）求取。

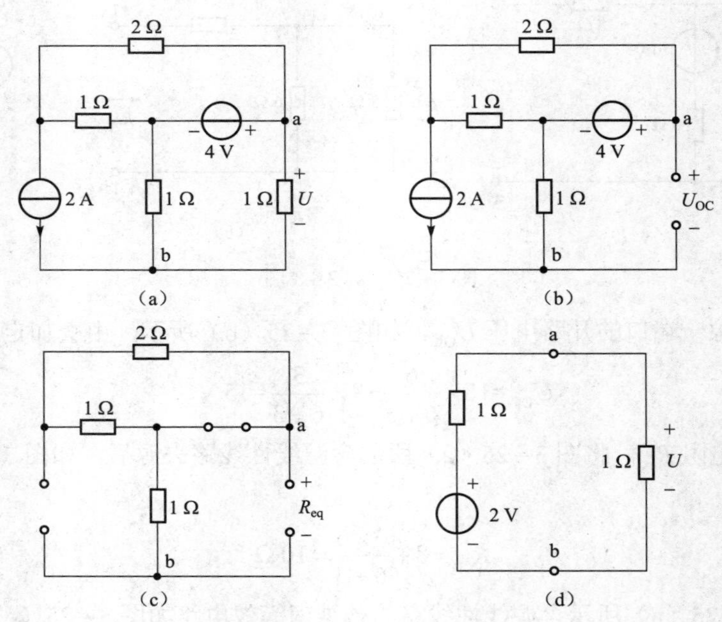

图 3－26　例 3－9 图

$$R_{eq}=\frac{U_{OC}}{I_{SC}} \tag{3－14}$$

$$R_{eq}=\frac{U_{OC}}{I'_{SC}}-R' \tag{3－15}$$

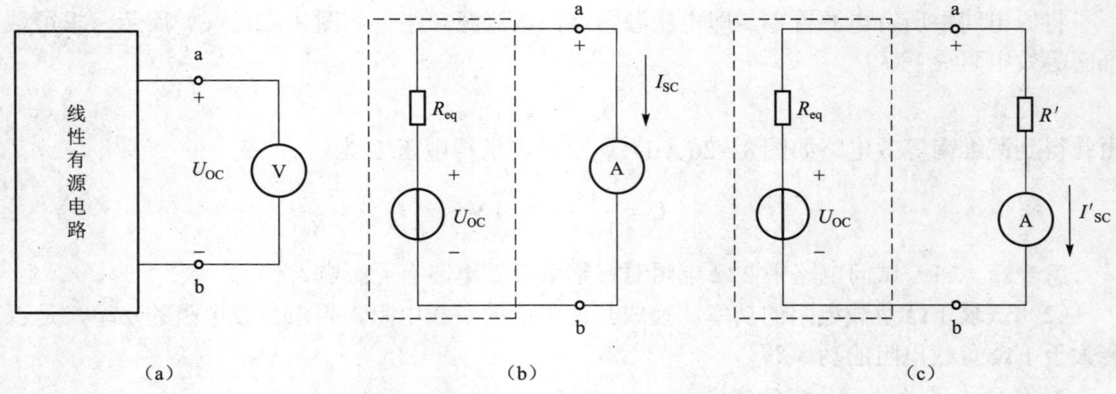

图 3－27　电压表和电流表测定戴维南等效参数

为避免短路电流过大不便于测量的问题，也可以采用图 3－28 所示电路，完全由电压表来测得戴维南等效参数，开关 S 断开时，测得开路电压 U_{OC}；开关 S 闭合时，测得电阻 R'（阻值已知）上的压降为 U'。由图 3－28 可知，根据 U_{OC}、R' 和 U' 可求得戴维南等效电阻为

$$R_{eq}=\frac{R'(U_{OC}-U')}{U'}$$

3. 说明

应用戴维南定理求解电路时，需要注意下面两个问题：

（1）戴维南等效电路只能对线性的有源电路进行等效，不能对非线性的有源二端网络进行等效。但外电路不受此限制，即外电路既可以是线性电路，也可以是非线性电路。

（2）戴维南等效电路只在求解外电路时是等效的，当求解有源电路内部的电压、电流及功率时，一般不等效。

三、最大功率传输定理

1. 引例

最大功率传输问题是戴维南定理的一个重要应用。如图 3－29 所示，将有源线性线路等效为戴维南电路，显然有

$$P(R_L)=I^2R_L=\left(\frac{U_{OC}}{R_{eq}+R_L}\right)^2 R_L \qquad (3-16)$$

上式可写为

$$P(R_L)=I^2R_L=\left(\frac{U_{OC}}{R_{eq}+R_L}\right)^2 R_L=\frac{U_{OC}^2R_L}{(R_{eq}-R_L)^2+4R_{eq}R_L}=\frac{U_{OC}^2}{\dfrac{(R_{eq}-R_L)^2}{R_L}+4R_{eq}}$$

因此，要使负载上的功率 $P(R_L)$ 最大，则有

$$R_L=R_{eq}$$

负载获得的最大功率为

$$P(R_L)_{max}=\frac{U_{OC}^2}{4R_{eq}}$$

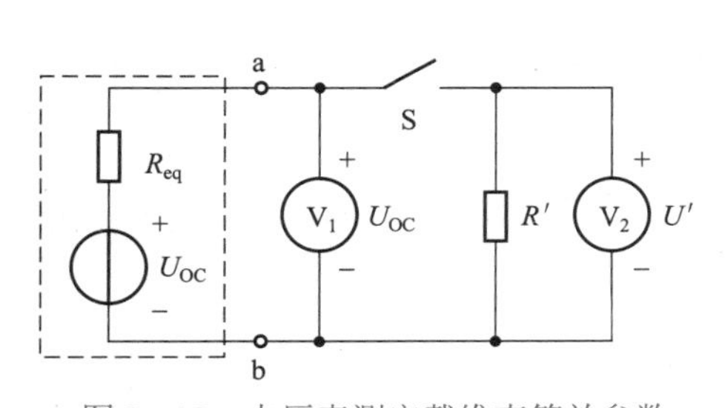

图 3－28　电压表测定戴维南等效参数

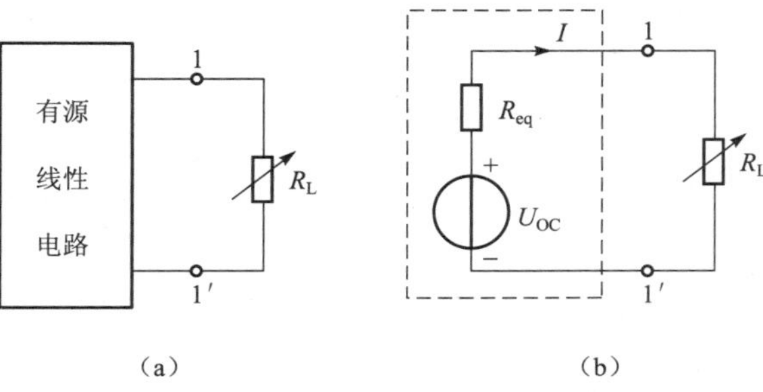

图 3－29　最大传输功率

2. 定理

最大功率传输定理：含源线性电阻电路（R_{eq}>0）外接可变电阻负载 R_L，当 $R_L=R_{eq}$ 时，负载可获得最大功率，此最大功率为

$$P(R_L)_{max}=\frac{U_{OC}^2}{4R_{eq}}$$

当负载电阻与电路的输出阻抗相等时，称做阻抗匹配。由式（3－16）可知，负载电阻的阻值与负载电阻消耗的功率如图 3－30 所示。

3. 最大传输功率的重要性

最大传输功率在电子技术中是一个非常重要的概念。因为电子电路中的功率很小，注重的是如何将微弱信号尽可能地充分利用。例如，收音机的天线接收无线电波，这些信号是由相距很远的发射机发射，天线接收的功率是很微弱的。因此，收音机在接收无线电波时，要求要有尽可能大的功率。图 3－30 表明，若使得从天线接收的功率最大，设计时要求将接收电路的输入阻抗与天线的输出阻抗相匹配。

例 3－10 某功放为两个 8 Ω 的喇叭分别提供 25 W 的功率。求此放大器为每个喇叭提供的电压是多少伏？

解 喇叭的阻值为 8 Ω，并且音响系统在设计时喇叭与功放的输出阻抗是匹配的。因此，每个通道的电路模型如图 3－31 所示。

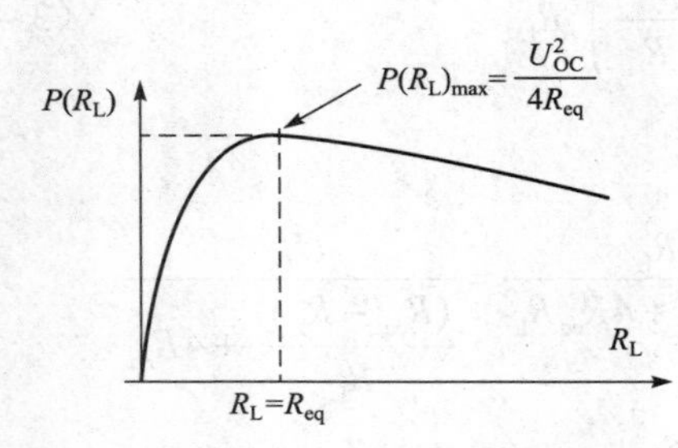

图 3－30 负载功率与负载电阻的相互关系

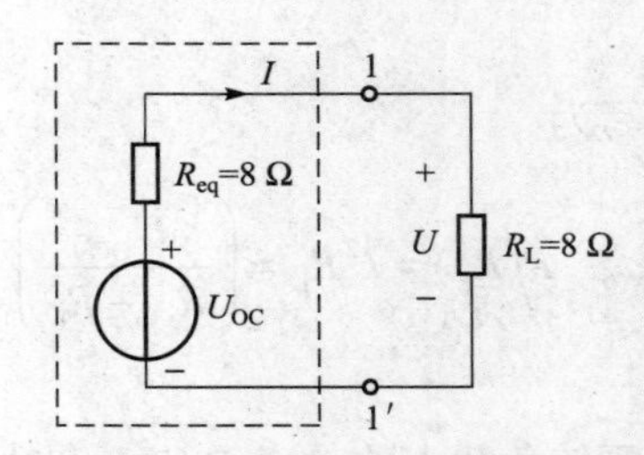

图 3－31 音响输出电路的通道电路模型

由最大功率传输定理可知

$$P(R_L)_{max}=\frac{U_{OC}^2}{4R_L}=\frac{U_{OC}^2}{4\times 8}=25\ \text{W}$$

解得

$$U_{OC}=28.3\ \text{V}$$

喇叭两端的电压为

$$U=U_{OC}\times\frac{R_L}{R_{eq}+R_L}=28.3\times\frac{8}{8+8}=14.15\ \text{V}$$

思考题：如果在此音响系统中，选用的是 16 Ω的喇叭，试求每个喇叭的功率及电压。

例 3－11 如图 3－32 所示电路中，已知 $U_{OC}=24$ V，$R_{eq}=3\ \Omega$，试求 R_L 分别为 1 Ω、3 Ω、9 Ω 时，负载获得的功率及电源的效率 $\left(\eta=\left|\frac{P(R_L)}{P(U_{OC})}\right|\right)$。

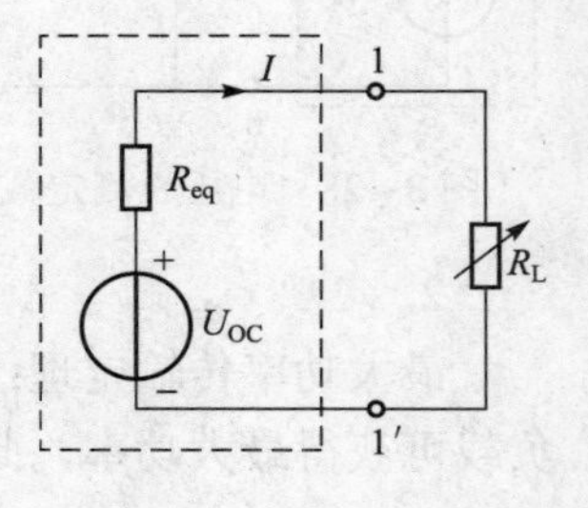

图 3－32 例 3－11 图

解 （1）当 $R_L=1\ \Omega$ 时

$$I=\frac{U_{OC}}{R_{eq}+R_L}=\frac{24}{3+1}=6\text{ A}$$

$$P(R_L)=I^2R_L=6^2\times 1=36\text{ W}$$

$$P(U_{OC})=-IU_{OC}=-6\times 24=-144\text{ W}$$

$$\eta=\left|\frac{P(R_L)}{P(U_{OC})}\right|=\left|\frac{36}{-144}\right|=25\%$$

（2）当 $R_L=3\ \Omega$ 时

$$I=\frac{U_{OC}}{R_{eq}+R_L}=\frac{24}{3+3}=4\text{ A}$$

$$P(R_L)=I^2R_L=4^2\times 3=48\text{ W}$$

$$P(U_{OC})=-IU_{OC}=-4\times 24=-96\text{ W}$$

$$\eta=\left|\frac{P(R_L)}{P(U_{OC})}\right|=\left|\frac{48}{-96}\right|=50\%$$

（3）当 $R_L=9\ \Omega$ 时

$$I=\frac{U_{OC}}{R_{eq}+R_L}=\frac{24}{3+9}=2\text{ A}$$

$$P(R_L)=I^2R_L=2^2\times 9=36\text{ W}$$

$$P(U_{OC})=-IU_{OC}=-2\times 24=-48\text{ W}$$

$$\eta=\left|\frac{P(R_L)}{P(U_{OC})}\right|=\left|\frac{36}{-48}\right|=75\%$$

思考题：负载电阻的阻值不同时，负载功率与图 3－30 是否相符？当负载电阻最大时是否电源的效率也最高？

由例 3－11 可以总结出以下几点：

（1）当负载获得最大功率时，电源的效率只有 50%，也就是说电源产生的功率有一半消耗在电源内部。

（2）电力系统的主要功能是传递电能，故要求尽可能地提高电源的效率，以便充分地利用能源，因而不要求阻抗匹配。

（3）电子电路的主要功能是传递信号，为了尽可能大地输出功率，并不注重信号源效率的高低。因此，在电子电路中要通过种种办法使负载与信号源之间实现阻抗匹配。

四、诺顿定理

美国工程师 E.L・诺顿提出了与戴维南等效电路相类似的等效电路。

诺顿定理可表述为：线性含源电路对外电路的作用可等效为一个理想电流源和电阻的并联组合（电流源模型）。

其中：电流源的电流为该含源电路的短路电流 I_{SC}；电阻为该含源电路的输出电阻 R_{eq}。如图 3－33 所示。

例 3－12　用诺顿定理求图 3－34（a）所示电路中电流 I。

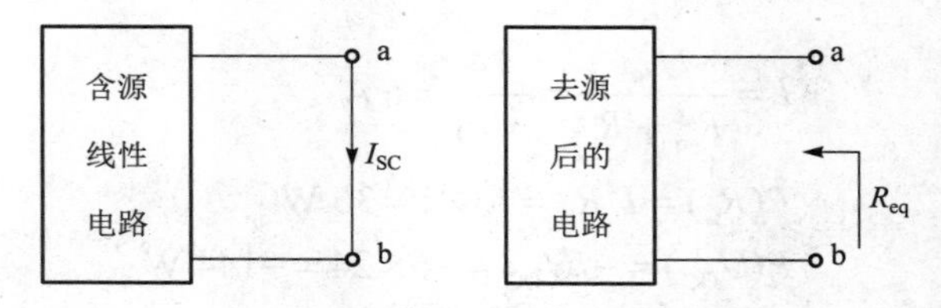

图 3－33　诺顿等效参数的求取

解　先求取 4 Ω 电阻以外的其他部分的诺顿等效电路。

如图 3－34（b）所示，根据叠加定理可求得电路短路电流为

$$I_{SC}=\frac{24}{6}+6=10\ \text{A}$$

如图 3－34（c）所示，等效电阻为

$$R_{eq}=\frac{6\times3}{6+3}=2\ \Omega$$

所以，诺顿等效电路如图 3－34（d）所示，可得

$$I=\frac{R_{eq}}{R_{eq}+4}I_{SC}=\frac{2}{2+4}\times10=\frac{10}{3}\ \text{A}$$

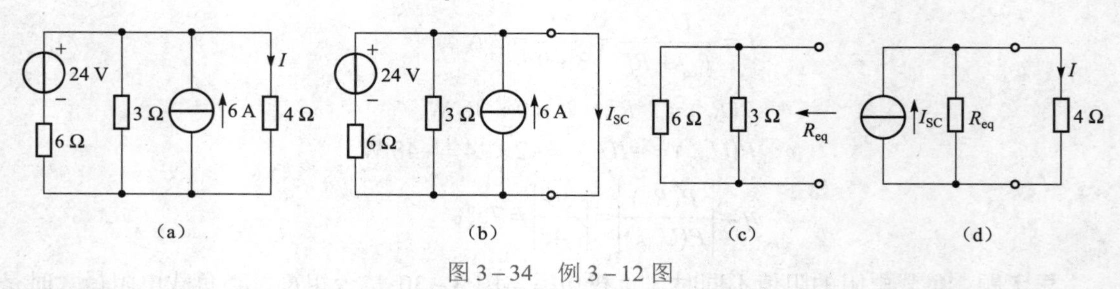

图 3－34　例 3－12 图

思考题：将 6 Ω 电阻和 3 Ω 电阻对换，对等效电阻 R_{eq} 有影响吗？再求电流 I。

诺顿等效电路与戴维南等效电路中 3 个参数 U_{OC}、R_{eq}、I_{SC} 之间的关系为 $U_{OC}=R_{eq}I_{SC}$。因此，只要知道其中任意两个参数，就可以求出第三个参数。

通常情况下，一个电路的戴维南等效电路与诺顿等效电路可以同时存在，但不是所有的含源线性电路都有戴维南或诺顿等效电路。当 $R_{eq}=0$ 时，戴维南等效电路成为一个电压源，此时对应的诺顿等效电路不存在；当 $R_{eq}=\infty$时，诺顿等效电路成为一个电流源，此时对应的戴维南等效电路不存在。因此，$R_{eq}=0$ 和 $R_{eq}=\infty$是两种特殊情况，求解时要特别注意。

自我检测

1. 试求如图 3－35 所示电路的戴维南等效电路和诺顿等效电路。

2. 测得一含源线性网络的开路电压为 10 V，短路电流为 1 A，试画出其戴维南等效电路。若外接一个 $R=20\ \Omega$ 的电阻，试求 R 上的电压和电流。

3. 如图 3－36 所示，用内阻为 1 MΩ 的电压表测量时开路电压为 30 V，用内阻为 500 kΩ 的电压表测量时开路电压为 20 V。试求该电路的戴维南等效电路和诺顿等效电路。（该题说明戴维南定理可用于校正非理想电压表测量的电压）

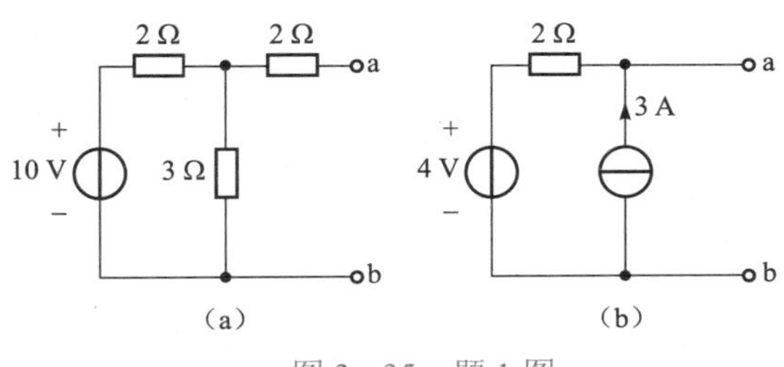

图 3－35　题 1 图

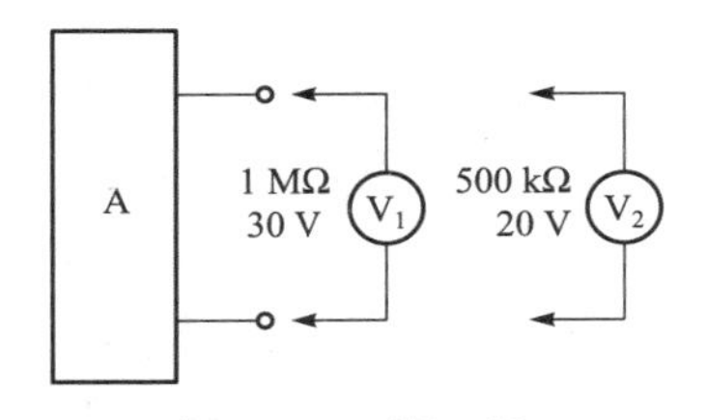

图 3－36　题 3 图

4. 图 3－37 所示电路的负载电阻 R_L 可变，试问 R_L 等于何值时可吸收最大功率？求此功率。

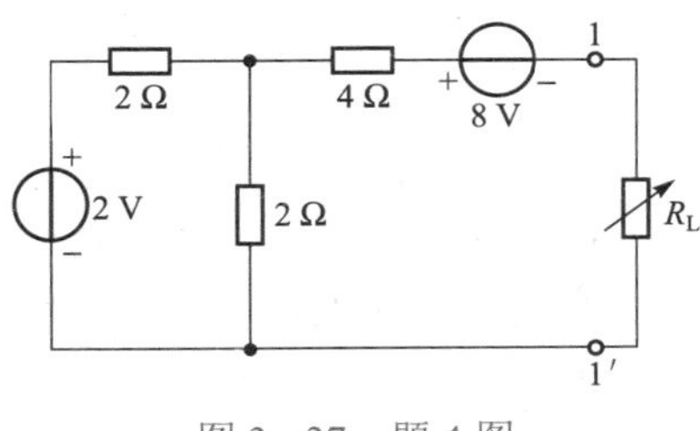

图 3－37　题 4 图

答案

1.（a）$R_{eq}=3.2\ \Omega$　$U_{OC}=6\ \text{V}$　$I_{SC}=1.875\ \text{A}$

（b）$R_{eq}=2\ \Omega$　$U_{OC}=10\ \text{V}$　$I_{SC}=5\ \text{A}$

2. $R_{eq}=10\ \Omega$　$U_{OC}=10\ \text{V}$　$U_R=\frac{20}{3}\ \text{V}$　$I_R=\frac{1}{3}\ \text{A}$

3. $R_{eq}=1\ \text{M}\Omega$　$U_{OC}=60\ \text{V}$

4. $R_L=5\ \Omega$　$P(R_L)=\frac{49}{20}\ \text{W}$

知识拓展

先导案例解决

观察图 3－1 电路特点。此电路有多条支路，且每条支路上的电流都是未知数，若能根据未知电流的个数 n 列写 n 个方程，通过联立方程，就能求解未知支路的电流。也可运用叠加定理，把电路按照每个电源单独作用分别求解，再对结果求和的方法，求解电阻 R_1、R_2、R_3 中流过的电流。

知识梳理与总结

1. 支路电流法——以支路电流为未知量，根据基尔霍夫定律列写电路方程的一种电路求解方法。

解题要点：① 列写独立的节点电流方程；

② 列写独立的回路电压方程；

③ 适合支路数较少的复杂电路。

2. 网孔电流法——以网孔电流为未知量，对独立网孔用 KVL 列出网孔电流表达的回路电压方程的一种电路求解方法。

解题要点：① 以网孔电流为绕行方向，列写网孔电压方程；

② 适合支路数较多的复杂电路。

3. 节点电压法——以节点电压为未知量，用节点电压表示各支路电流，应用 KCL 列出独立节点电流方程的一种电路求解方法。

解题要点：① 用节点电压表示各支路电流；

② 列写独立节点的 KCL 方程；

③ 适合节点数较少的复杂电路。

4. 叠加定理——在多个电源同时作用的线性电路中，某元件上的电压（电流）等于每个电源单独作用所产生的电压（电流）的代数和。

解题要点：① 不起作用的电压源可视为短路；

② 不起作用的电流源可视为开路；

③ 适合电源数较少的复杂电路。

5. 戴维南定理——任何含有电源的二端线性电阻网络，都可以用一个理想电压源 U_S 与一个等效电阻 R_S 串联组成。

解题要点：① 计算开路电压；

② 计算等效内阻；

③ 适合仅计算复杂电路中某一元件的电路参数。

能力测试

技能训练1　叠加原理的验证

一、操作目的

验证线性电路叠加原理的正确性，加深对线性电路的叠加性和齐次性的认识和理解。

二、操作器材

操作器材见表3-1。

表 3－1　技能训练 1 操作器材表

序号	名　　称	型号与规格	数量	备　　注
1	直流稳压电源	0～30 V 可调	二路	
2	万用表		1	自备
3	直流数字电压表	0～200 V	1	
4	直流数字毫安表	0～200 mV	1	
5	叠加原理实验电路板		1	DGJ－03

三、操作原理

叠加原理指出：在有多个独立源共同作用下的线性电路中，通过每一个元件的电流或其两端的电压，可以看成是由每一个独立源单独作用时在该元件上所产生的电流或电压的代数和。

线性电路的齐次性是指当激励信号（某独立源的值）增大 K 倍或减少时，电路的响应（即在电路中各电阻元件上所建立的电流和电压值）也将同比例增大 K 倍或减少。

四、操作内容与步骤

操作线路如图 3－38 所示，用 DGJ－03 挂箱的“基尔霍夫定律/叠加原理”线路。

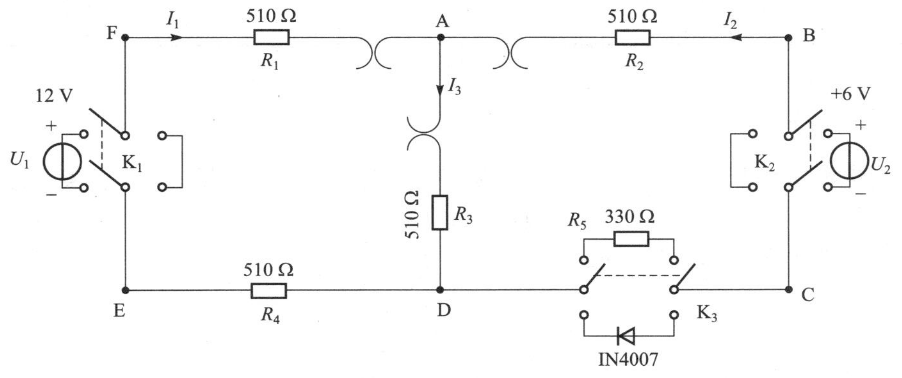

图 3－38　操作线路

（1）将两路稳压源的输出分别调节为 12 V 和 6 V，接入 U_1 和 U_2 处。

（2）令 U_1 电源单独作用（将开关 K_1 投向 U_1 侧，开关 K_2 投向短路侧）。用直流数字电压表和毫安表（接电流插头）测量各支路电流及各电阻元件两端的电压，数据记入表 3－2。

表 3－2　数据表 1

测量项目 实验内容	U_1 /V	U_2 /V	I_1 /mA	I_2 /mA	I_3 /mA	U_{AB} /V	U_{CD} /V	U_{AD} /V	U_{DE} /V	U_{FA} /V
U_1 单独作用										
U_2 单独作用										
U_1、U_2 共同作用										
$2U_2$ 单独作用										

（3）令 U_2 电源单独作用（将开关 K_1 投向短路侧，开关 K_2 投向 U_2 侧），重复实验内容 2 的测量和记录，数据记入表 3－2。

（4）令 U_1 和 U_2 共同作用（开关 K_1 和 K_2 分别投向 U_1 和 U_2 侧）， 重复上述的测量和记录，数据记入表 3－2。

（5）将 U_2 的数值调至 +12 V，重复上述第 3 项的测量并记录，数据记入表 3－2。

（6）将 R_5（330 Ω）换成二极管 IN4007（即将开关 K_3 投向二极管 IN4007 侧），重复 1～5 的测量过程，数据记入表 3－3。

（7）任意按下某个故障设置按键，重复实验内容 4 的测量和记录，再根据测量结果判断出故障的性质。

表 3－3　数据表 2

测量项目 实验内容	U_1 /V	U_2 /V	I_1 /mA	I_2 /mA	I_3 /mA	U_{AB} /V	U_{CD} /V	U_{AD} /V	U_{DE} /V	U_{FA} /V
U_1 单独作用										
U_2 单独作用										
U_1、U_2 共同作用										
$2U_2$ 单独作用										

五、操作注意事项

（1）用电流插头测量各支路电流时，或者用电压表测量电压降时，应注意仪表的极性，正确判断测得值的+、－号后，记入数据表格。

（2）注意仪表量程的及时更换。

六、思考

（1）在叠加原理实验中，要令 U_1、U_2 分别单独作用，应如何操作？可否直接将不作用的电源（U_1 或 U_2）短接置零？

（2）操作电路中若有一个电阻器改为二极管，试问叠加原理的叠加性与齐次性还成立吗？为什么？

七、实验报告

（1）根据数据表格，进行分析、比较，归纳、总结实验结论，即验证线性电路的叠加性与齐次性。

（2）各电阻器所消耗的功率能否用叠加原理计算得出？ 试用上述测量数据，进行计算并给出结论。

（3）通过实验步骤 6 及分析表格 3－3 的数据，你能得出什么样的结论？

（4）心得体会及其他。

技能训练 2　戴维南定理的验证
——有源二端网络等效参数的测定

一、操作目的

（1）验证戴维南定理的正确性，加深对该定理的理解。

（2）掌握测量有源二端网络等效参数的一般方法。

二、操作器材

操作器材见表 3－4。

表 3－4　技能训练 2 操作器材表

序号	名　　称	型号与规格	数量	备　　注
1	可调直流稳压电源	0～30 V	1	
2	可调直流恒流源	0～500 mA	1	
3	直流数字电压表	0～200 V	1	
4	直流数字毫安表	0～200 mA	1	
5	万用表		1	自备
6	可调电阻箱	0～99 999.9 Ω	1	DGJ－05
7	电位器	1 kΩ/2 W	1	DGJ－05
8	戴维南定理实验电路板		1	DGJ－05

三、操作原理

（1）任何一个线性含源网络，如果仅研究其中一条支路的电压和电流，则可将电路的其余部分看作是一个有源二端网络（或称为含源一端口网络）。

戴维南定理指出：任何一个线性有源网络，总可以用一个电压源与一个电阻的串联来等效代替，此电压源的电动势 U_S 等于这个有源二端网络的开路电压 U_{OC}，其等效内阻 R_0 等于该网络中所有独立源均置零（理想电压源视为短接，理想电流源视为开路）时的等效电阻。

诺顿定理指出：任何一个线性有源网络，总可以用一个电流源与一个电阻的并联组合来等效代替，此电流源的电流 I_S 等于这个有源二端网络的短路电流 I_{SC}，其等效内阻 R_0 定义同戴维南定理。

U_{OC}（U_S）和 R_0 或者 I_{SC}（I_S）和 R_0 称为有源二端网络的等效参数。

（2）有源二端网络等效参数的测量方法。

① 开路电压、短路电流法测 R_0。

在有源二端网络输出端开路时，用电压表直接测其输出端的开路电压 U_{OC}，然后再将其输出端短路，用电流表测其短路电流 I_{SC}，则等效内阻为

$$R_0 = \frac{U_{OC}}{I_{SC}}$$

如果二端网络的内阻很小，若将其输出端口短路则易损坏其内部元件，此时不宜用此法。

② 伏安法测 R_0。

用电压表、电流表测出有源二端网络的外特性曲线，如图 3-39 所示。

根据外特性曲线求出斜率 $\tan\phi$，则内阻为

$$R_0 = \tan\phi = \frac{\Delta U}{\Delta I} = \frac{U_{OC}}{I_{SC}}$$

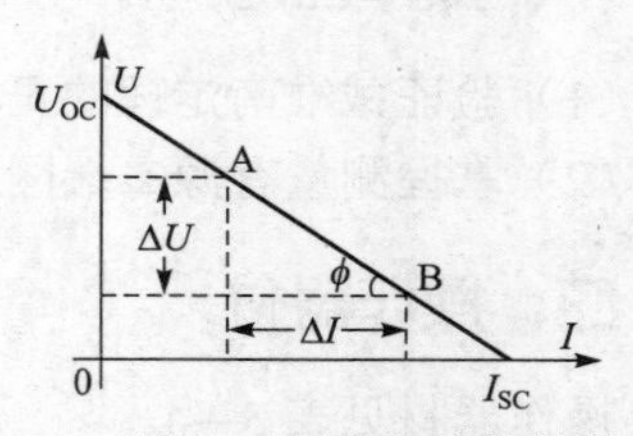

图 3-39　有源二端网络的外特性曲线

也可以先测量开路电压 U_{OC}，再测量电流为额定值 I_N 时的输出端电压值 U_N，则内阻为

$$R_0 = \frac{U_{OC} - U_N}{I_N}$$

③ 半电压法测 R_0。

如图 3-40 所示，当负载电压为被测网络开路电压的一半时，负载电阻（由电阻箱的读数确定）即为被测有源二端网络的等效内阻值。

④ 零示法测 U_{OC}。

在测量具有高内阻有源二端网络的开路电压时，用电压表直接测量会造成较大的误差。为了消除电压表内阻的影响，往往采用零示测量法，如图 3-41 所示。

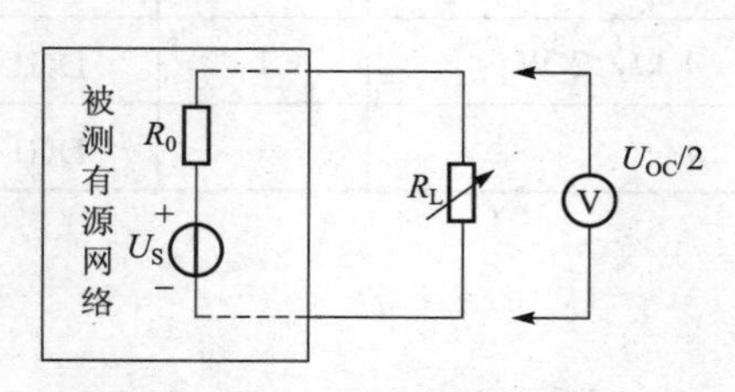

图 3-40　半电压法测量电路

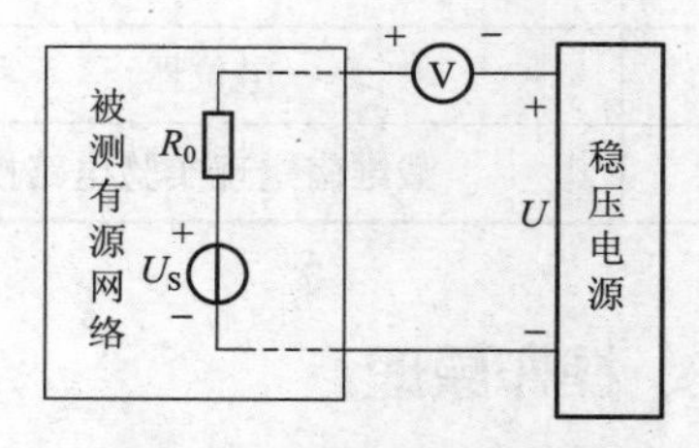

图 3-41　零示法测量电路

零示法测量原理是用一低内阻的稳压电源与被测有源二端网络进行比较，当稳压电源的输出电压与有源二端网络的开路电压相等时，电压表的读数将为“0”。然后将电路断开，测量此时稳压电源的输出电压，即为被测有源二端网络的开路电压。

四、操作内容与步骤

被测有源二端网络如图 3-42（a）所示。

（1）用开路电压、短路电流法测定戴维南等效电路的 U_{OC}、R_0 和诺顿等效电路的 I_{SC}、R_0。

按图 3-42（a）所示接入稳压电源 $U_S = 12$ V 和恒流源 $I_S = 10$ mA，不接入 R_L。测出 U_{OC} 和 I_{SC}，并计算出 R_0 填入表 3-5。（测 U_{OC} 时，不接入 mA 表。）

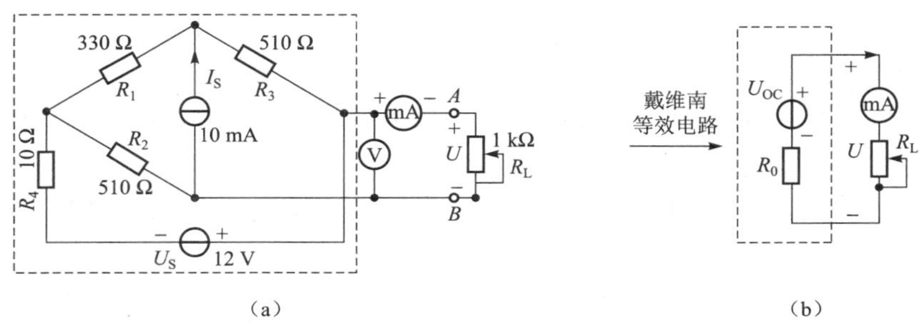

图 3－42　有源二端网络等效电路

表 3－5　技能训练 2 操作器材表 1

U_{OC}/V	I_{SC}/mA	$R_0=U_{OC}/I_{SC}$/Ω

（2）负载实验

按图 3－42（a）接入 R_L。改变 R_L 阻值，测量有源二端网络的外特性曲线，如表 3－6 所示。

表 3－6　技能训练 2 数据表 2

U/V									
I/mA									

（3）验证戴维南定理：从电阻箱上取得按步骤“1”所得的等效电阻 R_0 之值，然后令其与直流稳压电源（调到步骤“1”时所测得的开路电压 U_{OC} 之值）相串联，如图 3－42（b）所示，仿照步骤“2”测其外特性，对戴维南定理进行验证。

（4）有源二端网络等效电阻（又称入端电阻）的直接测量法。见图 3－42（a）。将被测有源网络内的所有独立源置零（去掉电流源 I_S 和电压源 U_S，并在原电压源所接的两点用一根短路导线相连），然后用伏安法或者直接用万用表的欧姆挡去测定负载 R_L 开路时 A、B 两点间的电阻，此即为被测网络的等效内阻 R_0，或称网络的入端电阻 R_i 。

（5）用半电压法和零示法测量被测网络的等效内阻 R_0 及其开路电压 U_{OC}。线路及数据表格自拟。

五、操作注意事项

（1）测量时应注意电流表量程的更换。

（2）操作第 5 步中，电压源置零时不可将稳压源短接。

（3）用万用表直接测 R_0 时，网络内的独立源必须先置零，以免损坏万用表。其次，欧姆挡必须经调零后再进行测量。

（4）用零示法测量 U_{OC} 时，应先将稳压电源的输出调至接近于 U_{OC}，再按图 3－41 测量。

（5）改接线路时，要关掉电源。

六、思考

（1）在求戴维南或诺顿等效电路时，作短路试验，测 I_{SC} 的条件是什么？在本实验中可否直接作负载短路实验？请在操作前对线路 3－42（a）预先做好计算，以便调整操作线路及测量时可准确地选取电流表的量程。

（2）说明测有源二端网络开路电压及等效内阻的几种方法，并比较其优缺点。

七、操作报告要求

（1）根据操作内容 2、3、4，分别绘出曲线，验证戴维南定理和诺顿定理的正确性，并分析产生误差的原因。

（2）根据操作内容 1、5、6 的几种方法测得的 U_{OC} 与 R_0 与预习时电路计算的结果作比较，你能得出什么结论？

（3）归纳、总结实验结果。

（4）心得体会及其他。

学习单元四

动态电路的时域分析

先导案例

过渡过程是一个前面没有接触过的电路状态。物质所具有的能量不能突变，能量的累积或释放需要一定的时间。生活中常见的例子是电视机的开关过程。电视机打开时，电源指示灯慢慢变亮；电视机关机时，电源指示灯慢慢变暗，直至熄灭。这种渐变现象产生的原因是什么呢？

本单元对电路的研究将由静态问题转向动态问题。介绍两个动态元件——电感和电容，研究能量在电路中的传递，并以时间作为独立变量来描述电路特性。

学习模块 1　电容元件的认识

学习目标

1. 了解电路动态过程产生的原因。
2. 了解电容的种类和作用。
3. 掌握电容元件的伏安特性。
4. 掌握电容的串并联特性，能进行电容串并联的等效计算。

一、电路产生动态过程的原因

1. 电场能和磁场能

在力学中，如果物体克服作用力产生位移，我们说物体做了功，发生了机械能的转换。同样，在磁场中，如果磁场的作用力（洛伦兹力）移动电荷，也会发生磁场能的转换。因此，保持有磁场强度就存储了磁场能，这是电感的功能。此外，如果克服电场的作用力（静电力）移动电荷，就会发生电场能的转换。因此，保持有电场就存储了电场能，这是电容的功能。

2. 机械能与电场能的比较

我们知道机械系统存在两种形式的能，即势能和动能。某一物体具有一定的高度或弹簧被拉伸，我们就说物体具有势能；某一物体具有一定的速度，我们就说物体具有一定的动能。同样，电气系统中也存在两种形式的能，即磁场能和电场能。

二、稳态电路和动态电路

1. 稳态和动态

对于稳态和动态的概念，我们可以通过一个力学例子来介绍。

如图 4－1 所示，已知物体的质量为 10 kg，摩擦阻力系数为 $f=0.1$，空气阻力系数为 $K=0.05$，物体处于静止状态，施加外力 $F=10$ N，当物体的速度达到 4 m/s 时，物体再次达到受力平衡。如果把物体在 A 点的 $v=0$、$F=0$ 称之为状态 1，B 点的 $v=4$ m/s、$F=10$ N 称之为状态 2，则状态 1、2 称之为稳态；物体从 A 点到 B 点的过程称之为动态过程。我们可以理解为经过 A 点到 B 点的过程后，物体从状态 1 过渡到了状态 2。

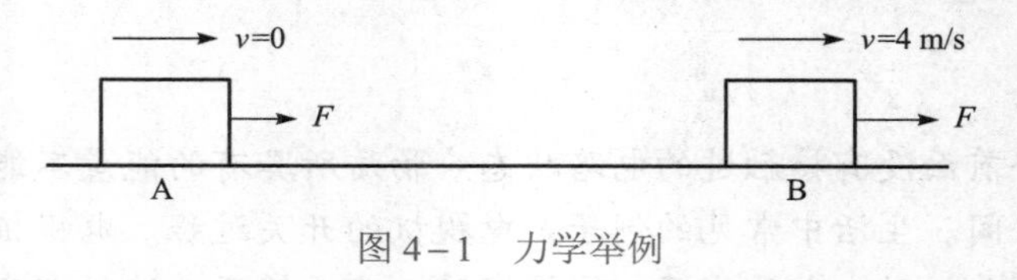

图 4－1　力学举例

我们来看一下前面介绍的电阻元件，电阻元件的 VCR 关系为

$$U=R\cdot I$$

显然，电阻两端的电压、流过电阻的电流与时间无关，因此，电阻是静态元件。在纯电阻中不存在过渡过程。在此之前我们只对电路的静态进行研究，所以并没有把时间看作为一个独立变量。当电路中出现电感或电容时，对电路的分析就变成了动态分析的问题。

2. 稳态电路和动态电路

电路的工作状态可以分为稳态电路和动态电路。稳态电路是指在所给定的条件下，电路中的电压和电流等物理量，达到某一个稳定数值时的状态（对交流电而言，其振幅值达到稳定值）。动态电路是指电路从一种稳定状态变化到另一种稳定状态的中间过程，也叫电路的过渡过程、动态过程或暂态过程。

3. 电路产生过渡过程的原因

电路产生过渡过程的原因有两个：一是电路中含有储能元件（动态）——电感 L 或电容 C，电路中含有储能元件是产生过渡过程的内因；二是接通或断开电路、改接电路、电路参数变化、电源变化等，像这种引起过渡过程的电路变化叫换路现象，这种引起过渡过程的电路变化叫换路，换路是电路产生过渡过程的外因。

4. 研究过渡过程的意义

过渡过程是一种自然现象，过渡过程的存在有利有弊。有利的方面，如电子技术中常利用过渡过程来产生各种波形；不利的方面，如在暂态过程发生的瞬间，可能出现过压或过流，致使设备损坏，必须采取防范措施。

三、电容的基础知识

1. 电容的定义

电容可以理解为一种用来储存电荷和电场能量的“容器”。电容的结构如图 4－2 所示，实际电容器是由间隔以不同的介质（如云母、绝缘纸、电解质等）的两块金属极板组成。当在极板上加以电压后，极板上分别聚集起等量的正、负电荷，并在介质中建立电场而具有电场能量。将电容器与电路断开，电荷可继续聚集在极板上，电场继续存在。所以电容器是一种能储存电荷或者说储存电场能量的器件。图 4－3 所示为几种实际电容器。

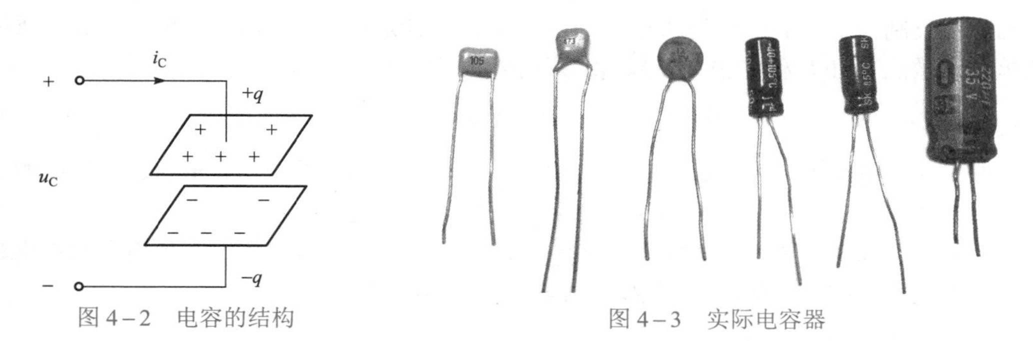

图 4－2　电容的结构　　　　图 4－3　实际电容器

电容元件就是反映实际电容器这种物理现象的电路模型。即理想电容器应该是一种电荷与电压相约束的器件，用 C 表示，电容元件的图形符号如图 4－4 所示。

i　$+q$　$-q$　C　$+$　u　$-$

图 4－4　电容元件的图形符号

想一想：使用 220 V 交流电源的电气设备和电子仪器，金属外壳和电源之间都有良好的绝缘，但是有时候用手触摸外壳仍会感到“麻手”，用试电笔测试时，氖管发光，这是为什么？

2. 电容的作用

电容器是组成电子电路的基本元件之一，广泛应用于耦合电路、滤波电路、调谐电路、振荡电路等。在电力系统中，电容可以用来改善系统的功率因数，提高电能的利用率。在机械加工工艺中，电容还可用于电火花加工。

3. 电容的分类

常见电容器的电介质有空气、纸、云母、塑料、薄膜（包括聚苯乙烯、涤纶）和陶瓷等。几种常见电容的符号如表 4－1 所示。

表 4－1　常见电容元件的图形符号

名称	符号	名称	符号	名称	符号
一般电容器		电解电容器	+	穿心式电容器	
可变电容器		多连可变电容器（图中为双连式）		微调电容器	

4. 电容器的主要参数

电容器的主要参数有两个，即电容量和工作电压值。

（1）电容量。电容量是衡量电容器储存电荷能力大小的一个物理量，简称电容，通常也用符号 C 表示。这样“电容”一词既表示电容元件本身，又表示其参数。如图 4–4 所示，电容的计算公式为

$$C=\frac{q}{u} \tag{4-1}$$

式中，C 为电容器的电容量，单位为法（F）；q 为极板上所带电量，单位为库（C）；u 为极板间电压，单位为伏（V），参考方向规定为从正极板指向负极板。

国际单位制中电容的单位是法拉（F），简称法。实际应用中，由于法单位太大，所以常用的单位有微法（μF）和皮法（pF）。相互的换算关系为

$$1\,\mu\text{F}=10^{-6}\ \text{F} \quad 1\,\text{pF}=10^{-12}\ \text{F}$$

说明：通常电容器的电容量 C 是一个常数，只与极板面积的大小、形状、极板间的距离和电介质有关，与电压 U 和电荷 q 无关，这种电容器叫线性电容。

（2）工作电压。通常在电容器上都标有额定工作电压（也叫耐压）。在使用时加在电容器上的工作电压不得超过其耐压，否则，电容器会被击穿而损坏。

四、电容的伏安特性

电路理论关心的是电路元件的端电压与电流的关系。如图 4–4 所示，电压 u 的参考方向由正极板指向负极板，有

$$q=Cu$$

当电流 i 与电压 u 参考方向一致时，可得

$$i=\frac{\mathrm{d}q}{\mathrm{d}t}=C\frac{\mathrm{d}u}{\mathrm{d}t}$$

所以电容的 VCR 关系为

$$i=C\frac{\mathrm{d}u}{\mathrm{d}t} \tag{4-2}$$

说明：（1）电容两端的电压不能发生突变。

（2）电容元件上电流与电压变化率成正比，即电容元件是动态元件。

实际上当电容上电压发生变化时，自由电荷并没有通过两极间的绝缘介质，只是当电压升高时，电荷向电容器的极板上聚集，形成充电电流；当电压降低时，电荷离开极板，形成放电电流。电容器交替进行充电和放电，电路中就有了电流，表现为电流“通过”了电容器。当电压不随时间变化时，电流为零。故电容在直流情况下其两端电压恒定，流过电容的电流为 0，相当于开路，或者说电容有隔断直流（简称隔直）的作用。

例 4–1 如图 4–5（a）所示，已知电容 $C=1/2\ \mu\text{F}$，电容两端电压如图 4–5（b）所示，试求流过电容的电流。

解　由式（4-2）可知

（1）当$0 \leqslant t \leqslant 2$时

$$i(t)=C\frac{\mathrm{d}u(t)}{\mathrm{d}t}=\frac{1}{2}\times 10^{-6}\times\frac{\mathrm{d}(2\,000\,t)}{\mathrm{d}t}=1\ \mathrm{mA}$$

（2）当$t>2$时

$$i(t)=C\frac{\mathrm{d}u(t)}{\mathrm{d}t}=\frac{1}{2}\times 10^{-6}\times\frac{\mathrm{d}(4\,000)}{\mathrm{d}t}=0$$

综合以上分析可得，流过电容的电流如图4-5（c）所示。

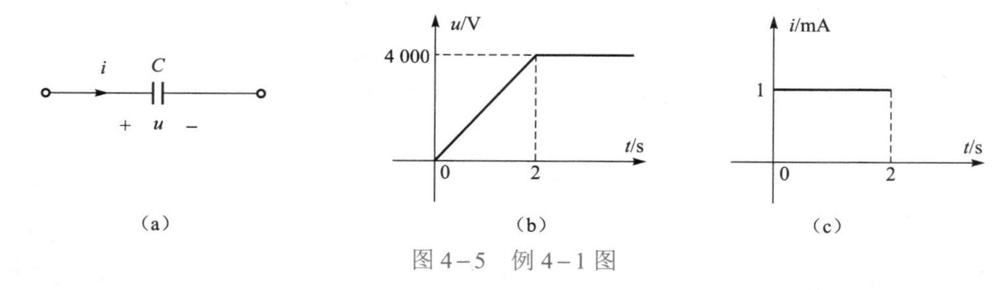

图4-5　例4-1图

思考题：如何理解电流流过电容？结合本例，试分析电容器通交流、阻直流的特性。

五、电容元件储存的电场能

电容元件吸收的能量以电场能的形式储存在元件中。端电压为u的电容中存储的电场能为

$$W_{\mathrm{C}}=\frac{1}{2}Cu^{2} \tag{4-3}$$

式中，W_{C}为电容元件上储存的电场能量，单位为焦（J）；u为电容上电压的瞬时值，单位为伏特（V）；C为电容的电容量，单位为法拉（F）。

假定在t_1时刻电容的瞬时电压为$u_{(t_1)}$，t_2时刻电容的瞬时电压为$u_{(t_2)}$，则在t_1～t_2内电容中所吸收的电场能量为

$$W_{\mathrm{C}}=\frac{1}{2}Cu_{(t_2)}^{2}-\frac{1}{2}Cu_{(t_1)}^{2} \tag{4-4}$$

说明：（1）当$u_{(t_2)}>u_{(t_1)}$时，表明电容从外部电路吸收能量，并以电场形式储存能量（充电）；

（2）当$u_{(t_2)}<u_{(t_1)}$时，表明电容将原先已储存的电场能量向外部电路释放（放电）。

由于电容具有储存电场能的能力，通常也称为储能元件。

六、电容元件的连接

电容的基本连接方式有串联、并联。

1. 电容的并联

如图4-6所示，电容并联时具有以下几个特点：

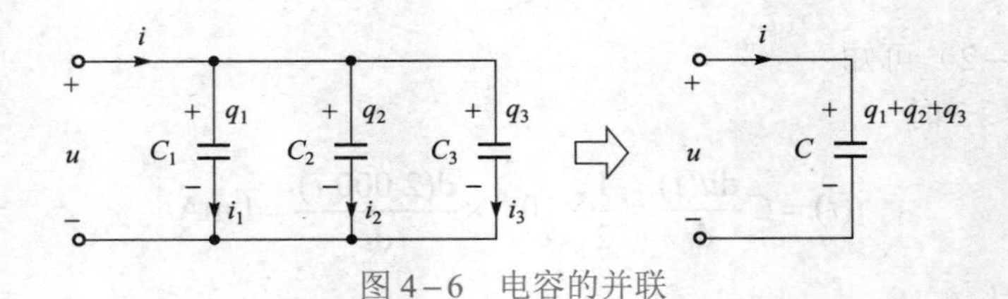

图 4－6 电容的并联

（1）各元件端电压相等，等于电路两端总电压，即 $U_1 = U_2 = U_3 = U$。

（2）电容器组储存的总电量等于各电容器储存电量之和。即

$$q = q_1 + q_2 + q_3$$

其中

$$q_1 = C_1U \quad q_2 = C_2U \quad q_3 = C_3U$$

（3）电容器组的总电容（等效电容）等于各电容器电容量之和。

$$C = \frac{q}{U} = \frac{q_1 + q_2 + q_3}{U} = C_1 + C_2 + C_3 \tag{4-5}$$

（4）流过电容的电流与电容的容量成正比，即

$$i_1 : i_2 : i_3 = C_1 : C_2 : C_3 \tag{4-6}$$

当两个电容并联时，有

$$i_1 = \frac{C_1}{C_1 + C_2}i \qquad i_2 = \frac{C_2}{C_1 + C_2}i \tag{4-7}$$

注意：应用电容的并联增大电容量时，特别要注意电容组的耐压。任一电容器的耐压均不能低于外加的工作电压，否则该电容器会被击穿，所以，并联电容器组的耐压值等于并联电容器中耐压的最小值。

例 4－2　四个电容器并联，其中两个电容器的电容均为 0.2 μF，耐压均为 500 V，另两个电容器的电容均为 0.6 μF，耐压均为 300 V，求电容组总电容和耐压值。

解　并联电容组的总电容为

$$C = C_1 + C_2 + C_3 + C_4 = 0.2 + 0.2 + 0.6 + 0.6 = 1.6\ \mu\text{F}$$

并联电容组的耐压值等于各电容器耐压值中最小者，所以电容组的耐压值为

$$U = 300\ \text{V}$$

思考题：电阻并联时其等效电阻的阻值是变大了还是变小了？电容并联呢？

2. 电容的串联

如图 4－7 所示，电容串联时具有以下几个特点：

（1）各电容元件储存的电量相等，等于电容元件组储存的总电量 q，即

$$q = q_1 = q_2 = q_3$$

（2）总电压等于各电压之和，即

$$U = U_1 + U_2 + U_3$$

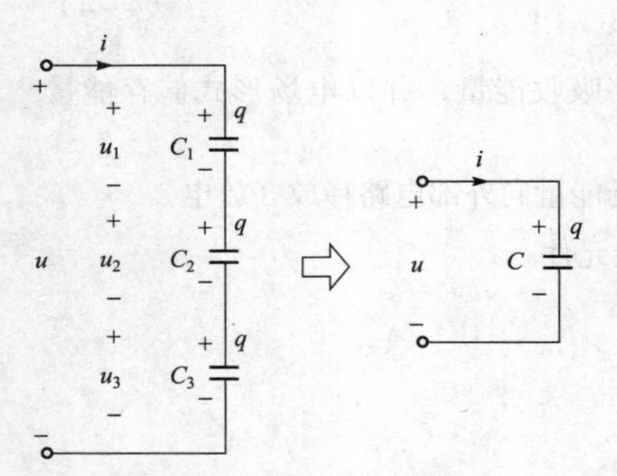

图 4－7 电容的串联

（3）串联时等效电容的倒数等于各电容的倒数之和，即

$$\frac{1}{C}=\frac{u}{q}=\frac{u_1+u_2+u_3}{q}=\frac{1}{C_1}+\frac{1}{C_2}+\frac{1}{C_3} \tag{4-8}$$

当两个电容串联时，等效电容为

$$C=\frac{C_1C_2}{C_1+C_2} \tag{4-9}$$

（4）各串联电容的电压与串联电容的电容量的倒数成正比，即

$$u_1:u_2:u_3=\frac{1}{C_1}:\frac{1}{C_2}:\frac{1}{C_3}$$

当两个电容串联时，有

$$u_1=\frac{C_2}{C_1+C_2}u \qquad u_2=\frac{C_1}{C_1+C_2}u$$

注意：应用电容的串联减小电容量时，电容串联时工作电压的选择。

求出每一个电容器允许储存的电量（即电容乘以耐压），选择其中最小的一个（用 $q_{\min}$ 表示）作为电容器组储存电量的极限值，电容器组的耐压就等于该电量除以总电容，即

$$U=\frac{q_{\min}}{C}$$

例 4-3　两个电容串联，已知 $C_1=200\ \mu\text{F}$，耐压 U_1 为 200 V；$C_2=300\ \mu\text{F}$，耐压 U_2 为 200 V。求电容组的总电容及耐电压。

解　总电容为

$$C=\frac{C_1C_2}{C_1+C_2}=\frac{200\times300}{200+300}=120\ \mu\text{F}$$

各电容所允许储存的电荷量

$$q_1=C_1U_1=200\times10^{-6}\times200=0.04\ \text{C}$$
$$q_2=C_2U_2=300\times10^{-6}\times200=0.06\ \text{C}$$

比较后，得

$$q_{\min}=0.04\ \text{C}$$

所以，电容器组的总耐压为

$$U=\frac{q_{\min}}{C}=\frac{0.04}{120\times10^{-6}}=333.3\ \text{V}$$

思考题：（1）串联电容组的耐压是否等于串联电容器中的耐压最小值？

（2）电阻串联时，等效阻值是变大还是变小？电容呢？

例 4-4　如图 4-8 所示，已知 C_1、C_2、C_3 的电容分别为 3 μF、2 μF、4 μF，外加总电压 U 为 300 V，求总电容及各电容器上的电量和电压。

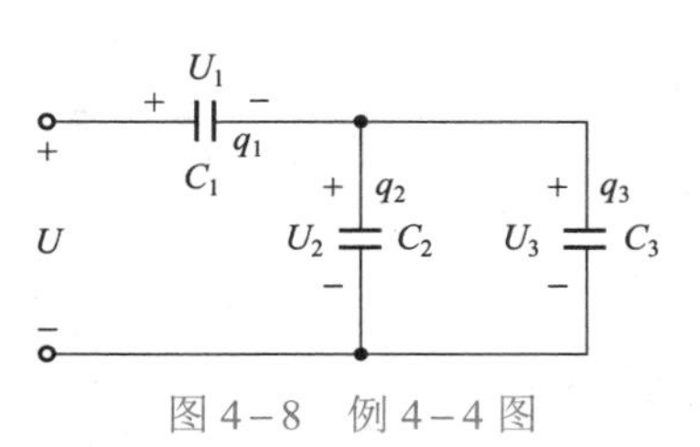

图 4-8　例 4-4 图

解　C_2、C_3为并联，有

$$C_{23}=C_2+C_3=2+4=6\ \mu\text{F}$$

所以总电容为

$$C=\frac{C_1C_{23}}{C_1+C_{23}}=\frac{3\times6}{3+6}=2\ \mu\text{F}$$

总电量为

$$q=CU=2\times10^{-6}\times300=6\times10^{-4}\ \text{C}$$

对于各电容上的电压有两种求法：

（1）利用电容的分压公式

$$U_1=\frac{C_{23}}{C_1+C_{23}}U=\frac{6}{6+3}\times300=200\ \text{V}$$

$$U_2=U_3=\frac{C_1}{C_1+C_{23}}U=\frac{3}{6+3}\times300=100\ \text{V}$$

（2）利用电容的定义

C_1上的电量就是总电量，所以有

$$q_1=q=6\times10^{-4}\ \text{C}$$

故

$$U_1=\frac{q}{C_1}=\frac{6\times10^{-4}}{3\times10^{-6}}=200\ \text{V}$$

$$U_2=U_3=U-U_1=300-200=100\ \text{V}$$

$$q_2=C_2U_2=2\times10^{-6}\times100=2\times10^{-4}\ \text{C}$$

$$q_3=C_3U_3=4\times10^{-6}\times100=4\times10^{-4}\ \text{C}$$

思考题：将C_1的容量改为6 μF，重解上题。

自我检测

1. 如图4－9中给定的参考方向，试写出i。
2. 电容和电感均能向外提供能量，为什么说是无源元件呢？
3. 求如图4－10所示电路的总电容。

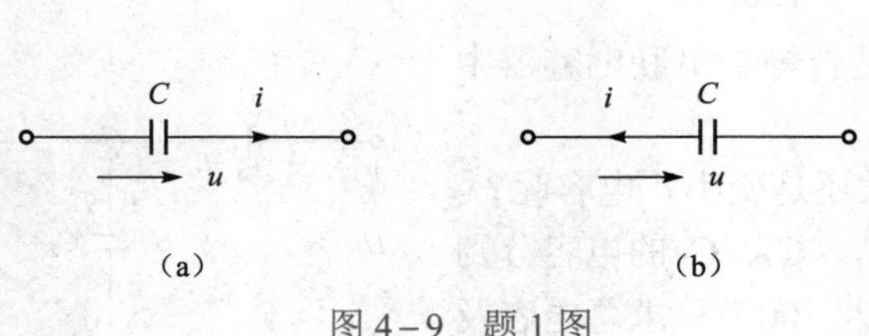

图4－9　题1图

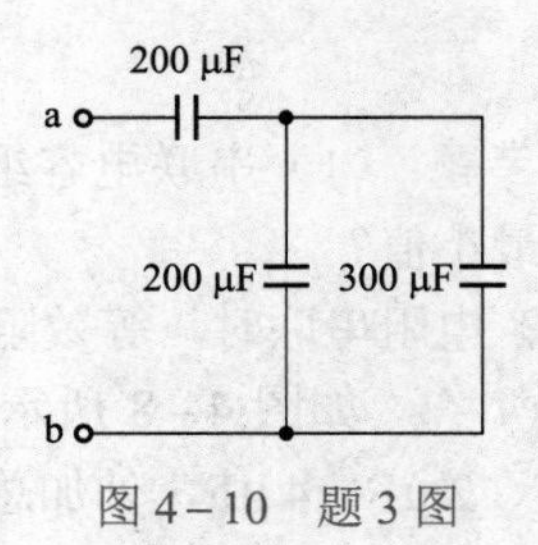

图4－10　题3图

答案

1.（a）$i=C\dfrac{\mathrm{d}u}{\mathrm{d}t}$　（b）$i=-C\dfrac{\mathrm{d}u}{\mathrm{d}t}$

2. 电容和电感虽然都能向外提供能量，但不会释放出多于所吸收或储存的能量，不能自身产生能量，所以称之为无源元件。

3. $\dfrac{1\,000}{7}\mu\mathrm{F}$

学习模块 2　电感元件的认识

学习目标

1. 了解电感的种类和作用。
2. 掌握电感元件的伏安特性。
3. 掌握电感的串并联特性，能进行电感串并联的等效计算。

一、电感的基础知识

电感的定义：

电感元件用于描写电路中储存磁场能量的电磁物理现象。线圈有电流流过时，在线圈内部形成磁通，并由磁场存储能量。如图 4－11 所示，线圈中的电流 i 产生的自感磁通 $\varPhi$ 与 N 匝线圈交链，则自感磁通链

$$\varPsi=N\varPhi$$

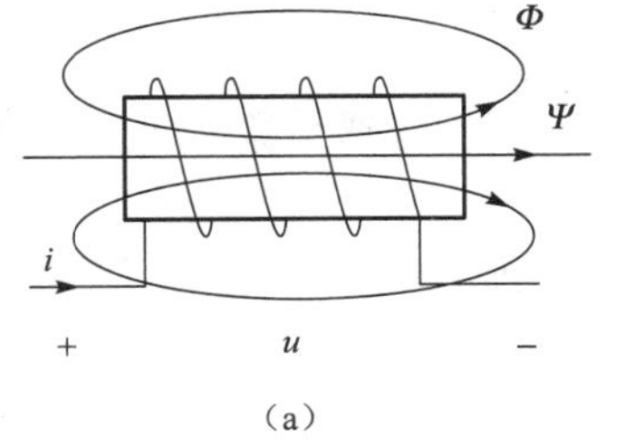

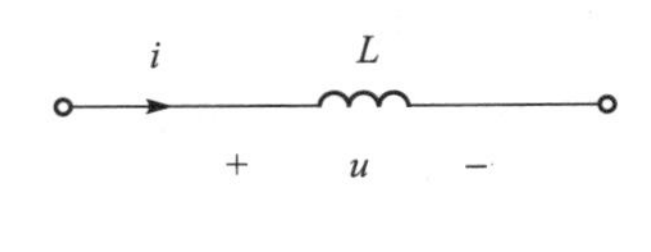

图 4－11　电感

当自感磁通与电流 i 的参考方向之间符合右手螺旋定则时，自感磁通链与电流的关系为

$$L=\frac{\varPsi}{i}\tag{4-10}$$

式中，$\varPsi$ 为线圈的自感磁通链，单位为韦（Wb）；i 为通过线圈的电流，单位为安（A）；L 为线圈的自感系数，单位为亨（H）。

L 是线圈的自感系数，又叫线圈的电感量，简称为自感或电感。同样，“电感”一词是既表示元件，又表示元件参数大小的度量。电感量是电感线圈的一个重要参数，反映了电感元件储存磁场能量的能力。电感元件的图形符号如图 4－11（b）所示。

在国际单位制中电感的单位为亨（H），常用的单位还有毫亨（mH）和微亨（μH），它们之间的换算关系为

$$1\,\text{mH}=10^{-3}\,\text{H}$$
$$1\,\mu\text{H}=10^{-6}\,\text{H}$$

二、电感的伏安特性

如图 4－11（b）所示，根据电磁感应定律，当磁通链 Ψ 随时间变化时，线圈的感应电动势为

$$u=\frac{\mathrm{d}\Psi}{\mathrm{d}t}=L\frac{\mathrm{d}i}{\mathrm{d}t}$$

所以有

$$u=L\frac{\mathrm{d}i}{\mathrm{d}t} \tag{4-11}$$

式中，u 为自感电压，单位为伏（V）；L 为自感系数，单位为亨（H）；i 为通过电感线圈的电流，单位为安（A）；$\frac{\mathrm{d}i}{\mathrm{d}t}$ 为电流对时间的变化率，单位为安/秒（A/s）。

说明：（1）流过电感的电流不能跳变。

（2）电感元件上电压与电流的变化率成正比，即电感元件是动态元件。

当电流 i 为直流稳态电流时，$\mathrm{d}i/\mathrm{d}t=0$，故 $u=0$，说明电感在直流稳态电路中相当于短路，有通直流的作用。

三、电感元件储存的磁场能

电感元件吸收的能量以磁场能的形式储存在元件中。对于电流为 i 的电感中存储的磁场能为

$$W_{\mathrm{L}}=\frac{1}{2}Li^2 \tag{4-12}$$

式中，W 为电感元件储存的磁场能量，单位为焦（J）；L 为自感系数，单位为亨（H）；i 为电感元件上电流的瞬时值，单位为安（A）。

假定在 t_1 时刻电感的瞬时电流为 $i_{(t_1)}$，t_2 时刻电感的瞬时电流为 $i_{(t_2)}$，则在 t_1～t_2 内电感中所吸收的磁场能量为

$$W_{\mathrm{L}}=\frac{1}{2}Li_{(t_2)}^2-\frac{1}{2}Li_{(t_1)}^2$$

说明：（1）当 $i_{(t_2)}>i_{(t_1)}$ 时，表明电感从外部电路吸收能量，并以磁场能形式储存能量；

（2）当 $i_{(t_2)}<i_{(t_1)}$ 时，表明电感将原先已储存的磁场能向外部电路释放。

由于电感具有储存磁场能的能力，通常也称为储能元件。

四、电感元件的连接

电感的基本连接方式有并联、串联。

1. 电感的并联

如图 4－12 所示，电感并联时有以下特性：

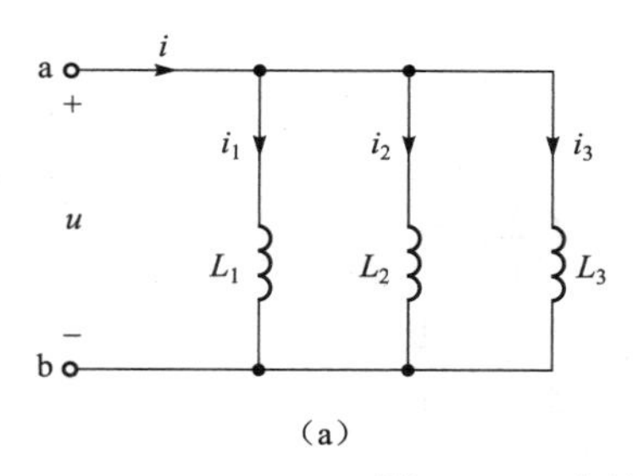

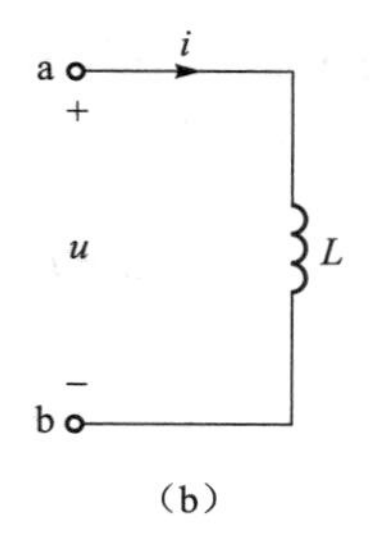

图 4－12　电感并联

（1）并联时等效电感的倒数等于各电感的倒数之和。

由式（4－11）可得电感上电流与电压的关系为

$$i=\frac{1}{L}\int_{0}^{t}u\mathrm{d}t$$

由图 4－12 有

$$\begin{aligned}i=i_1+i_2+i_3&=\frac{1}{L_1}\int_{0}^{t}u\mathrm{d}t+\frac{1}{L_2}\int_{0}^{t}u\mathrm{d}t+\frac{1}{L_3}\int_{0}^{t}u\mathrm{d}t\\&=\left(\frac{1}{L_1}+\frac{1}{L_2}+\frac{1}{L_3}\right)\int_{0}^{t}u\mathrm{d}t=\frac{1}{L}\int_{0}^{t}u\mathrm{d}t\end{aligned}$$

所以有

$$\frac{1}{L}=\frac{1}{L_1}+\frac{1}{L_2}+\frac{1}{L_3}\tag{4-13}$$

当两个电感并联时，等效电感为

$$L=\frac{L_1L_2}{L_1+L_2}$$

（2）流过电感的电流与电感的倒数成正比，即

$$i_1:i_2:i_3=\frac{1}{L_1}:\frac{1}{L_2}:\frac{1}{L_3}\tag{4-14}$$

当两个电感并联时，有

$$i_1=\frac{L_2}{L_1+L_2}i\qquad i_2=\frac{L_1}{L_1+L_2}i$$

2. 电感的串联

如图 4－13 所示，电感串联时有以下特性：

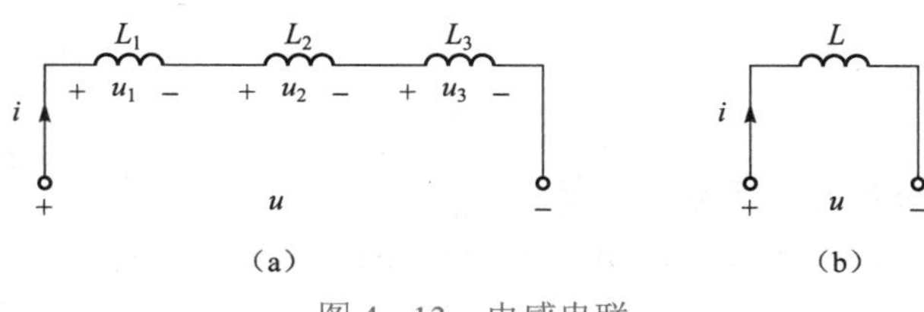

图 4－13　电感串联

（1）串联时等效电感等于各电感之和；

由图4－13有

$$u=u_1+u_2+u_3=L_1\frac{di}{dt}+L_2\frac{di}{dt}+L_3\frac{di}{dt}$$
$$=(L_1+L_2+L_3)\frac{di}{dt}=L\frac{di}{dt}$$

所以有

$$L=L_1+L_2+L_3$$

（2）电感的电压与电感量成正比，即

$$u_1:u_2:u_3=L_1:L_2:L_3$$

当两个电感串联时，有

$$u_1=\frac{L_1}{L_1+L_2}u \qquad u_2=\frac{L_2}{L_1+L_2}u$$

例4－5　已知电感 $L=0.5$ H，$i=100e^{-0.02t}$ mA，试求：

（1）电压表达式；

（2）$t=0$ 时的电感电压；

（3）$t=0$ 时的磁场能量。

解　（1）由式（4－11）可得

$$u(t)=L\frac{di}{dt}=0.5\frac{d(100e^{-0.02t}\times10^{-3})}{dt}$$

解得

$$u(t)=-e^{-0.02t}\text{mV}$$

（2）$t=0$ 时的电感电压为

$$u(0)=-e^{-0.02\times0}=-1\text{ mV}$$

（3）由式（4－12）可得 $t=0$ 时的磁场能量为

$$W_{L(0)}=\frac{1}{2}Li_{(0)}^2=\frac{1}{2}\times0.5\times(100\times e^{-0.02\times0}\times10^{-3})^2$$

解得

$$W_{L(0)}=2.5\text{ mW}$$

思考题：（1）试求 $t=0$ 时电感的功率，并判断是吸收还是释放能量？

（2）由式（4－12）判断电感中存储的磁场能是增大的还是减小的？

自我检测

1. 按图4－14中给定的参考方向，写出 u_{AB}。
2. 如图4－15所示，已知 $L_1=3$ mH，$L_2=6$ mH，试求总电感。

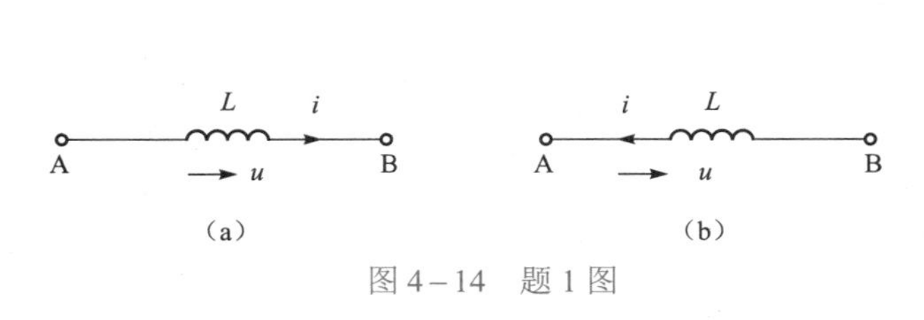

图 4-14　题 1 图

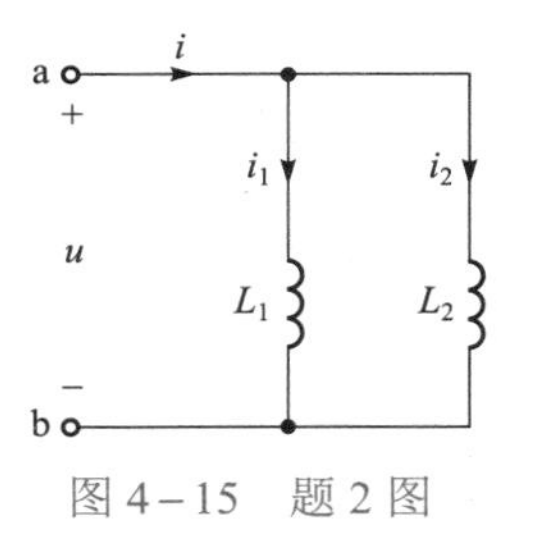

图 4-15　题 2 图

答案

1. $u=L\dfrac{di}{dt}$　　$u=-L\dfrac{di}{dt}$

2. $L=2\ \text{mH}$

学习模块 3　换路定律与初始值的计算

学习目标

1. 掌握过渡过程中的换路定律。
2. 能用换路定律计算电路换路瞬间电路元件的初始参数。

当电路中含电容和电感时，电路方程是以电流（电压）为变量的微分方程（微分－积分）。如图 4-16 所示，该电路的电路方程为

$$RC\frac{du_C}{dt}+u_C=u_S$$

用求解微分方程的方法分析电路时就需要由换路定律求出响应的初始值。

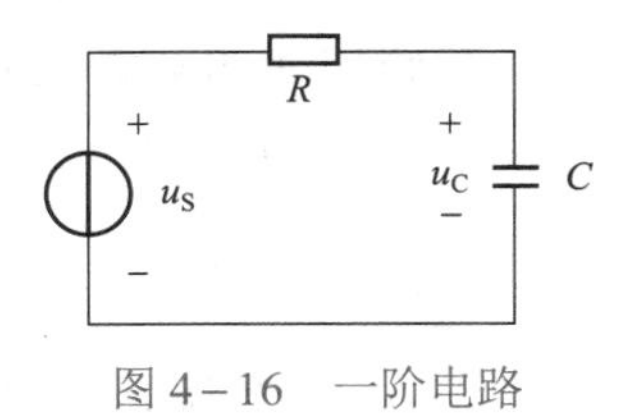

图 4-16　一阶电路

一、换路定律

1. 换路

电路中电路结构或电路参数的变化称为“换路”。如图 4-17（a）所示，开关的动作改变了电路的结构，电路的这种变化称为换路。为了表示简化起见，通常我们认为换路是在瞬间完成的，并把换路瞬间作为计时起点，即 $t=0$，换路前的终了时刻记为 $t=0_-$，换路后的初始时刻记为 $t=0_+$，换路经历的时间为 $0_-\sim0_+$。

当电路发生换路时，由于动态元件的存在，动态电路由原工作状态转变到新工作状态往往需要经历一个过程，在工程上将该过程称为过渡过程或暂态过程。

2. 换路定律

换路定律可描述为：在电路换路的瞬间，电容上的电压、电感中的电流均不能突变，即

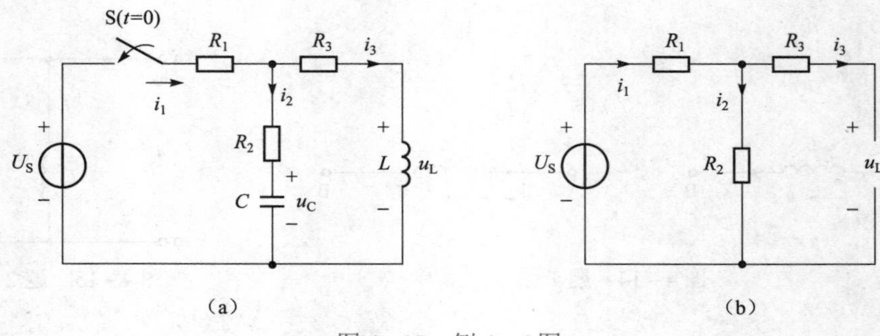

图4－17　例4－6图

$$\left.\begin{aligned}u_C(0_+)=u_C(0_-)\\ i_L(0_+)=i_L(0_-)\end{aligned}\right\} \qquad (4-15)$$

那么，为什么在换路瞬间，电容上的电压、电感中的电流不能突变呢？我们知道，自然界物体所具有的能量是不能突变的，否则会出现无限大功率，所以能量的积累或释放需要一定的时间。

电容 C 存储的电场能量为

$$W_C=\frac{1}{2}Cu_C^2$$

W_C 不能发生突变，即电容两端的电压 u_C 不能发生突变。

电感 L 储存的磁场能量为

$$W_L=\frac{1}{2}Li_L^2$$

W_L 不能发生突变，即流过电感的电流 i_L 不能发生突变。

换路定律的本质是电容上的电荷量和电感中的磁链也不能跃变，但电容电流、电感电压、电阻的电流和电压、电压源的电流、电流源的电压在换路瞬间是可以跃变的。

3．换路定律的两点说明

由换路定律可知：

（1）对于换路前不带电荷（无电压、无储能）的电容来说，在换路的一瞬间，$u_C(0_+)=u_C(0_-)=0$，电容相当于短路；对于换路前携带电荷（有电压、有储能）的电容来说，在换路的一瞬间，$u_C(0_+)=u_C(0_-)=U_0$，换路后的瞬间，电容可视为一个电压值为 U_0 的电压源。

（2）对于换路前无电流（无储能）的电感来说，在换路的一瞬间，$i_L(0_+)=i_L(0_-)=0$，电感相当于开路；对于换路前有电流（有储能）的电感来说，在换路的一瞬间，$i_L(0_+)=i_L(0_-)=i_0$，换路后瞬间，电感可视为一个电流值为 I_0 的电流源。

二、初始值的计算

1．初始值

若电路在 $t=0$ 时换路，则换路后的最初时刻（即 $t=0_+$ 时）的值称为初始值。其中，电容电压 u_C 和电感电流 i_L 称为独立的初始值（不可以跃变）；电容电流 i_C、电感电压 u_L、电阻的电流和电压等，称为非独立的初始值（可以跃变）。

换路时，独立的初始值可由换路定律式（4－15）求出。非独立的初始值可由 $t=0_+$ 时的等效电路求出。

2. 求解初始值的步骤

初始值的求解可以按以下步骤进行：

（1）根据 KCL、KVL 和 VCR 等电路定理及元件约束关系计算换路前一瞬间的 $u_C(0_-)$ 和 $i_L(0_-)$；

（2）应用换路定律计算独立的初始值 $u_C(0_+)$和 $i_L(0_+)$；

（3）画出 $t=0_+$时的等效电路，再根据 KCL、KVL 和 VCR 等电路定理及元件约束关系计算换路后一瞬间的非独立初始值；

（4）求得非独立初始值。

例 4-6　作出图 4-17（a）所示电路 $t=0_+$时的等效电路，并计算 $i_3(0_+)$、$i_2(0_+)$、$u_C(0_+)$、$u_L(0_+)$。已知开关闭合前，电容 C 和电感 L 无储能。

解　因为换路前电路无储能，即

$$u_C(0_-)=0$$
$$i_L(0_-)=0$$

由换路定律可知

$$u_C(0_+)=u_C(0_-)=0$$
$$i_L(0_+)=i_L(0_-)=0$$

所以，电容可看成短路，电感可看成开路，作出 $t=0_+$时的等效电路如图 4-17（b）所示。由图 4-17（b）可得

$$i_1(0_+)=i_2(0_+)=\frac{U_S}{R_1+R_2}$$
$$i_3(0_+)=0$$
$$u_C(0_+)=0$$
$$u_L(0_+)=u_{R_2}(0_+)=\frac{U_S R_2}{R_1+R_2}$$

思考题：开关 S 闭合后，试求电路的稳态值 $u_C(\infty)$ 和 $i_3(\infty)$。

例 4-7　如图 4-18 所示，已知：$U=20\ \text{V}$，$R=1\ \text{k}\Omega$，$L=1\ \text{H}$，电压表内阻 $R_V=500\ \text{k}\Omega$，设开关 S 在 $t=0$ 时打开。试求 S 打开的瞬间，电压表两端的电压。

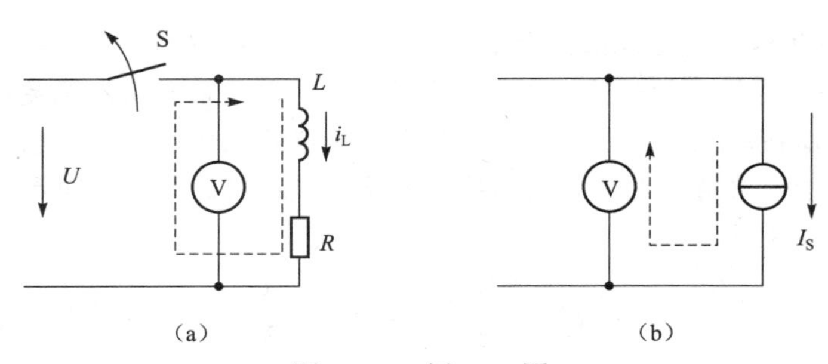

图 4-18　例 4-7 图

解　换路前

$$i_L(0_-)=\frac{U}{R}=\frac{20}{1\,000}=20\ \text{mA}$$

换路瞬间

$$i_L(0_+)=i_L(0_-)=20\ \text{mA}$$

$t=0_+$ 时的等效电路如图 4－17（b）所示，其中

$$I_S=i_L(0_+)=20\ \text{mA}$$

可得

$$\begin{aligned}u_V(0_+)&=i_L(0_+)\cdot R_V\\&=20\times10^{-3}\times500\times10^3=10\,000\ \text{V}\end{aligned}$$

思考题：由例 4－7 分析可知，断开电感回路时将产生过电压，这种现象在实际工程中如何利用，又如何防止？

自我检测

1. 总结一下，电感和电容在直流稳态中的工作状态。

2. 什么叫独立初始值，什么叫非独立初始值，为什么说电容上端电压和电感上的电流是独立初始值。

3. 如图 4－19 所示电路中，试求开关 S 断开后的 $u_C(0_+)$、$i_C(0_+)$及 $u_L(0_+)$和 $i_L(0_+)$（已知 S 断开前电路处于稳态）。

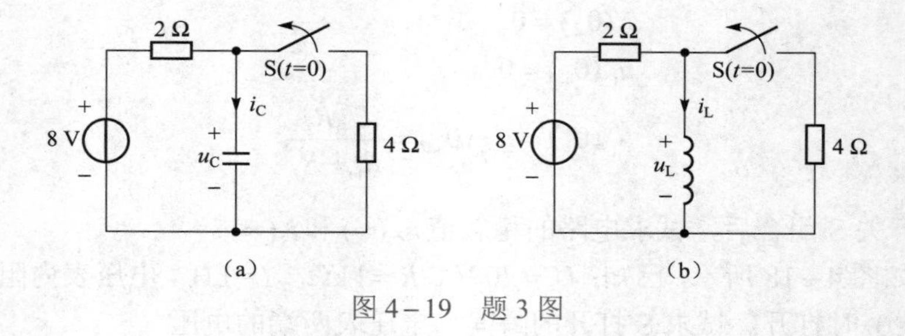

图 4－19　题 3 图

答案

1. 在直流稳态电路中，电容相当于开路，电感相当于短路。

2. 非独立初始值是指该初始值只取决于当前状态，与以前的状态无关；独立初始值是指该初始值只取决于以前的状态，因此，具有独立初始值的元件通常我们也称之为记忆元件。电容两端的电压等于换路前的电压，电感的电流等于换路前的电流，即是由以前的状态决定的，所以称之为独立变量。

3.

$$u_C(0_+)=\frac{16}{3}\ \text{V}\quad i_C(0_+)=\frac{4}{3}\ \text{A}$$

$$u_L(0_+)=0\ \text{V}\quad i_L(0_+)=4\ \text{A}$$

学习模块 4　一阶电路的零输入响应

学习目标

1. 了解 RC 电路的充电及放电过程，了解 RL 电路存储和释放磁能的过程。
2. 学会分析 RC 和 RL 串联电路的零输入响应，掌握一阶电路零输入响应的一般形式。

若一个电路利用戴维南（诺顿）定理，最终可以化简成为一个 RC 回路或 RL 回路，该电路的电路方程为一阶微分方程，我们把这样的电路称为一阶动态电路，简称一阶电路。一阶电路中一般仅含一个储能元件。如图 4-20 所示。

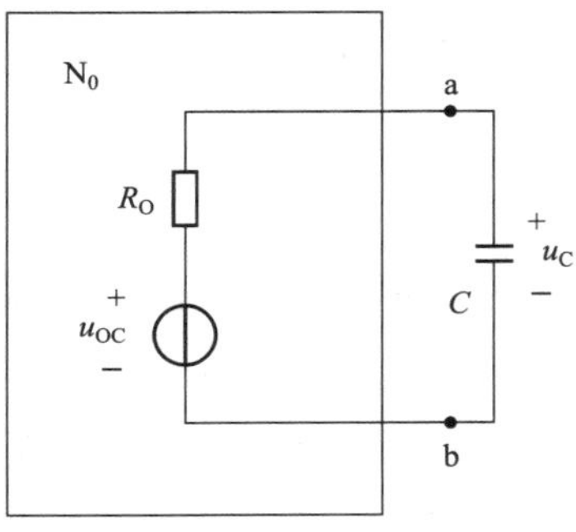

图 4-20　一阶电路

动态电路的响应可分为零输入响应、零状态响应和全响应。

零输入响应是指电路换路后没有外加电源，仅由储能元件（动态元件）的初始储能所引起的响应。零输入响应依靠动态元件的初始储能进行，当电路中存在着耗能元件 R 时，有限的初始储能最终将被消耗殆尽，零输入响应终将为零。

一、一阶 RC 电路的零输入响应

如图 4-21（a）所示的电路在换路前处于稳态，在 $t=0$ 时刻，开关 S 由 1 点置于 2 点，这时电容 C 储存电场能量，电阻 R 与电容 C 构成串联电路。电容 C 通过电阻 R 放电，电阻 R 吸收电能，回路中的响应属于零输入响应。

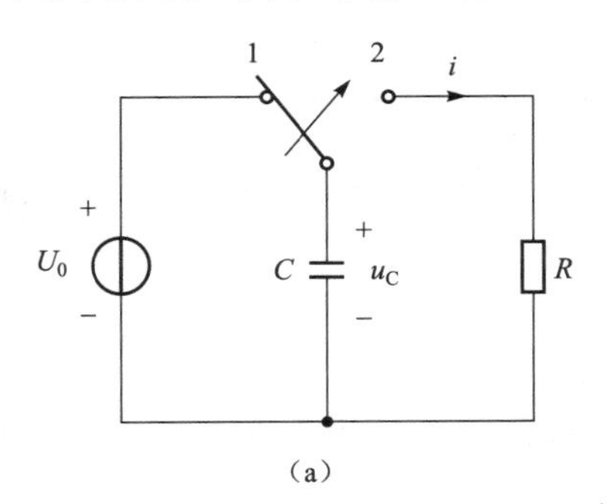

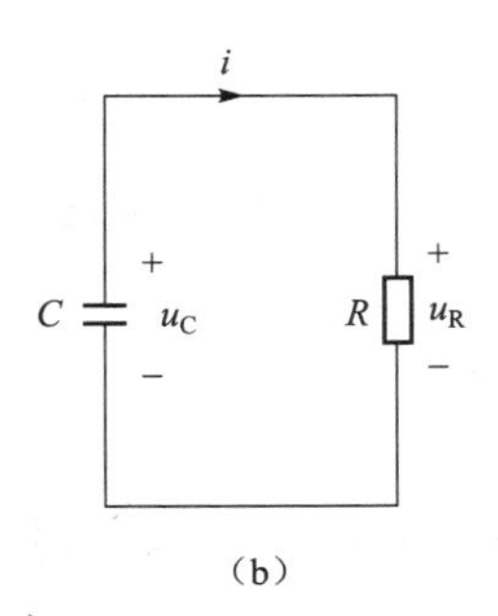

图 4-21　RC 电路的零输入响应

换路后，电路如图 4-21（b）所示，可得

$$RC\frac{\mathrm{d}u_{\mathrm{C}}}{\mathrm{d}t}+u_{\mathrm{C}}=0$$

初始条件为 $u_{\mathrm{C}}(0_{+})=u_{\mathrm{C}}(0_{-})=U_{0}$

该方程为一阶常系数齐次微分方程，相应的特征方程为

$$RCp+1=0$$

特征根为

$$p=-\frac{1}{RC}$$

齐次微分方程的通解为 $u_C = Ae^{pt} = Ae^{-\frac{1}{RC}t}$

代入初始条件得

$$A=u_C(0_+)=U_0$$

可求得

$$\left.\begin{aligned} u_C &= u_C(0_+)e^{-\frac{1}{RC}t}=U_0e^{-\frac{1}{RC}t} \\ i &= -C\frac{du_C}{dt}=\frac{U_0}{R}e^{-\frac{1}{RC}t} \\ u_R &= u_C=U_0e^{-\frac{1}{RC}t} \end{aligned}\right\} \tag{4-16}$$

电路中的电流和电压：u_C、u_R 和 i 都按照同样的指数规律衰减，如图4-22所示。

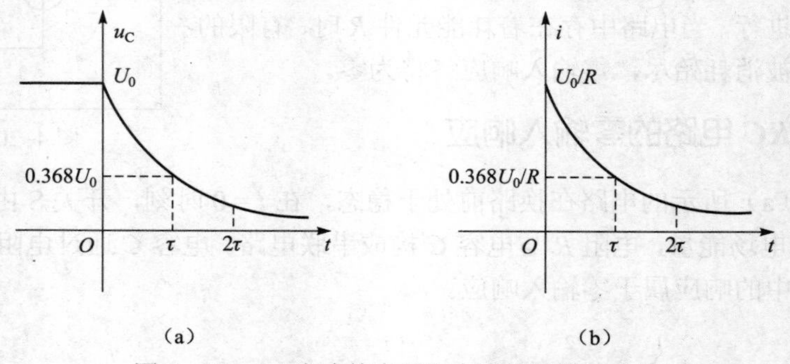

图4-22 RC电路的电压和电流的零输入响应

由图4-22可知，电压和电流衰减的快慢取决于指数中的 $1/RC$ 的大小。定义时间常数 τ 为

$$\tau=-1/p$$

对于 RC 电路

$$\tau=RC$$

时间常数 τ 是一个只与电路结构和电路参数有关的物理量，其单位为

$$\Omega\cdot F=\frac{V}{A}\cdot\frac{C}{V}=\frac{V}{A}\cdot\frac{A\cdot s}{V}=s$$

时间常数 τ 是表示过渡过程中电压、电流变化快慢的一个物理量。其物理意义为：经过一个时间常数 τ 后，电容电压衰减为初始值的36.8%或衰减了63.2%。过渡过程理论上要经过 $t=\infty$ 时间。实际工程中一般认为经过（3～5）τ，过渡过程基本结束。

对于时间常数 τ 有以下几种求法：

（1）用电路参数计算

$$\tau=R_{eq}C$$

其中 R_{eq} 为从电容两端看进去的等效电阻。

（2）用特征根计算

$$\tau=\frac{-1}{p}$$

例 4－8　电路如图 4－23 所示，开关 S 闭合前电路已处于稳态。$t=0$ 时将开关闭合，试求 $t>0$ 时的电压 u_C 和电流 i_C、i_1 及 i_2。

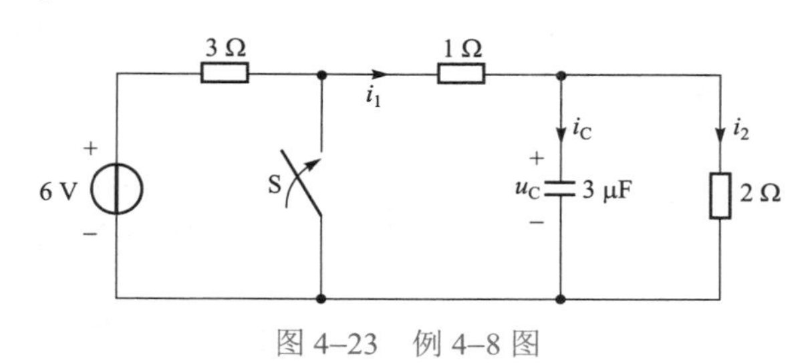

图 4–23　例 4–8 图

解

$$u_C(0_+)=u_C(0_-)=\frac{2}{1+2+3}\times 6=2\ \text{V}=U_0$$

在 $t>0$ 时，左边电路被短路，对右边电路不起作用，这时电容经电阻 1 Ω 和 2 Ω 两支路放电，等效电阻为

$$R=\frac{1\times 2}{1+2}=\frac{2}{3}\ \Omega$$

时间常数为

$$\tau=RC=\frac{2}{3}\times 3\times 10^{-6}=2\times 10^{-6}\ \text{s}$$

由式（4－16）得

$$u_C=U_0\mathrm{e}^{-\frac{t}{\tau}}=2\mathrm{e}^{-\frac{t}{2\times 10^{-6}}}=2\mathrm{e}^{-5\times 10^{5}t}\ \text{V}$$

$$i_C=-\frac{U_0}{R}\mathrm{e}^{-\frac{t}{\tau}}=-\frac{2}{2/3}\mathrm{e}^{-\frac{t}{2\times 10^{-6}}}=-3\mathrm{e}^{-5\times 10^{5}t}\ \text{A}$$

$$i_2=\frac{u_C}{2}=\mathrm{e}^{-5\times 10^{5}t}\ \text{A}$$

$$i_1=i_C+i_2=-2\mathrm{e}^{-5\times 10^{5}t}\ \text{A}$$

思考题：将电容从 3 μF 更改为 6 μF 后，重解该题并试分析电路中电容电压的衰减是变快还是变慢？

二、*RL* 电路的零输入响应

如图 4－24（a）所示电路，开关 S 闭合时电路处于稳态，在 $t=0$ 时，开关 S 由 1 点置于 2 点，这时电感 L 储存磁场能量，电阻 R 与电感 L 构成串联电路，回路中的响应属于零输入响应。

换路后，电路如图 4－24（b）所示，可得

$$L\frac{\mathrm{d}i_L}{\mathrm{d}t}+Ri_L=0$$

初始条件为

$$i_L(0_+)=i_L(0_-)=\frac{U_0}{R_0}=I_0$$

相应的特征方程为

$$Lp + R = 0$$

特征根为

$$p = -R/L$$

RL 电路的时间常数为

$$\tau = -1/p = L/R$$

可求得

$$\left.\begin{aligned} i_L &= I_0 e^{-t/\tau} \\ U_R &= Ri_L = RI_0 e^{-t/\tau} \\ U_L &= L\frac{di_L}{dt} = -RI_0 e^{-t/\tau} \end{aligned}\right\} \tag{4-17}$$

在 RL 电路定义时间常数为

$$\tau = \frac{L}{R}$$

当电阻的单位为 Ω，电感的单位为 H 时，τ 的单位为 s。i_L、u_R 和 u_L 随时间变化的曲线如图 4－25 所示。

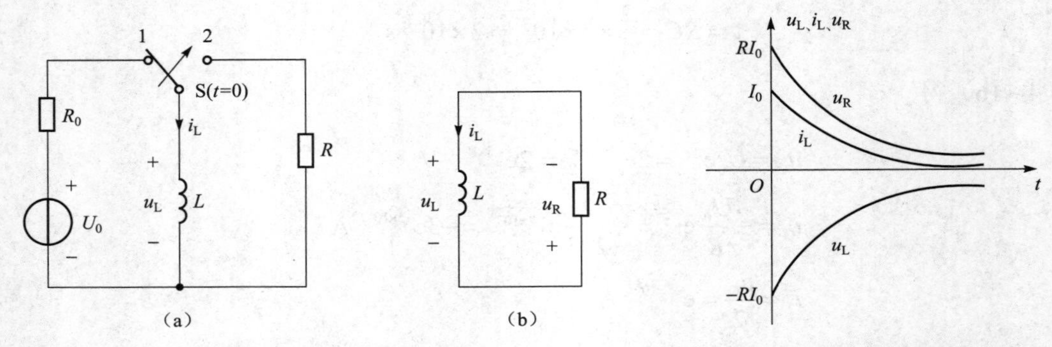

图 4－24　RL 电路的零输入响应　　　图 4－25　RL 电路电压和电流的零输入响应

例 4－9　图 4－26（a）所示电路为继电器控制电路，继电器绕组的参数为：$R = 10\ \Omega$，$L = 0.1\ \text{H}$。直流电源为 $U_S = 12\ \text{V}$。当断开开关 S 时，求绕组开关两端电压应如何变化；若要求最大值不超过电源电压的 2 倍，R_d 最大应为多少？此情况下需用多长时间使绕组电流衰减到断开前的 30%？

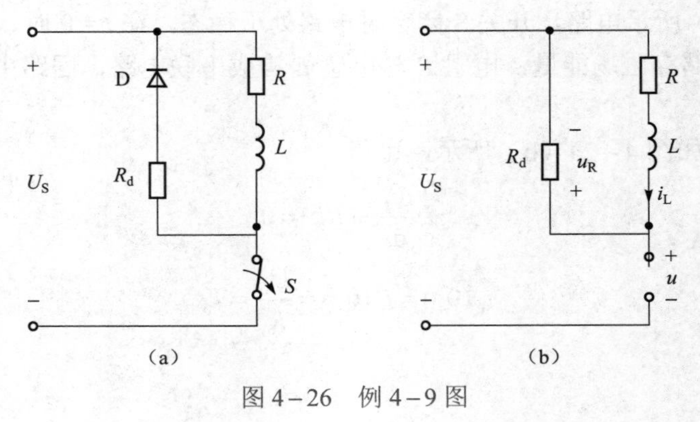

图 4－26　例 4－9 图

解　(1) 开关 S 断开后的电路如图 4-26 (b) 所示，开关断开前

$$i_L(0_-)=\frac{U_S}{R}=\frac{12}{10}=1.2\ \text{A}$$

所以

$$I_0=i_L(0_+)=i_L(0_-)=1.2\ \text{A}$$

由式 (4-17) 可得

$$i_L=I_0e^{-\frac{t}{\frac{L}{R+R_d}}}=1.2\,e^{-\frac{t}{\frac{0.1}{10+R_d}}}=1.2e^{-10(10+R_d)t}\ \text{A}$$

又因为

$$u_R=R_di_L$$
$$u=U_S+u_R=12+1.2\,R_de^{-10(10+R_d)t}$$

当 $t=0$ 时有最大值

$$u=(12+1.2R_d)\ \text{V}$$

要求 u 的最大值不超过电源电压的 2 倍，即

$$12+1.2\,R_d\leqslant 12\times 2$$

则 $1.2\,R_d\leqslant 12$ V，因此 R_d 应不大于 10 Ω。

(2) 由题意将 $R_d=10\ \Omega$ 代入可得

$$0.3\,I_0=I_0e^{-10(10+10)t_0}$$
$$t_0=-0.005\ln 0.3\approx 0.006\ \text{s}$$

所以，使绕组电流衰减到断开前的 30%需用 6 ms。

思考题：说明电阻 R_d 的作用，试分析该电阻取的太大或太小分别会有什么后果？

三、一阶电路零输入响应的特性

通过对 RC、RL 一阶电路的零输入响应的分析，我们可以总结出一阶电路零输入响应的一般表达式

$$f(t)=f(0_+)e^{-t/\tau}$$

式中，$f(t)$ 为一阶电路的零输入响应；$f(0_+)$为响应的初始值；τ 为时间常数（对于 RC 电路，$\tau=RC$；对于 RL 电路，$\tau=L/R$）。

由上式可知，若初始值增大 K 倍，则一阶电路的零输入响应也相应增大 K 倍。

自我检测

1. 如图 4-27 所示，试求电路换路后的时间常数τ。
2. 如果将图 4-27 所示电路中的电容 C 用电感 L 代替，再求电路换路后的时间常数τ。
3. 试求图 4-27 (b) 所示电路中的电容 C 上的电压表达式。
4. 将图 4-27 (b) 所示电路中的电容 C 用电感 L 代替，写出电感上的电流表达式。

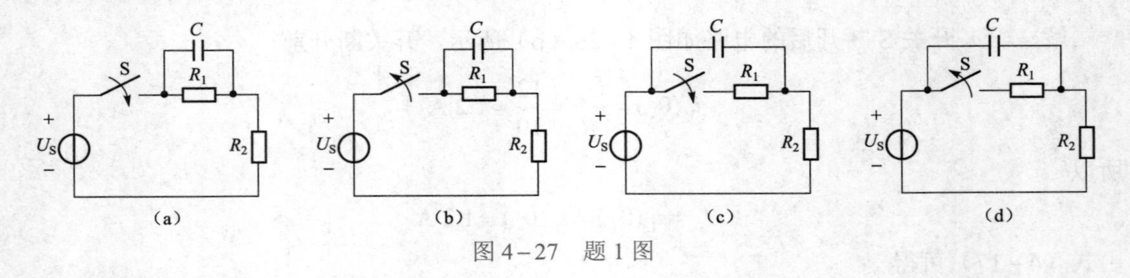

图 4－27　题1图

答案

1.（a）$\tau = C\dfrac{R_1R_2}{R_1+R_2}$　（b）$\tau = CR_1$　（c）$\tau = C\dfrac{R_1R_2}{R_1+R_2}$　（d）$\tau = CR_2$

2.（a）$\tau = L\dfrac{R_1+R_2}{R_1R_2}$　（b）$\tau = \dfrac{L}{R_1}$　（c）$\tau = L\dfrac{R_1+R_2}{R_1R_2}$　（d）$\tau = \dfrac{L}{R_2}$

3. $u_C = \dfrac{R_1U_S}{R_1+R_2}e^{-t/CR_1}$

4. $i_L = \dfrac{U_S}{R_2}e^{-tR_1/L}$

学习模块 5　一阶电路的零状态响应

学习目标

1. 学会分析 RC 和 RL 串联电路的零状态响应。
2. 掌握一阶电路零状态响应的一般形式。

零状态响应就是电路在零初始状态，即动态元件初始储能为零的情况下，在外加电源作用下引起的响应。

一、RC 电路的零状态响应

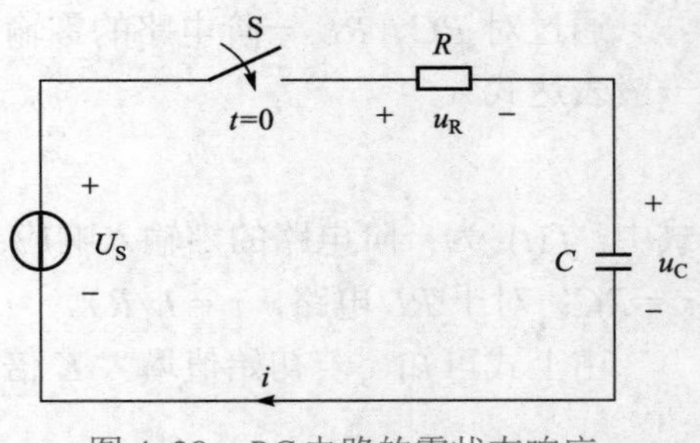

图 4–28　RC 电路的零状态响应

如图 4－28 所示电路，开关 S 闭合前电路处于零初始状态，即 $u_C(0)=0$。在 $t=0$ 时刻，开关 S 闭合，电路接入直流电压源 U_S。

由 KVL 可列出电路方程为

$$RC\frac{du_C}{dt}+u_C=U_S$$

该方程的通解为

$$u_C=u_C'+u_C''$$

其中 u_C' 为非齐次方程的特解，u_C'' 为齐次方程的通解。

由前面分析可知

$$u_C''=Ae^{-\frac{t}{\tau}}$$

其中，u_C' 我们可以利用电路的特殊情况来求解，当时间 t 趋于无穷时，电路进入稳定状态，此时有

$$u_C=U_S$$

即非齐次方程的特解为

$$u_C'=U_S$$

所以有

$$u_C=u_C'+u_C''=U_S+Ae^{-\frac{t}{\tau}}$$

代入初始值 $u_C(0)=0$，可求得

$$A=-U_S$$

U_S 是当时间 $t\to\infty$ 时电容电压 u_C 的稳态值，可记为 $u_C(\infty)$。

综上，RC 电路的零状态响应为

$$u_C=U_S-U_Se^{-\frac{t}{\tau}}=U_S\left(1-e^{-\frac{t}{\tau}}\right)$$

$$i=\frac{U_S-u_C}{R}=\frac{U_S}{R}e^{-\frac{t}{\tau}}$$

图 4－29 所示是 RC 电路零状态响应随时间变化的过程曲线。

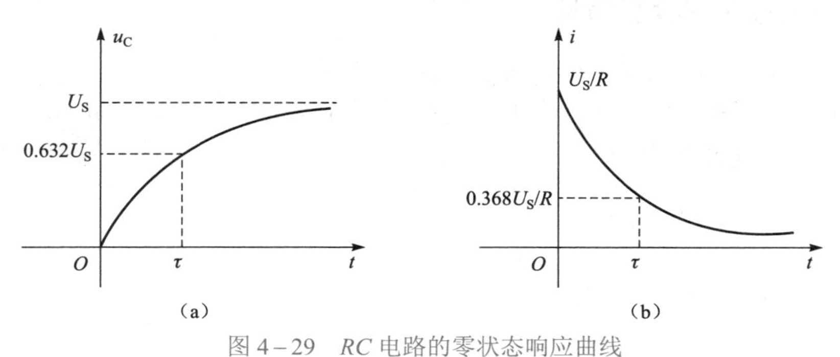

图 4－29　RC 电路的零状态响应曲线

RC 电路的零状态响应过程即为电容充电过程，在响应过程中电阻消耗的能量为

$$W_R=\int_0^{\infty}i^2R\mathrm{d}t=\int_0^{\infty}\left(\frac{U_S}{R}e^{-\frac{t}{\tau}}\right)^2R\mathrm{d}t=\frac{U_S^2}{R}\left(-\frac{RC}{2}\right)e^{-\frac{2}{RC}t}\Bigg|_0^{\infty}=\frac{1}{2}CU_S^2$$

电容存储的能量为

$$W_C=\frac{1}{2}Cu_C^2(\infty)=\frac{1}{2}CU_S^2$$

由以上分析可以知道，在充电过程中，电源供给的能量一部分转换成电场能量储存于电容中，一部分被电阻转变为热能消耗，RC 充电电路的充电效率只有 50%。

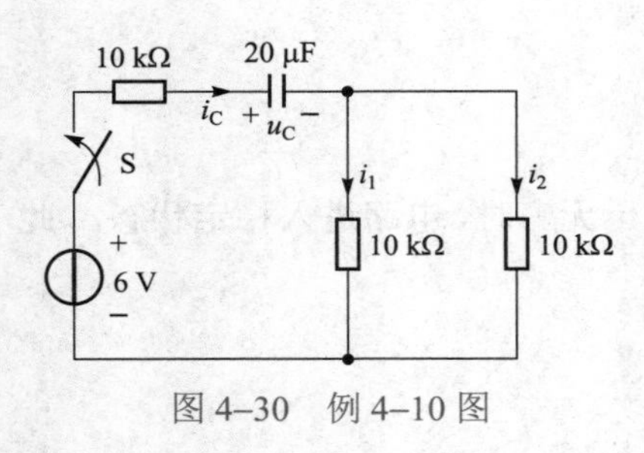

图 4–30　例 4–10 图

例 4－10　电路如图 4－30 所示，开关在 $t=0$ 时闭合，在闭合前电容无储能，试求 $t\geqslant 0$ 时电容电压以及各电流。

解　在开关闭合前无储能，所以由换路定律得

$$u_C(0_+)=u_C(0_-)=0$$

电路的时间常数

$$\tau=R_{eq}C=15\times10^3\times20\times10^{-6}=0.3\text{ s}$$

$t\to\infty$ 时电容上的电压为电源电压 U_S，所以电路的零状态响应为

$$u_C(t)=U_S\left(1-e^{-\frac{t}{\tau}}\right)=6\left(1-e^{-\frac{t}{0.3}}\right)=6\left(1-e^{-\frac{10}{3}t}\right)\text{V}$$

$$i_C(t)=C\frac{du_C}{dt}=20\times10^{-6}\times(-6)\left(-\frac{10}{3}\right)e^{-\frac{10}{3}t}$$

$$=0.4\,e^{-\frac{10}{3}t}\text{ mA}$$

由于并联支路电阻相等，得

$$i_1(t)=i_2(t)=\frac{1}{2}i_C(t)=0.2e^{-\frac{10}{3}t}\text{ mA}\quad(t>0)$$

思考题：将电压源的电压从 6 V 提高到 12 V 重解该题，可以得到什么结论？

二、*RL* 电路的零状态响应

如图 4－31 所示电路，开关 S 闭合前电路处于零初始状态，即 $i_L(0)=0$。在 $t=0$ 时刻，开关 S 闭合，电路接入直流电压源 U_S。

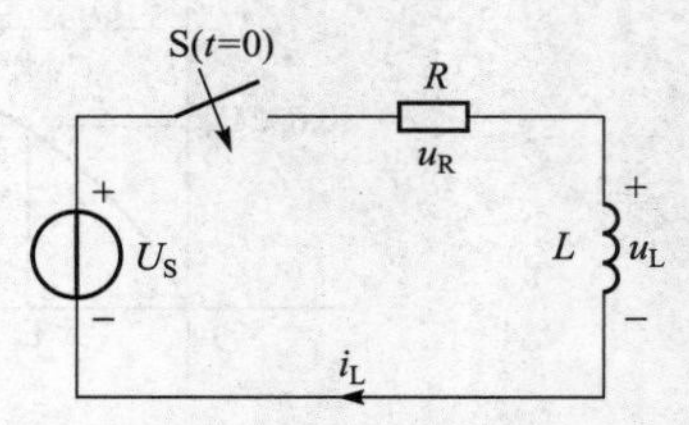

图 4–31　*RL* 电路的零状态响应

由 KVL 可列出电路方程为

$$L\frac{di_L}{dt}+Ri_L=U_S$$

开关 S 闭合，$t\to\infty$ 时电感上的电流为

$$i_L=\frac{U_S}{R}$$

可求得 *RL* 电路的零状态响应为

$$i_L=\frac{U_S}{R}-\frac{U_S}{R}e^{-\frac{t}{\tau}}=\frac{U_S}{R}\left(1-e^{-\frac{t}{\tau}}\right)$$

$$u_L=L\frac{di_L}{dt}=U_Se^{-\frac{t}{\tau}}$$

图 4－32 所示是 *RL* 电路零状态响应随时间变化的过程曲线。

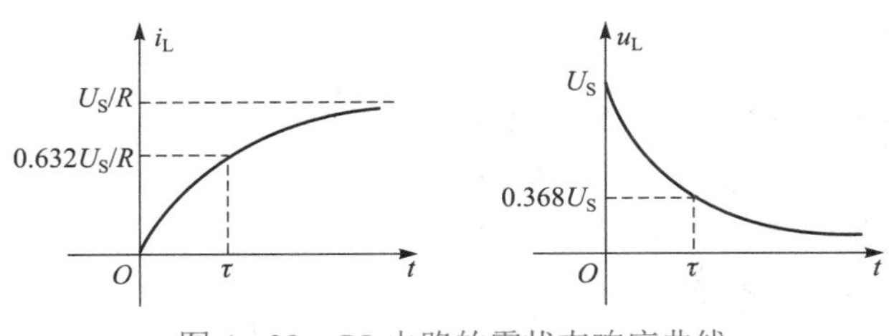

图 4－32　*RL* 电路的零状态响应曲线

三、一阶电路零状态响应的特性

通过对 *RC*、*RL* 一阶电路的零状态响应的分析，我们可以总结出一阶电路零状态响应的一般表达式

$$f(t)=f(\infty)(1-e^{-t/\tau})$$

式中，$f(t)$为一阶电路的零状态响应；$f(\infty)$ 为响应的稳态值；τ 为时间常数（对于 *RC* 电路，$\tau=RC$；对于 *RL* 电路，$\tau=L/R$）。

由上式可知，若外加电源增大 *K* 倍，则一阶电路的零状态响应也相应增大 *K* 倍。

自我检测

1. 试求图 4－27（a）所示电路中的电容 *C* 上的电压表达式。
2. 将图 4－27（a）所示电路中的电容 *C* 用电感 *L* 代替，写出电感上的电流表达式。

答案

1. $u_C(t)=\dfrac{R_1}{R_1+R_2}U_S(1-e^{-t(R_1+R_2)/CR_1R_2})$ V
2. $i_L(t)=\dfrac{U_S}{R}(1-e^{-tR_1R_2/L(R_1+R_2)})$ A

学习模块 6　一阶电路的全响应

学习目标

1. 学会分析动态电路的全响应。
2. 了解一阶交流电路三要素法中各要素的含义。
3. 能用三要素法求解一阶交流电路的过渡过程。

当一个动态电路既有动态元件的初始储能，又受到独立电源的激励时，电路的响应称为全响应。

一、引例

如图 4－33 所示电路中，设电容 C 原已被充电，且电容的初始电压 u_C（0）$=U_0$，在 $t=0$ 时将开关 S 合上。显然，换路后的电路响应由输入激励 U_S 和初始状态 U_0 共同产生，即为电路的全响应。

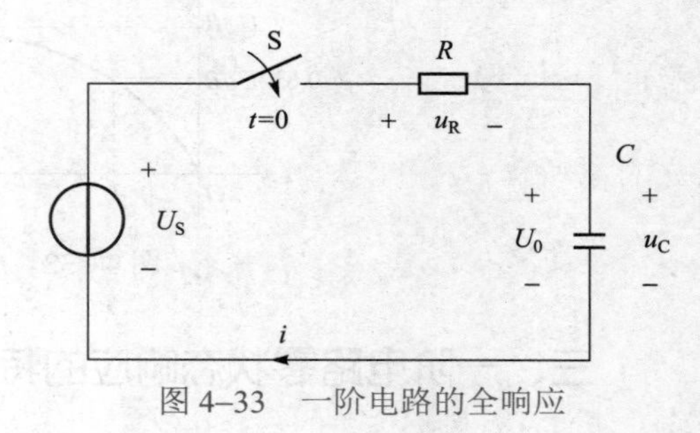

图 4–33　一阶电路的全响应

求解全响应仍然可以用求解微分方程的方法，描述图 4－33 所示 RC 电路全响应的微分方程为

$$RC\frac{\mathrm{d}u_C}{\mathrm{d}t}+u_C=U_S \qquad (t \geqslant 0)$$

该微分方程的特解为

$$u_C'=U_S$$

齐次方程的通解为

$$u_C''=A\mathrm{e}^{-t/\tau}$$

在通解中初始条件不同，待定系数 A 值不同，将初始值代入得

$$A=U_0-U_S$$

时间常数 $\tau=RC$，则全响应

$$u_C(t)=U_S+(U_0-U_S)\mathrm{e}^{-\frac{t}{\tau}} \qquad (4-18)$$

二、一阶电路全响应的分析

由引例分析我们可知，一阶电路全响应可分为非齐次方程的特解和齐次微分方程的通解两部分。

非齐次方程的特解，是由外加激励所要决定的电路电压（电流）应达到的状态，具有强制性，因此称之为全响应的强制分量。当 $t\to\infty$ 时，u_C 以指数形式趋近于强制分量 U_S，到达该值后，电路达到稳定状态（简称为稳态），所以特解也称为稳态分量。

齐次微分方程的通解，只存在于过渡过程中，不具有强制性，因此称之为全响应的自由分量。当 $t\to\infty$ 时，自由分量是按指数规律随时间的增加逐渐衰减为零，具有暂时性，因此也称为暂态分量。暂态响应是由电路本身的性质决定的，其变化规律取决于电路的结构参数，电源激励仅会影响其大小，而不会改变其变化规律。

一阶电路的全响应可表示为

全响应 =（稳态分量）+（暂态分量）=（强制分量）+（自由分量）

一阶电路的全响应的表达式（4－18）也可改写为

$$u_C=U_0\mathrm{e}^{-\frac{t}{\tau}}+U_S\left(1-\mathrm{e}^{-\frac{t}{\tau}}\right) \qquad (t \geqslant 0)$$

可以看出，第一项是 u_C 的零输入响应，第二项则是 u_C 的零状态响应，即一阶电路的全响应也可表示为

全响应＝零输入响应＋零状态响应

全响应为零输入响应与零状态响应的和，这是由线性电路的性质所决定的。不难看出，电路中的任意电压、电流的全响应都可看成是零输入响应和零状态响应之和，而零输入响应和零状态响应都是全响应的一种特例。

图 4－34 所示曲线说明了一阶电路全响应各分量之间的关系。

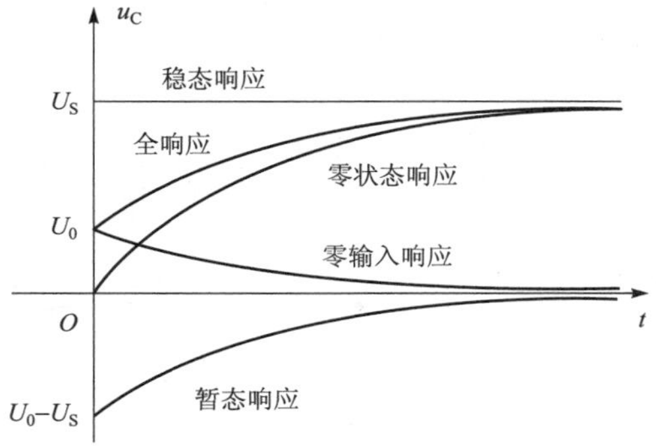

图 4–34　*RC* 电路的全响应曲线

三、三要素法

1. 三要素

通过以上的分析我们可以知道，对于图 4－33 所示一阶电路的全响应为

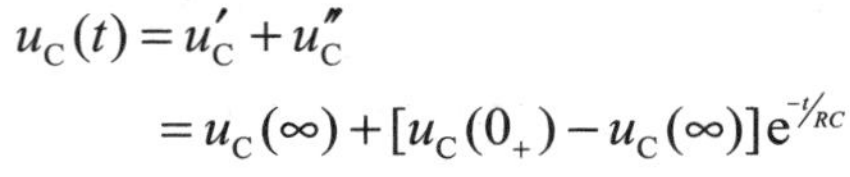

$$u_C(t)=u_C'+u_C''$$
$$=u_C(\infty)+[u_C(0_+)-u_C(\infty)]e^{-t/RC}$$

可见，初始值 $u_C(0_+)$、稳态值 $u_C(\infty)$ 和时间常数 τ 是全响应的三要素，若已知三要素，可直接写出电容电压的表达式而不必求解微分方程。与之类似，电感电流也可用此方法求解。这种求解电路全响应的方法被称为三要素法。但要强调一点，三要素法仅适用于一阶电路。

2. 三要素的求取

三要素法中，最关键的是如何求取三要素。

（1）初始值 $f(0_+)$ 的计算：根据换路定理求得。

（2）稳态值 $f(\infty)$ 的计算步骤：

① 画出换路后的等效电路（注意：在直流激励的情况下，令 C 开路，L 短路）。

② 根据电路的解题规律，求换路后所求未知数的稳态值。

（3）时间常数 τ 的计算原则：根据换路后的电路结构和参数计算时间常数，时间常数只与电路的结构参数有关。

例 4－11　如图 4－35（a）所示，S 在 $t=0$ 时闭合，换路前电路处于稳态。试求：电感电压 $u_L(t)$。

解　（1）先求初始值 $u_L(0_+)$。

开关 S 闭合之前，电路处于稳定状态的电路如图 4－35（b）所示，可得

$$i_L(0_+)=i_L(0_-)=\frac{2}{1+2}\times 3=2\text{ A}$$

$t=0_+$ 时等效电路如图 4－35（c）所示，可得

$$u_L(0_+)=-i_L(0_+)[R_1 // R_2+R_3]=-4\text{ V}$$

（2）求稳态值 $u_L(\infty)$。

$t=\infty$ 时等效电路如图 4－35（d）所示，可得

$$u_L(\infty)=0\text{ V}$$

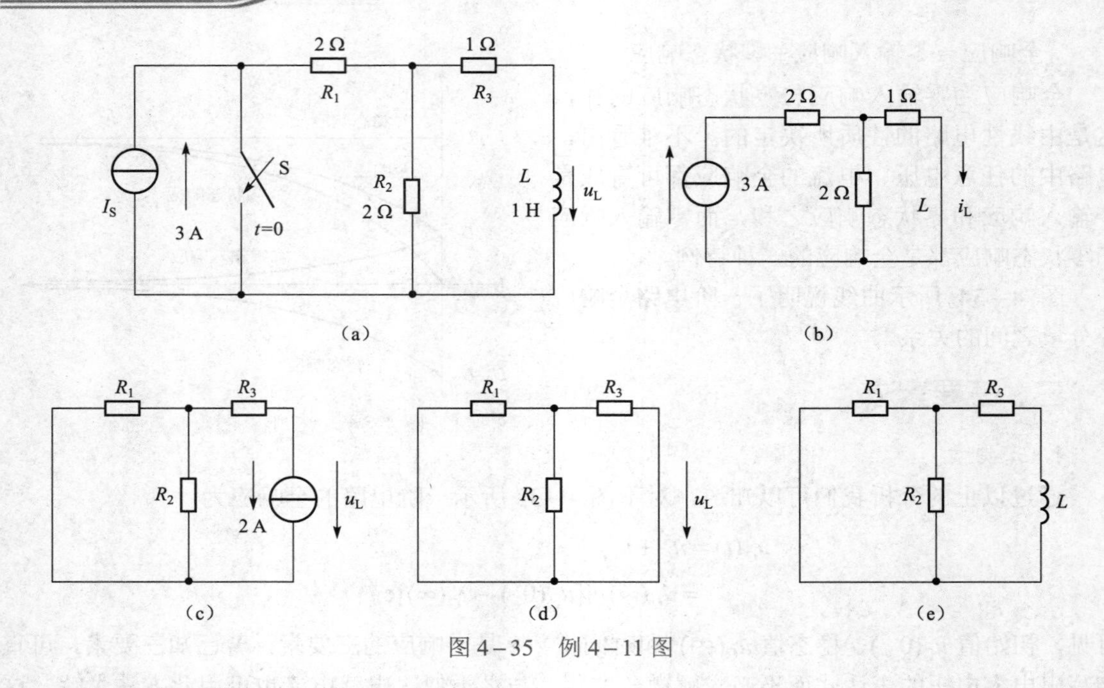

图 4-35　例 4-11 图

（3）求时间常数 τ。

由图 4-35（e）所示，可得

$$R_{eq} = R_1 // R_2 + R_3 = 2//2 + 1 = 2\ \Omega$$

$$\tau = \frac{L}{R_{eq}} = \frac{1}{2} = 0.5\ \text{s}$$

将三要素代入通用表达式可得

$$\begin{aligned} u_L(t) &= u_L(\infty) + [u_L(0_+) - u_L(\infty)]\text{e}^{-t/\tau} \\ &= 0 + (-4-0)\text{e}^{-2t} \\ &= -4\text{e}^{-2t}\ \text{V} \end{aligned}$$

思考题：试用三要素法求流过电感的电流。

自我检测

1. 如图 4-36 所示，试求开关闭合后的稳态值。

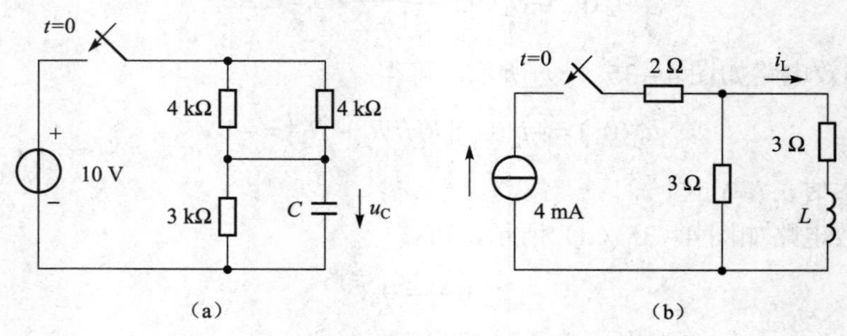

图 4-36　题 1 图

2. 如图 4－37 所示，试求电路的时间常数。

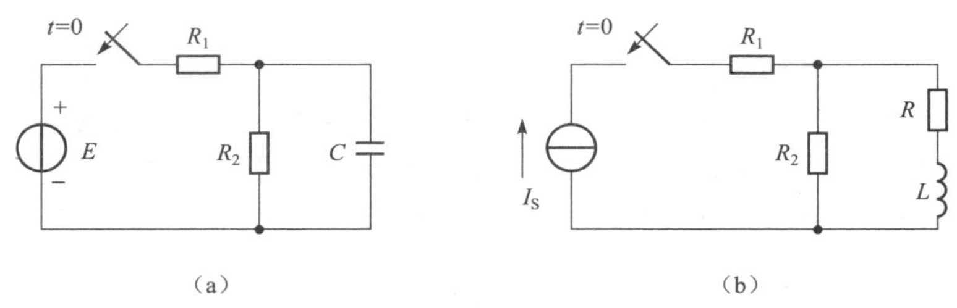

图 4－37　题 2 图

3. 如图 4－33 所示，已知 $R=6\ \Omega$，$C=1\ \text{F}$，$U_S=10\ \text{V}$，$u_C(0_-)=-4\ \text{V}$，开关在 $t=0$ 时闭合，求 $t>0$ 时的 $u_C(t)$、$i_C(t)$。

答案

1. $u_C(\infty)=6\ \text{V}$　　$i_L(\infty)=2\ \text{mA}$

2. $\tau=\dfrac{R_1R_2}{R_1+R_2}C$　　$\tau=\dfrac{L}{R+R_2}$

3. $u_C=10-14\,\mathrm{e}^{-\frac{t}{6}}\ \text{V}$

$$i_C=C\frac{\mathrm{d}u_C}{\mathrm{d}t}=\frac{7}{3}\mathrm{e}^{-\frac{t}{6}}\ \text{A}$$

知识拓展

先导案例解决

电视机电源指示灯渐变现象产生的原因是电路中含有电容和电感线圈这样的储能元件。储能元件在电路的状态变化过程中（如开关电路）存在能量存储与释放的转换，能量的转换不能立即完成。这个渐变的过程，就是过渡过程。

知识梳理与总结

1. 电容——一种能储存电荷或者说储存电场能量的器件。电流 i 与电压 u 参考方向一致时，电容的 VCR 关系为 $i=C\dfrac{\mathrm{d}u}{\mathrm{d}t}$。

2. 电感——用于描述电路中储存磁场能量的电磁物理现象。电流 i 与电压 u 参考方向一致时，电感的 VCR 关系为$u=L\dfrac{\mathrm{d}i}{\mathrm{d}t}$。

3. 电路过渡过程产生的原因

过渡过程发生的内因是电路中含有储能元件（电容和电感），外因是电路在运行过程中发生换路，如闭合、断开、参数变化等。过渡过程产生的实质是电路中的能量不能突变。

4. 换路定律——在电路换路的瞬间，电容上的电压、电感中的电流均不能突变，即

$$\left.\begin{aligned}u_{\mathrm{C}}(0_+)=u_{\mathrm{C}}(0_-)\\ i_{\mathrm{L}}(0_+)=i_{\mathrm{L}}(0_-)\end{aligned}\right\}$$

5. 一阶电路零输入响应的一般形式：$f(t)=f(0_+)\mathrm{e}^{-t/\tau}$

一阶电路零状态响应的一般形式：$f(t)=f(\infty)(1-\mathrm{e}^{-t/\tau})$

6. 一阶电路响应的一般公式为：$f(t)=f(\infty)+[f(0_+)-f(\infty)]\mathrm{e}^{-\frac{t}{\tau}}$

① 初始值$f(0_+)$利用换路定理求得。

② 新稳态值$f(\infty)$，由换路后$t=\infty$的等效电路求出。

③ 时间常数τ，只与电路的结构和参数有关，RC电路中$\tau=RC$，RL电路中$\tau=L/R$，其中电阻R是指换路后，在动态元件外的戴维南等效电路的内阻。

能力测试

技能训练　RC一阶电路的响应测试

一、操作目的

（1）测定 RC 一阶电路的零输入响应、零状态响应及完全响应。

（2）学习电路时间常数的测量方法。

（3）掌握有关微分电路和积分电路的概念。

（4）进一步学会用示波器观测波形。

二、操作器材

操作器材见表 4-2。

表 4－2　技能训练操作器材表

序号	名　　称	型号与规格	数量	备　　注
1	函数信号发生器		1	
2	双踪示波器		1	自备
3	动态电路实验板		1	DGJ－03

三、操作原理

（1）动态网络的过渡过程是十分短暂的单次变化过程。要用普通示波器观察过渡过程和测量有关的参数，就必须使这种单次变化的过程重复出现。为此，我们利用信号发生器输出的方波来模拟阶跃激励信号，即利用方波输出的上升沿作为零状态响应的正阶跃激励信号；利用方波的下降沿作为零输入响应的负阶跃激励信号。只要选择方波的重复周期远大于电路的时间常数 τ，那么电路在这样的方波序列脉冲信号的激励下，它的响应就和直流电接通与断开的过渡过程是基本相同的。

（2）图 4－38（b）所示的 RC 一阶电路的零输入响应和零状态响应分别按指数规律衰减和增长，其变化的快慢决定于电路的时间常数 τ。

（3）时间常数 τ 的测定方法。

用示波器测量零输入响应的波形如图 4－38（a）所示。

根据一阶微分方程的求解得知 $u_C=U_m e^{-t/RC}=U_m e^{-t/\tau}$。当 $t=\tau$ 时，$u_C(\tau)=0.368\ U_m$。此时所对应的时间就等于 τ。亦可用零状态响应波形增加到 0.632 U_m 所对应的时间测得，如图 4－38（c）所示。

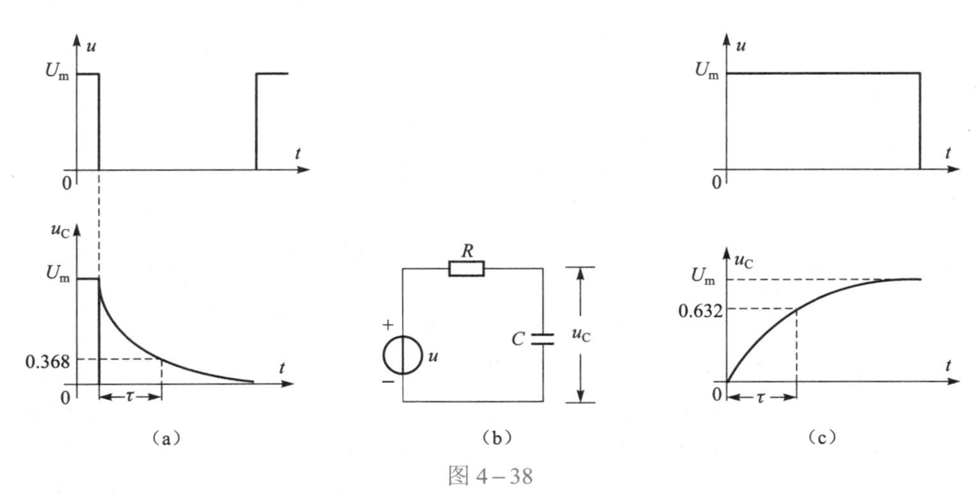

图 4－38

（a）零输入响应；（b）RC 一阶电路；（c）零状态响应

（4）微分电路和积分电路是 RC 一阶电路中较典型的电路，它对电路元件参数和输入信号的周期有着特定的要求。一个简单的 RC 串联电路，在方波序列脉冲的重复激励下，当满足$\tau=RC\ll\frac{T}{2}$时（T为方波脉冲的重复周期），且由 R 两端的电压作为响应输出，则该电路就是一个微分电路。因为此时电路的输出信号电压与输入信号电压的微分成正比。如图 4－39（a）所示。利用微分电路可以将方波转变成尖脉冲。

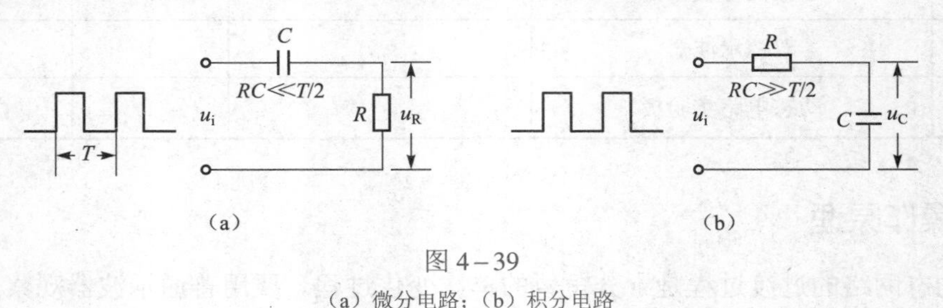

图 4－39

（a）微分电路；（b）积分电路

若将图 4－39（a）中的 R 与 C 位置调换一下，如图 4－39（b）所示，由 C 两端的电压作为响应输出，且当电路的参数满足$\tau=RC\gg\frac{T}{2}$，则该 RC 电路称为积分电路。因为此时电路的输出信号电压与输入信号电压的积分成正比。利用积分电路可以将方波转变成三角波。

从输入输出波形来看，上述两个电路均起着波形变换的作用，请在实验过程中仔细观察与记录。

四、操作内容及步骤

操作线路板的器件组件，如图 4－40 所示，请认清 R、C 元件的布局及其标称值，各开关的通断位置等。

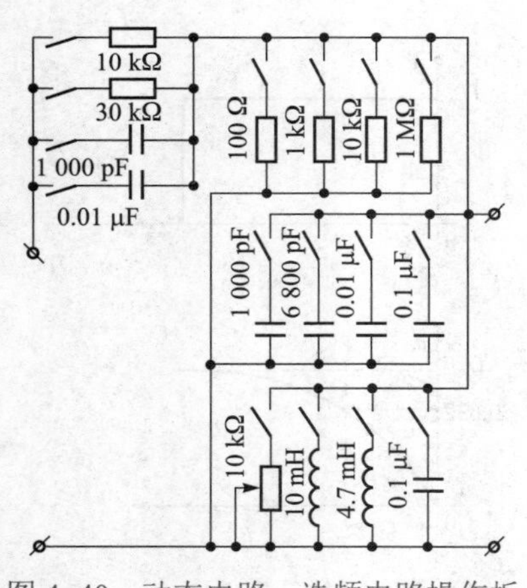

图 4–40　动态电路、选频电路操作板

（1）从电路板上选 $R=10\text{ k}\Omega$，$C=6\,800\text{ pF}$ 组成如图 4－38（b）所示的 RC 充放电电路。u_i 为脉冲信号发生器输出的 $U_m=3\text{ V}$、$f=1\text{ kHz}$ 的方波电压信号，并通过两根同轴电缆线，将激励源 u_i 和响应 u_C 的信号分别连至示波器的两个输入口 Y_A 和 Y_B。这时可在示波器的屏幕上观察到激励与响应的变化规律，请测算出时间常数 τ，并用方格纸按 1:1 的比例描绘波形。

少量地改变电容值或电阻值，定性地观察对响应的影响，记录观察到的现象。

（2）令 $R=10\text{ k}\Omega$，$C=0.1\ \mu\text{F}$，观察并描绘响应的波形，继续增大 C 之值，定性地观察对响应的影响。

（3）令 $C=0.01\ \mu\text{F}$，$R=100\ \Omega$，组成如图 4－39（a）所示的微分电路。在同样的方波激励信号（$U_m=3\text{ V}$，$f=1\text{ kHz}$）作用下，观测并描绘激励与响应的波形。

增减 R 之值，定性地观察对响应的影响，并作记录。当 R 增至 1 MΩ时，输入输出波形有何本质上的区别？

五、操作注意事项

（1）调节电子仪器各旋钮时，动作不要过快、过猛。操作前，需熟读双踪示波器的使用说明书。观察双踪时，要特别注意相应开关、旋钮的操作与调节。

（2）信号源的接地端与示波器的接地端要连在一起（称共地），以防外界干扰而影响测量的准确性。

（3）示波器的辉度不应过亮，尤其是光点长期停留在荧光屏上不动时，应将辉度调暗，以延长示波管的使用寿命。

六、思考

（1）什么样的电信号可作为 RC 一阶电路零输入响应、 零状态响应和完全响应的激励源？

（2）已知 RC 一阶电路 $R = 10\ \text{k}\Omega$，$C = 0.1\ \mu\text{F}$，试计算时间常数 τ，并根据 τ 值的物理意义，拟定测量 τ 的方案。

（3）何谓积分电路和微分电路，它们必须具备什么条件？它们在方波序列脉冲的激励下，其输出信号波形的变化规律如何？这两种电路有何功用？

七、操作报告要求

（1）根据观测结果，在方格纸上绘出 RC 一阶电路充放电时 u_C 的变化曲线，由曲线测得 τ 值，并与参数值的计算结果作比较，分析误差原因。

（2）根据观测结果，归纳、总结积分电路和微分电路的形成条件，阐明波形变换的特征。

（3）心得体会及其他。

阅读材料

学习单元五

正弦交流电路的稳态分析

先导案例

我们日常生活中使用的电灯、电风扇、洗衣机、空调、电动机等，这些设备所使用的电源都是正弦交流电。如何正确、方便地表达一个正弦交流电量，计算和测量电路的电压、电流、功率和电能是一个电气人员应具备的基本知识与基本技能。

除汽车和其他一些便携式电力系统外，多数配电电路和用电电路都是由交流电路组成的。本单元将介绍交流电路的分析方法。

学习模块 1　正弦交流电的认识

学习目标

1. 熟悉正弦交流电的三要素：幅值、角频率和初相位。
2. 熟悉正弦交流电的波形图，能在图中定性地标出正弦交流电的三要素。

一、交流电的概念

在直流电路中，电压、电流的大小和方向都是不随时间变化的，属稳恒直流电，如图 5-1（a）所示。但在生产实际和日常生活中，所用的绝大部分是大小和方向都随时间作周期性变化的电压和电流，属交流电，如图 5-1（b）、（d）所示。如果电压或电流的大小随时间作周期性变化，而方向始终不变的，属脉动直流电，如图 5-1（c）所示。综上所述，我们将电进行综合分析如下：

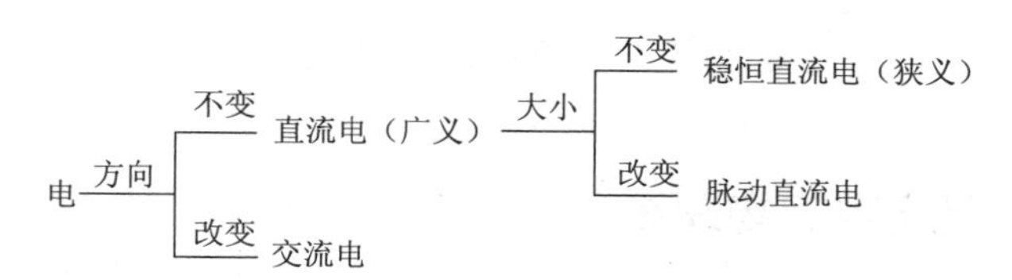

由上述可知，交流电是指方向随时间作周期性变化的电动势（或电压、电流），是交变电动势、交变电压和交变电流的总称。交流电的电动势、电压或电流在变化过程中的任一瞬间，都有确定的大小和方向，是交流电在该时刻的瞬时值，分别用小写字母$e(t)$、$u(t)$和$i(t)$表示，也可简写为e、u、i。

如果这个周期性变化的规律是正弦规律，如图5-1（b）所示，则称为正弦交流电。

我们日常生活和生产实践中，接触的大都为正弦交流电，它是一种最简单而又最基本的交流电，是目前供电和用电的主要形式，与直流电相比，它具有更广泛的应用范围。其主要优点是：

（1）容易产生，并能用变压器改变电压，便于远距离传输、分配和使用。

（2）交流电机比直流电机结构简单，工作可靠，成本低廉，维护方便。特别是近年来，交流调速技术有长足发展，使交流电机的性能直追直流电机。

（3）采用整流设备可以方便地将交流电变换成直流电，以满足各种直流设备的需要。

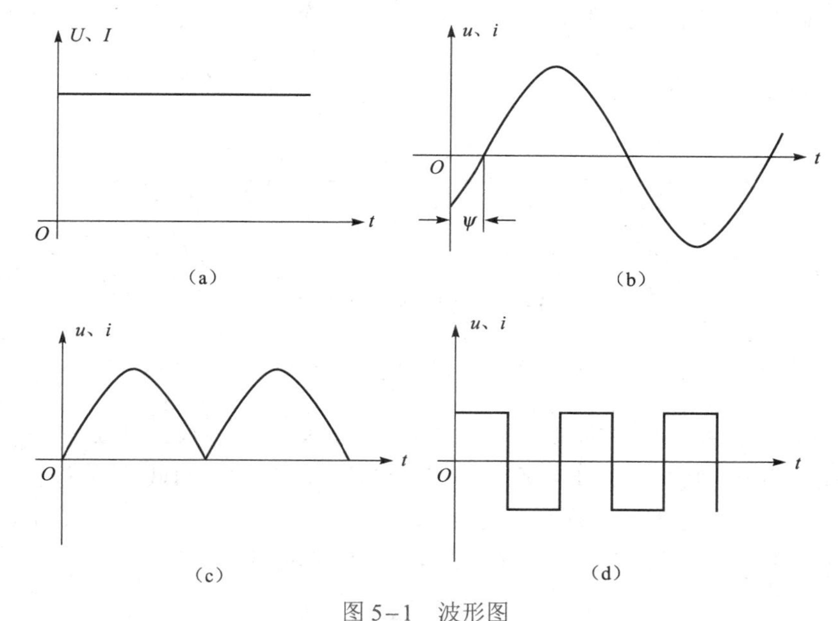

图5-1 波形图

（a）稳恒直流电；（b）正弦波；（c）脉动直流电；（d）方波

（4）正弦交流电是最简单的周期函数，计算测量容易，同时又是分析非正弦周期电路的基础。

因此，对正弦交流电路的分析，具有重要的意义。

而按非正弦规律变化的交流电，称为非正弦交流电。

想一想：我们日常生活中常说的“直流电”是指稳恒直流电还是脉动直流电？大小和方

向都随时间变化的电压，一定是交流电压吗？交流电压一定是大小和方向都随时间变化的吗？

二、表征正弦交流电的物理量

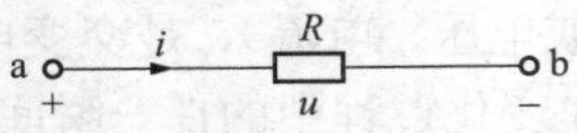

图 5-2 正弦交流电路

正弦交流电是随时间按正弦规律作周期性变化的，比直流电要复杂得多，因此，描述交流电所需要的物理量也比较多。凡按照正弦规律变动的电压、电流等统称为正弦量。

如图 5-2 所示是一段正弦交流电路，电流 i 在图示参考方向下，其数学表达式为

$$i = I_m \sin\theta = I_m \sin(\omega t + \psi_i) \tag{5-1}$$

式中，i 为电流的瞬时值；I_m 为其最大值（也称振幅、幅值）；ω 称为角频率；ψ_i 称为初相。通常把 I_m、ω、ψ_i 称为正弦量的三要素。如果这三要素确定了，对应的正弦量也就确定了。

1. 频率与周期

图 5-3 是式（5-1）所示正弦交流电流的波形。横坐标可以用 t 表示，也可以用 ωt 表示。

正弦量变化一周所需的时间称为周期，用 T 表示（见图 5-3），单位是秒（s）。每秒内变化的周数称为频率，用 f 表示，单位是赫（Hz）。

显然频率和周期互为倒数，即

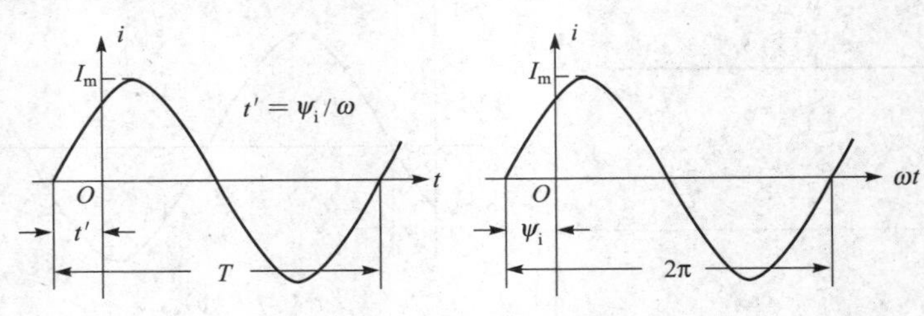

图 5-3 正弦交流电流的波形

$$f = \frac{1}{T} \tag{5-2}$$

我国采用 50 Hz 作为电力标准频率（有些国家和地区，如美国、日本等采用 60 Hz），这种频率在工业上广泛应用，习惯上也称工频。在其他不同的技术领域使用各种不同的频率。

正弦量每秒钟内变化的弧度数称为角频率，用 ω 表示，单位是弧度每秒（rad/s）。因为正弦交流电一个周期变化了 2π弧度（即 360 度），所以角频率为

$$\omega = 2\pi f = \frac{2\pi}{T} \tag{5-3}$$

式（5-3）表明正弦量的角频率、周期和频率三者之间的关系。引入ω后，就把随时间按正弦规律变化的函数转变为随角度按正弦规律变化的函数。所以又常把ωt 称为电角度。

T、f、ω 都是用来表示正弦量变化快慢的物理量。

2. 振幅与有效值

正弦量的大小和方向随时间作周期性变化，最大瞬时值称为振幅，也叫幅值、最大值，用大写字母加下标 m 表示，如电压振幅 U_m、电流振幅 I_m 等。

有效值是用来表征交流电的大小及衡量交流电做功能力的物理量。交流电有效值是从电流的热效应等效的角度来定义的。当某一交流量通过电阻 R 所产生的热量，与某一对应直流量通过同一电阻在同样的时间内所产生的热量相等时，则这一直流量的数值就称为该交流量的有效值。

在图 5–4 中有两个相同的电阻 R，其中一个通以周期电流 i，另一个通以直流电流 I，在一个周期内电阻消耗的电能分别为

图 5–4　分别通以周期电流和直流电流的电阻元件

$$W_{周}=\int_0^T Ri^2\mathrm{d}t \qquad W_{直}=RI^2T$$

若消耗的电能相等，则

$$\int_0^T Ri^2\mathrm{d}t=RI^2T$$

$$I=\sqrt{\frac{1}{T}\int_0^T i^2\mathrm{d}t}$$

式中，I 称为周期电流 i 的有效值，又称方均根值。

当周期电流为正弦量时，$i=I_\mathrm{m}\sin\omega t$（令 $\psi_\mathrm{i}=0$），则

$$I=\sqrt{\frac{1}{T}\int_0^T i^2\mathrm{d}t}=\sqrt{\frac{1}{T}\int_0^T I_\mathrm{m}^2\sin^2\omega t\mathrm{d}t}=\frac{I_\mathrm{m}}{\sqrt{2}} \tag{5-4}$$

式（5–4）也适用于其他交流量。同理可得正弦电压的有效值 U 和电动势有效值 E

$$U=\frac{U_\mathrm{m}}{\sqrt{2}} \tag{5-5}$$

$$E=\frac{E_\mathrm{m}}{\sqrt{2}} \tag{5-6}$$

通常我们所指的用电器的额定值，如电灯的额定电压、交流电动机的额定电流，均指其有效值。通常交流电气仪表的测量值也是有效值。

3. 相位、初相、相位差

正弦电流一般表示为

$$i=I_\mathrm{m}\sin(\omega t+\psi_\mathrm{i})$$

其中 $\omega t+\psi_\mathrm{i}$ 叫做相位（或相位角），反映了正弦量随时间变化的进程。t=0 时的相位叫做初相，用 ψ 表示，如上式中的 ψ_i 即为初相。它是波形图中时间起点（即 ωt=0）与波形的零值点之间的角度。若波形零值点在时间起点的左边，则 ψ 为正；若波形零值点在时间起点的右边，则 ψ 为负；若两者重合，则 ψ 为零。一般选择 $|\psi|\leqslant\pi$。在图 5–1（b）中，初相 $\psi<0$；而在图 5–3 中，初相 $\psi>0$。

两个同频率正弦量的相位之差称为相位差，用 φ 表示。

假定两个同频率的正弦量 u 和 i 分别为

$$u=U_\mathrm{m}\sin(\omega t+\psi_\mathrm{u})$$

$$i=I_\mathrm{m}\sin(\omega t+\psi_\mathrm{i})$$

它们的相位差 φ 为

$$\varphi=(\omega t+\psi_u)-(\omega t+\psi_i)=\psi_u-\psi_i$$

此式表明，两个同频率正弦量的相位差在任何时刻都是常数，即等于它们的初相之差，与计时起点无关。

当$\varphi>0$时，反映出电压u的相位超前电流i的相位一个角度φ，简称电压u超前电流i，也可以反过来说电流i滞后电压u。按照习惯，相位差φ在$|\varphi|\leqslant\pi$的主值范围内取值。所以，若正弦量u的相位超前电流i 200°，就应该说电流i滞后电压u 160°，此时$\varphi=-160°$。

当$\varphi=0$时，称电压u和电流i同相。

当$\varphi=\dfrac{\pi}{2}$时，则称电压u和电流i正交。

当$\varphi=\pi$时，称电压u和电流i反相。

以上情况如图 5-5 所示。

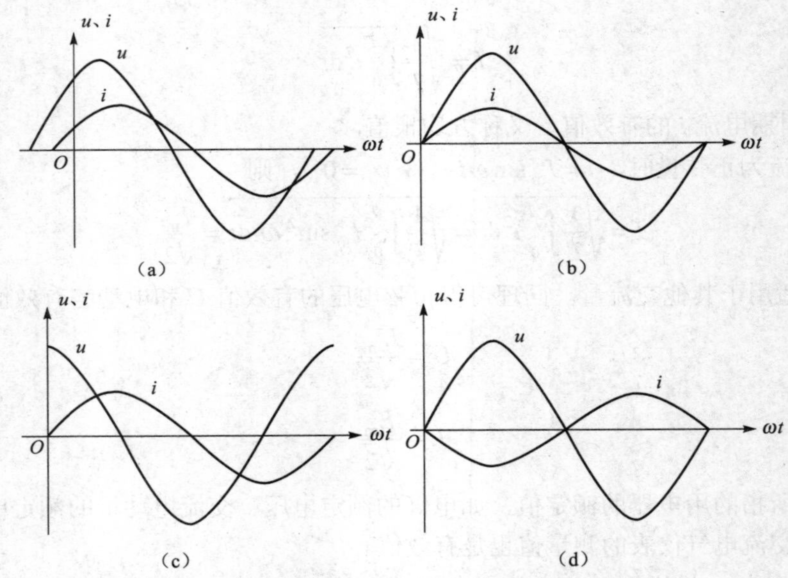

图 5-5 关于相位和相位差及相位关系的说明

（a） $\varphi=\psi_u-\psi_i>0$；（b）同相$\varphi=0$；（c）正交 $\varphi=\dfrac{\pi}{2}$；（d）反相 $\varphi=\pi$

在正弦交流电路中，研究多个同频率正弦量的关系时，为了方便起见，可以选其中某一正弦量作为“参考正弦量”，令它的初相$\psi=0$，其他各正弦量的初相位，即为各个正弦量与参考正弦量的相位差。

例 5-1 已知三个正弦交流量

$$u=310\sin(\omega t-45°)\ \text{V}$$
$$i_1=14.1\sin(\omega t-20°)\ \text{A}$$
$$i_2=28.2\sin(\omega t-90°)\ \text{A}$$

试以电压u为参考正弦量重新写出电压u、电流i_1和i_2的瞬时值表达式，画出波形图，并说明其相位关系。

解 若以电压u为参考量，则电压u的表达式为

$$u=310\sin\omega t\ \text{V}$$

由于 i_1 与 u 的相位差

$$\varphi=\psi_i-\psi_u=-20^\circ-(-45^\circ)=25^\circ$$

故电流 i_1 的瞬时值表达式

$$i_1=14.1\sin(\omega t+25^\circ)\ \text{A}$$

同理，电流 i_2 的瞬时值表达式

$$i_2=28.2\sin(\omega t-45^\circ)\ \text{A}$$

可见：i_1 超前 u 25°，或者说，u 滞后 i_1 25°；i_2 滞后 u 45°，或者说，u 超前 i_2 45°。

波形图如图 5-6 所示。

思考题：周期（或频率、或角频率）变大时，交流电的波形会发生什么变化？

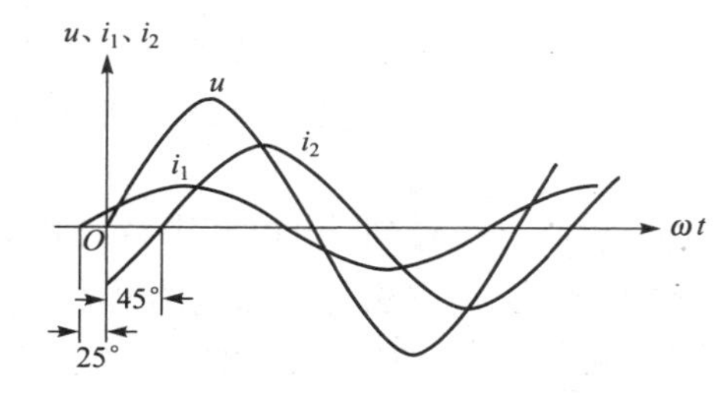

图 5-6　例 5-1 正弦量波形图

自我检测

1. 如果一个钟表每秒滴答 2 次，它的频率是多少?

2. 如果正弦波的 8 个周期需要 2 ms，求角频率 ω。

3. 让 8 A 的直流电流和最大值为 10 A 的交流电流分别通过阻值相同的电阻，问：相同时间内，哪个电阻发热最大?为什么?

4. 一个电容量只能承受 1 000 V 的直流电压，试问能否接到有效值 1 000 V 的交流电路中使用?为什么?

答案

1. 2 Hz
2. 25 120 rad/s
3. 8 A
4. 不能

阅读材料

学习模块2　正弦量的表示及运算

学习目标

1. 熟悉正弦交流电的解析式、波形图、相量表示法。
2. 能用相量法进行正弦交流电的基本运算。

我们已经看到，可以利用解析式来描述正弦量，如 $i=I_m\sin(\omega t+\psi_i)$ 表示了正弦电流的变化规律。这种方法是正弦量的基本表示方法，表达式中包含了正弦量的三要素：角频率、振幅和初相；另一种正弦量的表示方法，是采用波形图来表述，波形图表示法直观、形象地描述各正弦量的变化规律。但是，这两种表示法都不能方便地进行运算。为了简化交流电路的计算，可以将正弦量用相量表示，按复数的运算规律进行运算，然后再将计算结果表示成正弦量。

前两种方法在前面已介绍过，这里只作简要归纳，复数的概念和运算在阅读材料中讨论。

一、解析式表示法

正弦交流电的电动势、电压和电流的瞬时值表达式就是交流电的解析式。如果知道了交流电的有效值（或最大值）、频率（或周期、角频率）和初相，就可以写出它的解析式，便可算出交流电任何瞬间的瞬时值。

例5-2　已知某正弦交流电压的最大值 $U_m=311$ V，频率 $f=50$ Hz，初相 $\varphi_0=30°$，求它的解析式及0.01 s时刻的电压值。

解
$$\omega=2\pi f=2\pi\times50=100\pi\ \text{rad/s}$$
因此，该正弦交流电的电压解析式为

$$u=U_m\sin(\omega t+\varphi_u)\ \text{V}=311\sin(100\pi t+30°)\ \text{V}$$

$t=0.01$ s时刻，电压瞬时值为

$$u=311\sin(100\pi\times0.01+30°)\ \text{V}=311\sin210°\ \text{V}=-155.5\ \text{V}$$

思考题：求0.01 s时刻该电压的相位。

二、波形图表示法

按图5-7连接电路，接通电源，闭合开关S，示波器就可以显示出正弦交流电的波形图。

例5-3　画出正弦交流电 $i=15\sin\left(314t+\dfrac{\pi}{4}\right)$ A的波形图。

解　由解析式可知交流电的电流最大值 $I_m=15$ A，角频率 $\omega=314$ rad/s，初相位 $\varphi_0=\dfrac{\pi}{4}$ rad $=45°$。按以上数据画出交流电的波形，如图5-8所示。

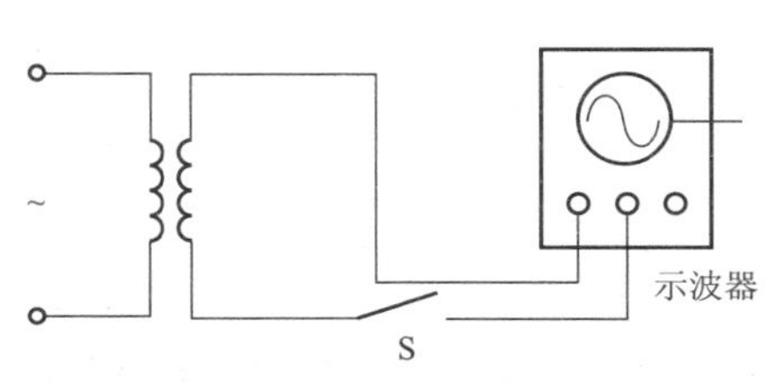

图 5-7　交流电波形实验图

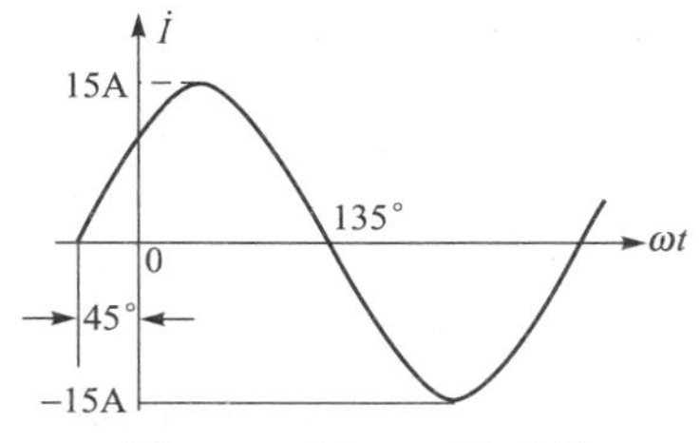

图 5-8　例 5-3 波形图

三、相量表示法

对于任意一个正弦量，都能找到一个与之相对应的复数。在图 5-9 中有复数 $I_m\angle\psi_i$，以不变的角速度ω旋转，在纵轴上的投影等于 $I_m\sin(\omega t+\psi_i)$。

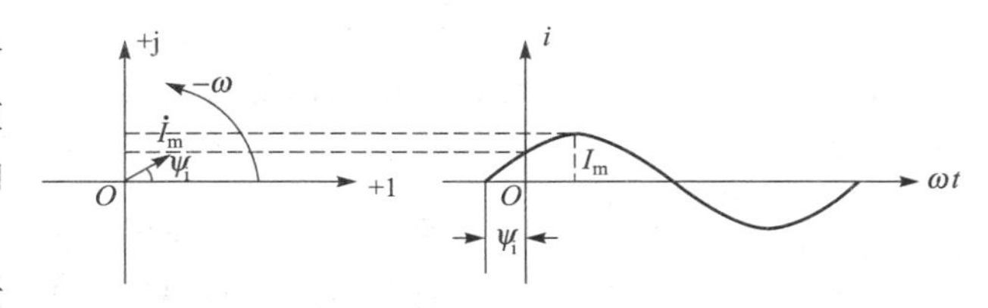

图 5-9　旋转相量与正弦波

图中复数 $I_m\angle\psi_i$ 与正弦量 $i=I_m\sin(\omega t+\psi_i)$ 是相互对应的关系，模 I_m 表示了正弦量的幅值，ψ_i 表示正弦量的初相。我们把表示正弦量的复数称作相量，记为

$$\dot{I}_m=I_m\angle\psi_i \tag{5-7}$$

相量符号是在大写字母上加一点来表示，以区别于普通的复数。式（5-7）表示的相量称为最大值相量。为了方便，人们也常采用有效值相量 $\dot{I}$，其表达式如下：

$$\dot{I}=I\angle\psi_i \tag{5-8}$$

注意：相量既然是正弦量的复数表示，那就和复数一样，可用三角函数表示为 $\dot{I}=I\cos\psi_i+\mathrm{j}I\sin\psi_i$，可以看出 $i=I_m\sin(\omega t+\psi_i)\neq\dot{I}$。这表明，相量只是表示正弦量的有效值（或振幅）和初相的大小，它并不等于正弦量。

研究多个同频率正弦量的关系时，可按各正弦量的大小和初相，用矢量图画在同一坐标的复平面上，称为相量图，可参见后面有关相量运算中的各图。

画相量图时，要注意以下几点：

（1）有相同单位的各相量，其矢量的长度要按同一比例尺画，如 I_1=10 A，I_2=20 A，那么 I_2 的长度就必须为 I_1 长度的两倍。而不同量纲下的各相量间则无此要求，其矢量的长度间不存在什么比例关系，只要看起来方便，1 A 电流的矢量可以画得比 10 kV 电压的矢量还长，但 10 kV 电压矢量的长度必须是 2 kV 电压矢量的长度的 5 倍。

（2）同一相量图中，各相量的矢量长度不允许有的为有效值、有的为最大值，要统一。

（3）画相量图时，要注意各相量间的相位关系，可先确定一个相量作为参考相量，画在横轴正方向上，再按各相量间的相位差的大小、正负画出其他相量。

把正弦量表示成相量的真正价值在于简化正弦交流电路的计算。因为同频率正弦量经加减后仍为同频率的正弦量，所以几个同频率正弦量的和（差）的相量等于它们相量的和（差）。

例 5-4　已知 $i_1=8\sqrt{2}\sin(\omega t+60^\circ)$ A，$i_2=6\sqrt{2}\sin(\omega t-30^\circ)$ A，求 $i=i_1+i_2$。

解法一　变换为相量求和。

先写出 i_1 和 i_2 的相量形式

$$\dot{I}_1 = 8\angle 60^\circ\ \text{A}，\ \dot{I}_2 = 6\angle -30^\circ\ \text{A}$$

然后

$$\begin{aligned}\dot{I} = \dot{I}_1 + \dot{I}_2 &= 8\angle 60^\circ + 6\angle -30^\circ \\ &= (8\cos 60^\circ + \text{j}8\sin 60^\circ) + \left[6\cos(-30^\circ) + \text{j}6\sin(-30^\circ)\right] \\ &= (4 + \text{j}4\sqrt{3}) + (3\sqrt{3} - \text{j}3) \\ &= (4 + 3\sqrt{3}) + \text{j}(4\sqrt{3} - 3) \\ &= 10\angle 23.1^\circ\ \text{A}\end{aligned}$$

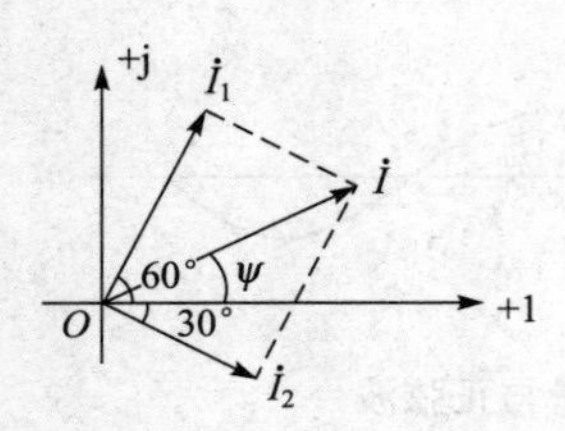

图 5–10　例 5–4 图

最后按和的相量写出总电流 i 的正弦函数形式

$$i = 10\sqrt{2}\sin(\omega t + 23.1^\circ)\ \text{A}$$

解法二　用相量图求几何解。

画出 i_1、i_2 的相量 $\dot{I}_1$ 和 $\dot{I}_2$，如图 5–10 所示，根据平行四边形法则得到

$$I = \sqrt{I_1^2 + I_2^2 + 2I_1I_2\cos(60^\circ + 30^\circ)} = \sqrt{8^2 + 6^2} = 10\ \text{A}$$

$$\psi = \arctan\frac{I_1\sin 60^\circ + I_2\sin(-30^\circ)}{I_1\cos 60^\circ + I_2\cos(-30^\circ)} = 23.1^\circ$$

由此得到

$$\dot{I} = 10\angle 23.1^\circ\ \text{A}$$

写出总电流的瞬时表达式

$$i = 10\sqrt{2}\sin(\omega t + 23.1^\circ)\ \text{A}$$

思考题：正弦交流电可以用以上方法表示，每种表示方法都有其特点。试从正弦交流电的表示及计算来分析各种表示法的优缺点。

自我检测

1. 已知正弦交流电流的瞬时值表达式 $i_\text{a} = 10\sqrt{2}\sin\omega t\ \text{A}$，$i_\text{b} = 10\sqrt{2}\sin(\omega t - 120^\circ)\ \text{A}$，$i_\text{c} = 10\sqrt{2}\sin(\omega t + 120^\circ)\ \text{A}$。试用相量分析法求 $i = i_\text{a} + i_\text{b} + i_\text{c}$，并画出相量图。

2. 已知两个正弦量，$u_1 = 220\sqrt{2}\sin\omega t\ \text{V}$，$u_2 = 220\sqrt{2}\sin(\omega t - 120^\circ)\ \text{V}$，用相量分析法求 $u=u_1-u_2$，并画出相量图。

答案

1. 0

2. $220\sqrt{6}\sin(\omega t + 30^\circ)\ \text{V}$

学习模块 3　单一参数的正弦交流电路分析

学习目标

1. 掌握单一参数电阻、电感、电容的交流电路的分析方法。
2. 掌握单一参数元件电压与电流的瞬间值、有效值与相量的关系。

任何实际电路元件都同时具有电阻 R、电感 L、电容 C 三种参数。然而在一定条件下，如某一频率的正弦交流电作用时，某一参数的作用最为突出，其他参数的作用微乎其微，甚至可以忽略不计时，就可以近似地把它视为只具有单一参数的理想电路元件。例如：一个线圈，在稳恒的直流电路中可以把它视做电阻元件；在交流电路中，当其电感的特性大大超过其电阻的特性时，就可以近似地把它看做一个理想的电感元件；但如果交流电的频率较高，则该线圈的匝间电容就不能忽略，它也就不能只看做一个理想的电感元件，而应该当做电感和电容两个元件的组合。各种实际电路，都可以用单一参数电路元件组合而成的电路模型来模拟。

一、电阻元件的交流电路

1. 电压与电流的关系

交流电路中如果只有线性电阻，这种电路就叫做纯电阻电路。如白炽灯、电炉、电烙铁等属于电阻性负载，它们与交流电源连接组成纯电阻电路。图 5–11（a）为电阻元件的正弦交流电路。设电压与电流的方向如图中所示，参考方向取相同方向，依据欧姆定律：

$$u=iR$$

设电流 i 是初相位为零的参考正弦量，则有：

$$i=I_{\mathrm{m}}\sin\omega t \tag{5–9}$$

则加在电阻 R 两端的正弦电压为：

$$u=iR=I_{\mathrm{m}}R\sin\omega t=U_{\mathrm{m}}\sin\omega t \tag{5–10}$$

可以看出，电路中电流与电压的相位：

$$\varphi=\psi_{\mathrm{u}}-\psi_{\mathrm{i}}=0$$

因此，电阻中的电流 i 与电压 u 是同相位的。如图 5–11（b）所示为电压及电流的波形图。可得，电流 i 与电压 u 的数值关系：

$$U=IR \text{ 或 } \quad U_{\mathrm{m}}=I_{\mathrm{m}}R$$

若将正弦量转化成相量表示：

$$\dot{U}=U\angle 0^{\circ}, \quad \dot{I}=I\angle 0^{\circ}$$

则

$$\dot{U}=\dot{I}R \text{ 或 } \dot{U}_{\mathrm{m}}=\dot{I}_{\mathrm{m}}R$$

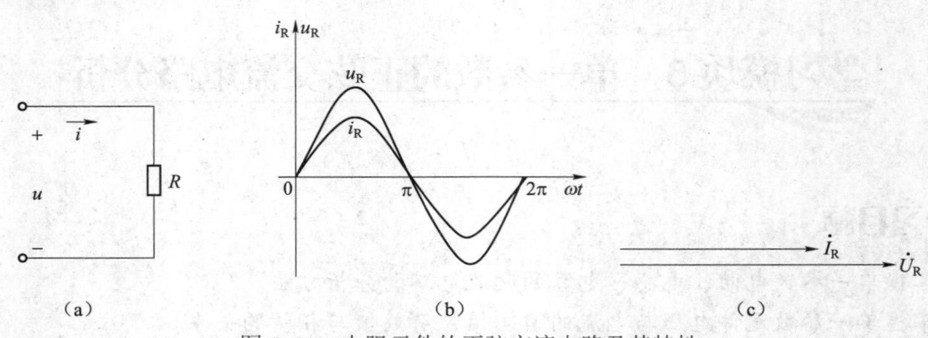

图 5–11　电阻元件的正弦交流电路及其特性

（a）电路图；（b）电压、电流的波形图；（c）电压、电流相量图

这就是电阻元件的电压与电流的相量关系式，相量图如图 5–11（c）所示。

综合以上分析，得出结论，在电阻元件的交流电路中：

① 电流与电压，是相同频率的正弦量。

② 电压与电流的有效值（或最大值）符合欧姆定律。

③ 若已关联参考方向，电阻中的电流与电压是同相位的。

2. 电阻元件的功率

电路中通过电阻的电流与其两端的电压的乘积，为电阻的功率。瞬时功率是电路中瞬时电流和瞬时电压的乘积，用 p 表示，则

$$p = ui$$

在正弦交流电中，对于电阻元件，其流过的电流为

$$i_R = \sqrt{2} I_R \sin \omega t \tag{5–11}$$

那么，两端的电压为

$$u_R = \sqrt{2} I_R R \sin \omega t = \sqrt{2} U_R \sin \omega t \tag{5–12}$$

那么它的瞬时功率为

$$\begin{aligned} p = u_R i_R &= \sqrt{2} U_R \sqrt{2} I_R \sin^2 \omega t \\ &= U_R I_R (1 - \cos 2\omega t) \end{aligned} \tag{5–13}$$

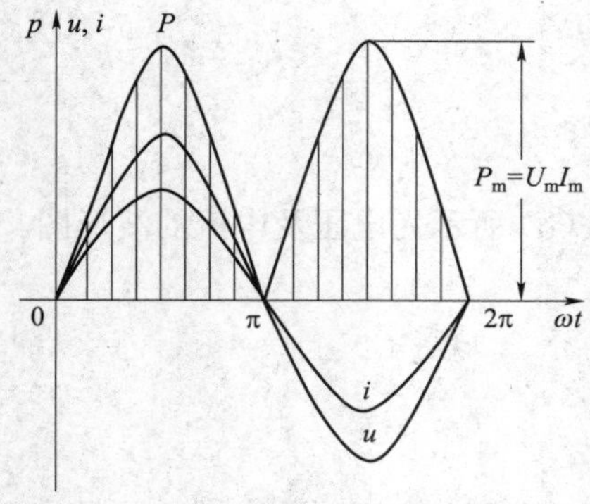

图 5–12　电阻元件的功率曲线

由此可见，瞬时功率会随着时间而变化，波形图如图 5–12 所示。此处瞬时功率 $p \geqslant 0$，这说明电阻元件是耗能元件。

由于瞬间功率会随时间变化，实际应用起来并不方便，因此，在电工电子技术的研究中，通常会计算和测量电路的平均功率。

平均功率的值，等于瞬时功率 p 在一个周期内的平均值，用大写字母 P 表示。

$$P = \frac{1}{T} \int_0^T p \mathrm{d}t = \frac{1}{T} \int_0^T ui \mathrm{d}t \tag{5–14}$$

电阻元件的平均功率为：

$$P_R=\frac{1}{T}\int_0^T U_R I_R(1-\cos 2\omega t)\mathrm{d}t=U_R I_R \tag{5-15}$$

由上式可知，电阻的平均功率等于它的电压与电流有效值的乘积，它表示交流电通过电阻时将电能转变为热能或其他形式能量的平均速率。

将上式再变换，可得

$$P=U_R I_R=I_R^2 R=\frac{U_R^2}{R}$$

由此可见，正弦电路中电阻元件平均功率的计算公式，在形式上与直流电路的完全类似，区别为此处是有效值。

平均功率是电路中实际消耗的电功率，又称有功功率，单位用瓦（W）表示。一般题中如果没有特别的说明，所提到的功率都是指平均功率。

例 5–5　在纯电阻电路中，已知 R=100 Ω，其两端电压为 $u_R=311\sin(314t-30^\circ)$，求

（1）通过电阻的电流 I_R 和 i_R。

（2）电阻消耗的功率。

解　（1）$U_R=\frac{U_{Rm}}{\sqrt{2}}=\frac{311}{\sqrt{2}}\text{V}=220\text{ V}$

通过电阻电流的有效值

$$I_R=\frac{U_R}{R}=\frac{220}{100}\text{A}=2.2\text{ A}$$

因为纯电阻元件上电流、电压同相位，即 $\Psi_i=\Psi_u=-30^\circ$，因此

$$i_R=2.2\sqrt{2}\sin(314t-30^\circ)\text{A}$$

或求出电压相量

$$\dot{U}_R=220\angle-30^\circ\text{ V}$$

$$\dot{I}_R=\frac{\dot{U}_R}{R}=\frac{220\angle-30^\circ}{100}\text{A}=2.2\angle-30^\circ\text{A}$$

因此，I_R=2.2A

$i_R=2.2\sqrt{2}\sin(314t-30^\circ)\text{A}$

（2）电阻消耗的功率

$$P_R=U_R I_R=220\times2.2\text{ W}=484\text{ W}$$

二、电感元件的交流电路

1. 电压与电流的关系

图 5–13（a）是电感元件的正弦交流电路，设电压与电流的方向如图，取相同参考方向，则

$$u=L\frac{\mathrm{d}i}{\mathrm{d}t}$$

设电流 i 是参考正弦量，则有：

$$i=I_m\sin\omega t \tag{5-16}$$

电感上的电压为：

$$u_L = L\frac{d(I_m \sin \omega t)}{dt} = \omega L I_m \cos \omega t = U_m \sin(\omega t + 90°) \qquad (5\text{–}17)$$

可以看出，正弦电路中，电感元件中的电流与电压是同频率的正弦量。电路中电流与电压的相位：

$$\varphi = \psi_u - \psi_i = 90°$$

即电感中的电压 u 的相位比电流 i 超前了 90°。

如图 5–13（b）所示为电压和电流的波形图。

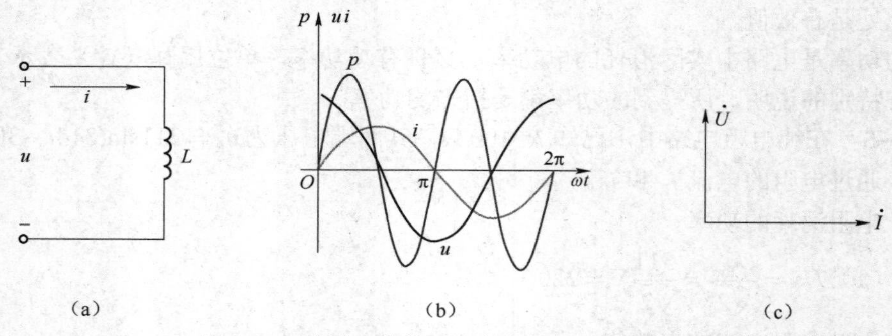

图 5–13　电感元件的正弦交流电路及其特性

（a）电路图；（b）电压、电流的波形图；（c）电压、电流相量图

可得，电流 i 与电压 u 的关系：

$$U = I\omega L \quad 或 \quad U_m = I_m \omega L$$

将 ωL 的乘积定义为电路中电感元件的感抗 X_L，单位是欧姆，算式为：

$$X_L = \omega L = 2\pi f L$$

由上式可见，同一电感线圈（L 为定值），对于不同频率的正弦电流表现出不同的感抗，频率越高，则感抗 X_L 越大。因此电感线圈对高频电流的阻碍作用大，在直流电路中，X_L=0，电感相当于短路，所以，电感 L 具有通直阻交的作用。

这里要注意，感抗并非电感上电压、电流瞬时值的比，而是有效值或最大值的比值。因此，与前一节不同，电感上的电压与电流的瞬时值是微分的关系，而非正比关系。

若将电感上的电流、电压正弦量转换为相量为

$$\dot{U} = U\angle 90°,\ \dot{I} = I\angle 90°$$

得

$$\dot{U}_m = \dot{I}_m(j\omega L) = \dot{I}_m(jX_L) \text{ 或 } \dot{U} = \dot{I}(j\omega L) = \dot{I}(jX_L)$$

这就是电感元件的伏安相量关系式，相量图如图 5–13（c）所示。

2. 电感元件的功率

（1）瞬时功率

设流过电感元件的电流为

$$i_L = \sqrt{2} I_L \sin \omega t \qquad (5\text{–}18)$$

此时电感元件上的电压为

$$u_L = \sqrt{2}U_L \sin\left(\omega t + \frac{\pi}{2}\right) \tag{5–19}$$

瞬时功率则为

$$\begin{aligned} p_L &= u_L i_L = \sqrt{2}U_L \sin(\omega t + 90^\circ)\sqrt{2}I_L \sin\omega t \\ &= \sqrt{2}U_L \cos\omega t \cdot \sqrt{2}I_L \sin\omega t = U_L I_L \sin 2\omega t \end{aligned} \tag{5–20}$$

该式表明，电感元件的瞬时功率也是随着时间的变化按正弦规律变化的，其频率是电流频率的 2 倍，变化曲线如图 5–14 所示。

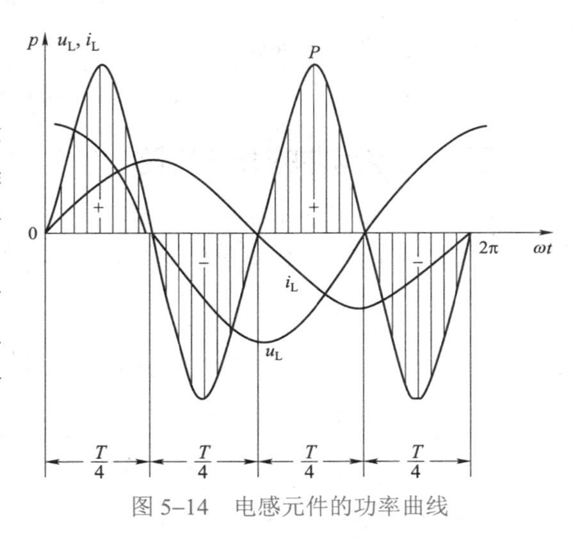

图 5–14　电感元件的功率曲线

从图中可以看出，在交流电的第一个和第三个 1/4 周期内，电压与电流方向相同，因而瞬时功率是正值，说明此时电感元件吸收电能并转换为磁场能量存储起来，到了第二个和第四个 1/4 周期内，电压与电流方向相反，因而瞬时功率为负，说明此时电感元件释放能量，功率值的正负周期性交替出现，电感元件与外电路不断进行着能量的交换。

（2）平均功率

平均功率为

$$P_L = \frac{1}{T}\int_0^T p_L \mathrm{d}t = \frac{1}{T}\int_0^T U_L I_L \sin 2\omega t \mathrm{d}t = 0$$

这说明电感元件在吸收和释放能量的过程中并没有消耗电能，故电感元件不是耗能元件，而是储能元件。

（3）无功功率

电感元件虽然没有能量损耗，但在元件与电源之间不断进行着能量的互换，瞬间功率 P 不等于 0，为了衡量这种能量互换的规模，取瞬时功率的最大值，即电流与电压有效值的乘积，称为电感元件的无功功率，用大写字母 Q_L 表示。

$$Q_L = U_L I_L = I_L^2 X_L = \frac{U_L^2}{X_L}$$

无功功率 Q 的单位是乏（Var）。

这里的“无功”不是“无用”，而是“交换而不消耗”。电动机、变压器等设备与电源之间必须要进行一定规模的能量交换，也可以理解为，它们一定要“吸收”一部分无功功率才能正常运行。

例 5–6　把一电感线圈接在 50 Hz，电压为 220 V 的交流电源上，线圈的电感 L=0.5 H，电阻可略去不计，求：

（1）线圈的感抗；

（2）通过线圈的电流的有效值及瞬时值表达式；

（3）电路的有功功率和无功功率。

解　（1）线圈的感抗

$$X_L = 2\pi fL = (2\pi \times 50 \times 0.5)\ \Omega = 157\ \Omega$$

（2）通过线圈的电流的有效值为

$$I = \frac{U}{X_L} = \frac{220\ \text{V}}{157\ \Omega} = 1.4\ \text{A}$$

取电压的初相角为零，则电流 i 的初相角为−90°，电流 i 的瞬时值表达式为

$$i = 1.4\sqrt{2}\sin(314t - 90^\circ)\text{A}$$

（3）线圈的有功功率 $P_L = 0$

电路的无功功率 $Q_L = UI = (220 \times 1.4)\ \text{var} = 308\ \text{var}$

三、电容元件的交流电路

1. 电压与电流的关系

图 5–15（a）是电容元件的正弦交流电路，设电压与电流的方向如图中所示，参考方向取相同方向，则

$$i = C\frac{\text{d}u}{\text{d}t}$$

设电流 u 是参考正弦量，则有：

$$u = U_m \sin \omega t \tag{5–21}$$

则电容上的电压为：

$$\begin{aligned} i &= C\frac{\text{d}(U_m \sin \omega t)}{\text{d}t} \\ &= \omega C U_m \cos(\omega t) \\ &= I_m \sin(\omega t + 90^\circ) \end{aligned}$$

可以看出，正弦电路中，电容元件的电流与电压是同频率的正弦量。电路中电流与电压的相位：

$$\varphi = \psi_u - \psi_i = -90^\circ \tag{5–22}$$

即电容中的电压 u 比电流 i 滞后 90°。

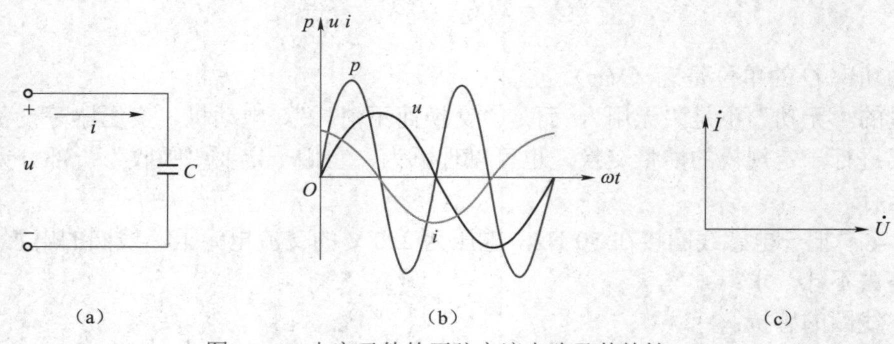

图 5–15　电容元件的正弦交流电路及其特性

（a）电路图；（b）电压、电流的波形图；（c）电压、电流相量图

可得，电流 i 与电压 u 的关系：

$$U_{\mathrm{m}}=\frac{1}{\omega C}I_{\mathrm{m}} \quad 或 \quad U=\frac{1}{\omega C}I$$

将 ωC 乘积的倒数定义为电路中电容元件的容抗 X_{C}，单位是欧姆，算式为：

$$X_{\mathrm{C}}=\frac{1}{\omega C}=\frac{1}{2\pi fC}$$

由上式可见，同一电容（C 为定值）对于不同频率的正弦电流表现出不同的容抗，频率越高，则感抗 X_{C} 越小。因此电容元件对低频电流的阻碍作用大；在直流电路中，$X_{\mathrm{C}}=\infty$，电容相当于开路，所以，电容 C 具有通交隔直的作用。

这里要注意，容抗并非电容上电压、电流瞬时值的比，而是有效值或最大值的比值。因此，与第一节不同，电容上的电压与电流的瞬时值是微分的关系，而非正比关系。

若将电容上的电流、电压正弦量转换为相量为

$$\dot{U}=U\angle 0^{\circ}，\quad \dot{I}=I\angle 90^{\circ}$$

得

$$\dot{U}_{\mathrm{m}}=\dot{I}_{\mathrm{m}}\left(-\mathrm{j}\frac{1}{\omega C}\right)=\dot{I}_{\mathrm{m}}(-\mathrm{j}X_{\mathrm{C}})\text{ 或 }\dot{U}=\dot{I}\left(-\mathrm{j}\frac{1}{\omega C}\right)=\dot{I}(-\mathrm{j}X_{\mathrm{C}})$$

这就是电容元件的伏安相量关系式，相量图如图 5–15（c）所示。

2. 电容元件的功率

（1）瞬时功率

在电压、电流关联参考方向下，设电容元件两端的电压为

$$u_{\mathrm{C}}=\sqrt{2}u_{\mathrm{C}}\sin\omega t$$

可得，电流为 $i_{\mathrm{C}}=\sqrt{2}I_{\mathrm{C}}\sin(\omega t+90^{\circ})$

可得，瞬时功率为

$$\begin{aligned}p_{\mathrm{C}}=u_{\mathrm{C}}i_{\mathrm{C}}&=\sqrt{2}U_{\mathrm{C}}\sin\omega t\sqrt{2}I_{\mathrm{C}}\sin(\omega t+90^{\circ})\\&=\sqrt{2}U_{\mathrm{C}}\sin\omega t\sqrt{2}I_{\mathrm{C}}\cos\omega t\\&=U_{\mathrm{C}}I_{\mathrm{C}}\sin 2\omega t\end{aligned}$$

瞬间功率曲线是以 2 倍的电压频率变化的正弦曲线，如图 5–16 所示，分析曲线图可以得出：在交流电的第一个和第三个 1/4 周期内，电压与电流方向相同，瞬时功率是正值，说明此时电容元件吸收电能并转换为磁场能量存储起来，是充电的过程；到了第二个和第四个 1/4 周期内，电压与电流方向相反，因而瞬时功率为负，说明此时电容元件释放能量，是电容进行放电的过程。功率值的正负周期性交替出现，说明电容元件与外电路不断进行着能量的交换。

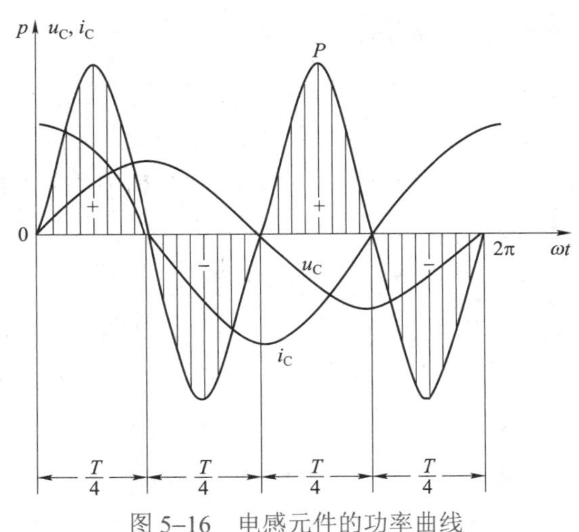

图 5–16　电感元件的功率曲线

（2）平均功率

电容器也不消耗能量，只是与电源之间进

行着周期性能量互换，所以平均功率为零，即

$$P_C = \frac{1}{T}\int_0^T p_C \mathrm{d}t = \frac{1}{T}\int_0^T U_C I_C \sin 2\omega t \mathrm{d}t = 0$$

（3）无功功率

与上一节中电感电路相似，把瞬时功率的最大值定义为无功功率，可得

$$Q_C = U_C I_C = I_C^2 X_C = \frac{U_C^2}{X_C}$$

它表示电容与电感能量交换的最大速率，单位为乏（Var）。

例 5–7　已知一电容器 C=57.8 μF，若在电容器上加一个 f=50 Hz 的正弦电压 $u = 311\sin(\omega t + 30°)\mathrm{V}$，试求：

（1）电路的容抗；

（2）电路中电流的有效值及瞬时值表达式；

（3）电路的有功功率和无功功率。

解　（1）电容的容抗

$$X_C = \frac{1}{2\pi fC} = \left(\frac{10^6}{2\pi \times 50 \times 57.8}\right)\Omega = 55\ \Omega$$

（2）电流的有效值为

$$I = \frac{U}{X_C} = \frac{U_m}{\sqrt{2}X} = \left(\frac{311}{\sqrt{2} \times 55}\right)\mathrm{A} = 4\ \mathrm{A}$$

电流的瞬时值表达式为

$$i = \sqrt{2}I\sin(\omega t + 30° + 90°) = 5.66\sin(\omega t + 120°)\mathrm{A}$$

（3）电路的有功功率　P_C=0

电路的无功功率　$Q_L = UI = (220 \times 4)\ \mathrm{var} = 880\ \mathrm{var}$

自我检测

1. 0.7 H 的电感在 50 Hz 时的感抗为多少？

2. 80 μF 的电容在 120 Hz 时的容抗为多少？

3. 一个电容在 1 kHz 时容抗的大小为 20 Ω，那么 20 kHz 时该电容的容抗大小为多少？

4. 如果在一个 RL 电路中，电流滞后于电压，电路是串联还是并联，还是任意一种？

答案

1. 220 Ω

2. 16.6 Ω

3. 1 Ω

4. 任意一种。

学习模块 4　电路基本定律的相量表示

学习目标

1. 巩固基尔霍夫定律的内容。
2. 掌握相量形式的基尔霍夫定律。

一、基尔霍夫定律的相量形式

1. KCL 的相量形式

基尔霍夫电流定律（KCL）适用于电路的任一瞬间，与元件的性质无关。在正弦电流电路中，任一瞬间，流过电路任一节点（或闭合面）的各支路电流瞬时值的代数和为零，即

$$\sum i = 0 \tag{5-23}$$

既然 KCL 对每一瞬间都适用，那么对表达瞬时值随时间按正弦规律变化的解析式也适用，即连接在电路任一节点的各支路正弦电流的解析式代数和为零。

正弦电流电路中，各电流、电压都是与激励同频率的正弦量，将这些正弦量用相量表示，便有：连接在电路任一节点的各支路电流相量的代数和为零，即

$$\sum \dot{I} = 0 \tag{5-24}$$

式（5-24）就是适用于正弦交流电路中 KCL 的相量形式。

2. KVL 的相量形式

同 KCL 适用于正弦交流电路一样，基尔霍夫电压定律（KVL）也适用于正弦交流电路。将正弦交流电压用相量表示，则有：在正弦交流电路中，沿任一闭合回路绕行一周，各元件电压相量的代数和为零，即

$$\sum \dot{U} = 0 \tag{5-25}$$

这就是适用于正弦交流电路中 KVL 的相量形式。

例 5-8　正弦交流电路如图 5-17（a）所示，已知电流表 A_1、A_2 的读数（有效值）均为 10 A，问电流表 A 的读数是多少？

解法一　解题时，不要误认为电流表 A 的读数是 10+10=20 A，因为 $\dot{I}_R$ 和 $\dot{I}_L$ 之间有相位差。用相量表示的电路图如图 5-17（b）所示。

因为题目只要求读数（有效值），而不涉及具体的初相角，所以在这种情况下，可设 $\dot{U}=U\angle 0^\circ$，则

$$\dot{I}_1 = \frac{\dot{U}}{R} = \frac{U\angle 0^\circ}{R} = \frac{U}{R}\angle 0^\circ = I_1\angle 0^\circ$$

$$\dot{I}_2 = \frac{\dot{U}}{\mathrm{j}\omega L} = \frac{U\angle 0^\circ}{\omega L\angle 90^\circ} = \frac{U}{\omega L}\angle -90^\circ = I_2\angle -90^\circ = -\mathrm{j}I_2$$

A_1、A_2 的读数分别为正弦电流 i_1、i_2 的有效值，即 I_1=10 A，I_2=10 A，因此

$$\dot{I}_1 = I_1\angle 0^\circ = 10\ \text{A}$$
$$\dot{I}_2 = I_2\angle -90^\circ = -\text{j}I_2 = -\text{j}10\ \text{A}$$

由 KCL，得

$$\dot{I} = \dot{I}_1 + \dot{I}_2 = 10 - \text{j}10 = 10\sqrt{2}\angle -45^\circ = 14.14\angle -45^\circ\ \text{A}$$

即电流表 A 的读数为 14.14 A。

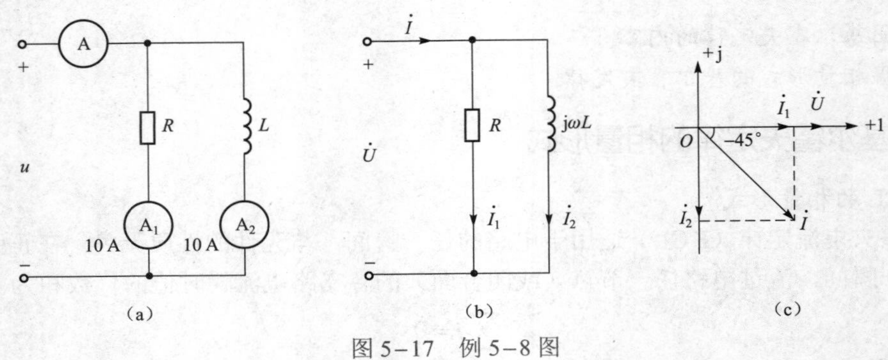

图 5-17　例 5-8 图

（a）例 5-8 电路；（b）相量模型；（c）相量图

解法二　用相量图求解。

电路的相量图如图 5-17（c）所示。先在复平面上的水平方向作相量 $\dot{U}$，其初相为零，称为参考相量。因电阻的电压、电流同相，故 $\dot{I}_1$ 和 $\dot{U}$ 的方向相同；电感的电流落后电压 90°，故 $\dot{I}_2$ 垂直于 $\dot{U}$，且处于落后位置。然后用平行四边形法则确定相量 $\dot{I}$。由此得 I 的值为

$$I = \sqrt{I_1^2 + I_2^2} = \sqrt{10^2 + 10^2} = 14.14\ \text{A}$$

即电流表 A 的读数为 14.14 A。

如果是串联电路，作相量图时则以电流 $\dot{I}$ 作为参考相量，并设 $\dot{I} = I\angle 0^\circ$。

例 5-9　正弦电流电路如图 5-18（a）所示，已知 R=10 Ω，C=0.01 F，$i = 10\sqrt{2}\sin(10t + 120^\circ)$ A，求电压 u，并绘出相量图。

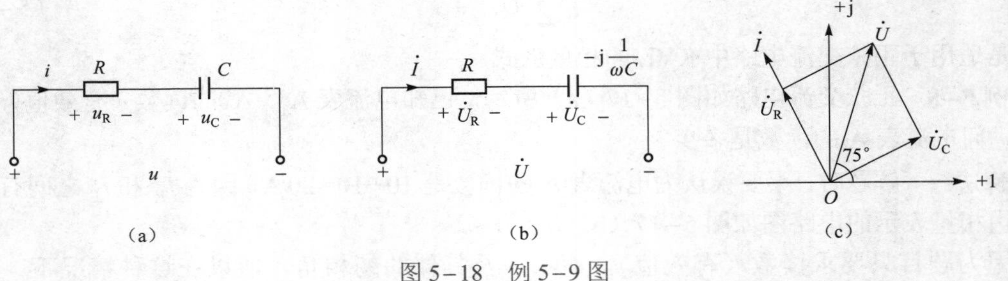

图 5-18　例 5-9 图

（a）例 5-9 电路；（b）相量模型；（c）相量图

解　（1）电流相量

$$\dot{I} = 10\angle 120^\circ\ \text{A}$$

（2）用相量表示的电路图如图 5-18（b）所示。其中，容抗

$$X_C=\frac{1}{\omega C}=\frac{1}{10\times0.01}=10\ \Omega$$

（3）电阻和电容的电压相量分别为

$$\dot{U}_R=R\dot{I}=10\times10\angle120^\circ=100\angle120^\circ\ \text{V}$$

$$\dot{U}_C=-\text{j}X_C\dot{I}=-\text{j}10\times10\angle120^\circ=100\angle(120^\circ-90^\circ)=100\angle30^\circ\ \text{V}$$

（4）根据 KVL，有 $u=u_R+u_C$，其相量形式为

$$\dot{U}=\dot{U}_R+\dot{U}_C=100\angle120^\circ+100\angle30^\circ$$

$$=-50+\text{j}86.6+86.6+\text{j}50=36.6+\text{j}136.6=141.4\angle75^\circ\ \text{V}$$

（5）由 $\dot{U}$ 写出正弦电压 u 的表达式

$$u=141.4\sqrt{2}\sin(10t+75^\circ)\ \text{V}$$

相量图如图 5-18（c）所示。

思考题：把一只几百毫亨的电感与一只几百欧姆的电阻串联接至 6 V 的交流电源上，用万用表测量 U、U_R、U_L，结果 U 会等于 U_R 加上 U_L 吗？为什么？

自我检测

1. 如图 5–19 所示电路中，已知电流表 A_1、A_2、A_3 都是 10 A，求电路中电流表 A 的读数。
2. 如图 5–20 所示电路中，已知电压表 V_1、V_2 都是 100 V，求电路中电压表 V 的读数。

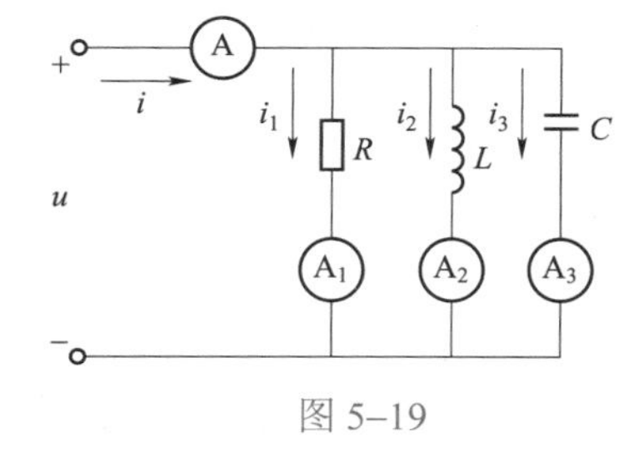

图 5–19

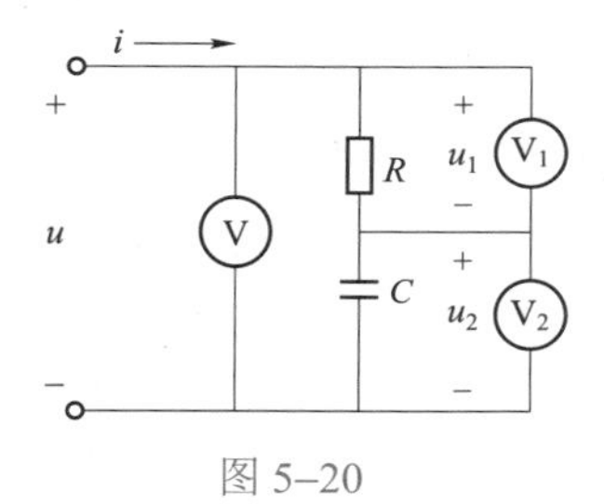

图 5–20

答案

1. 电流表的读数为 10 A
2. 电压表的读数为 141.4 V

学习模块 5　复阻抗与复导纳的等效变换

学习目标

1. 熟悉电阻、电感、电容元件的复阻抗表示法。
2. 掌握复合参数电路中，阻抗性质的判断及阻抗的计算方法。

一、复阻抗

1. 复阻抗定义

如图 5-21（a）所示无源二端网络中，在电压、电流关联参考方向下，复阻抗定义为端口电压相量与端口电流相量的比值，即

$$Z=\frac{\dot{U}}{\dot{I}} \tag{5-26}$$

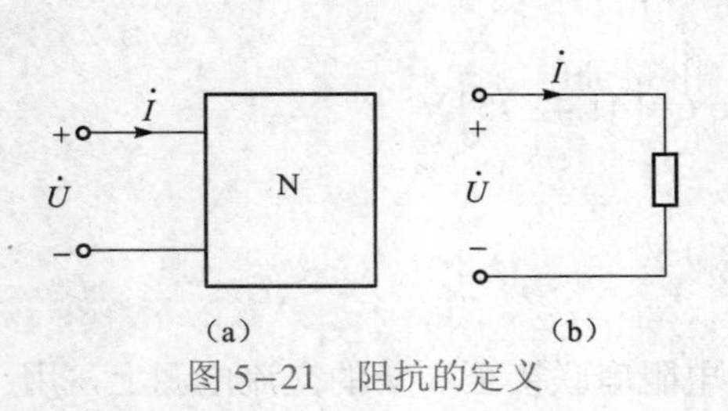

图 5-21　阻抗的定义

式中的复阻抗 Z 也简称阻抗，单位是欧（Ω），它是电路的一个复数参数，而不是正弦量的相量。由式（5-26）可将图 5-21（a）所示二端网络等效为图 5-21（b）所示电路模型。

由阻抗定义式（5-26）可得阻抗 Z 的极坐标形式为

$$Z=\frac{U\angle\varphi_{\mathrm{u}}}{I\angle\varphi_{\mathrm{i}}}=\frac{U}{I}\angle(\varphi_{\mathrm{u}}-\varphi_{\mathrm{i}})=|Z|\angle\varphi_{\mathrm{Z}} \tag{5-27}$$

上式中 $|Z|$ 称为阻抗模，它等于电压有效值与电流有效值之比。φ_{Z} 称为阻抗角，它等于电路中电压与电流的相位差，即

$$|Z|=\frac{U}{I}$$

$$\varphi_{\mathrm{Z}}=\varphi_{\mathrm{u}}-\varphi_{\mathrm{i}}$$

归纳三种基本元件伏安关系的相量形式，即

$$\dot{U}_{\mathrm{R}}=R\dot{I}_{\mathrm{R}}\quad \dot{U}_{\mathrm{L}}=\mathrm{j}X_{\mathrm{L}}\dot{I}_{\mathrm{L}}\quad \dot{U}_{\mathrm{C}}=-\mathrm{j}X_{\mathrm{C}}\dot{I}_{\mathrm{C}}$$

显然，电阻、电感和电容的复阻抗分别为

$$Z_{\mathrm{R}}=R\quad Z_{\mathrm{L}}=\mathrm{j}\omega L\quad Z_{\mathrm{C}}=\frac{1}{\mathrm{j}\omega C} \tag{5-28}$$

注意：复阻抗虽然是复数，但它不与正弦量相对应，所以不是相量。

阻抗这个问题，或者说与其非常相似的一个问题，在很早以前就引出了一个思想，这个思想引出了交流电路分析的最终捷径——阻抗思想。这个思想是：既然只研究正弦电压和电流，而它们又可以表示为复数，那么为什么不能将电阻、电感和电容也用复数来表示呢？这一思想提示人们可以转换欧姆定律，在频域内定义电感和电容，并用复方程表示它们。

2. *RLC* 串联电路的阻抗

图 5-22（a）是由电阻、电感和电容元件串联组成的正弦交流电路。选择流过三个元件的电流作为参考正弦量，设为

$$i=\sqrt{2}I\sin\omega t$$

根据基尔霍夫电压定律，有

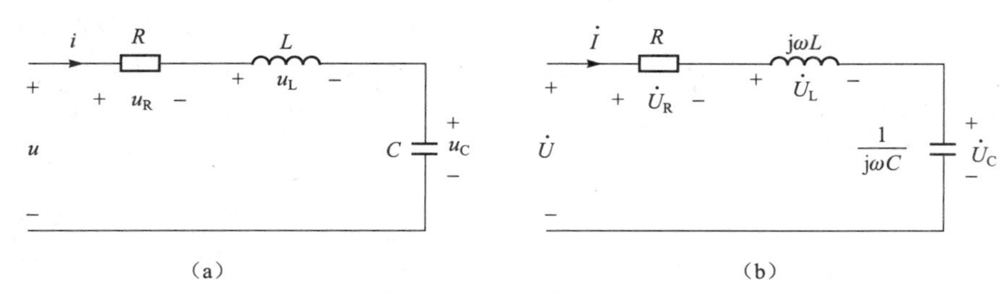

图 5−22　*RLC* 串联电路

(a) 交流电路；(b) 相量模型

$$u=u_R+u_L+u_C$$

其相应的相量形式为

$$\dot{U}=\dot{U}_R+\dot{U}_L+\dot{U}_C=R\dot{I}+jX_L\dot{I}-jX_C\dot{I}=[R+j(X_L-X_C)]\dot{I}=(R+jX)\dot{I}=Z\dot{I} \tag{5-29}$$

得到

$$Z=\frac{\dot{U}}{\dot{I}}=R+j(X_L-X_C)=R+jX \tag{5-30}$$

式中，Z 是 *RLC* 串联电路的总阻抗。它既反映了阻抗的大小，又体现了电压与电流的相位关系。其中，$X=X_L-X_C$ 称为电路的电抗。由式（5−30）可得，阻抗的模为

$$|Z|=\sqrt{R^2+(X_L-X_C)^2} \tag{5-31}$$

阻抗角为

$$\varphi_Z=\varphi_u-\varphi_i=\arctan\frac{X}{R}=\arctan\frac{X_L-X_C}{R} \tag{5-32}$$

由式（5−31）可见阻抗模$|Z|$、电阻 R 和电抗 X 可以构成一个直角三角形，称为阻抗三角形，如图 5−23 所示。

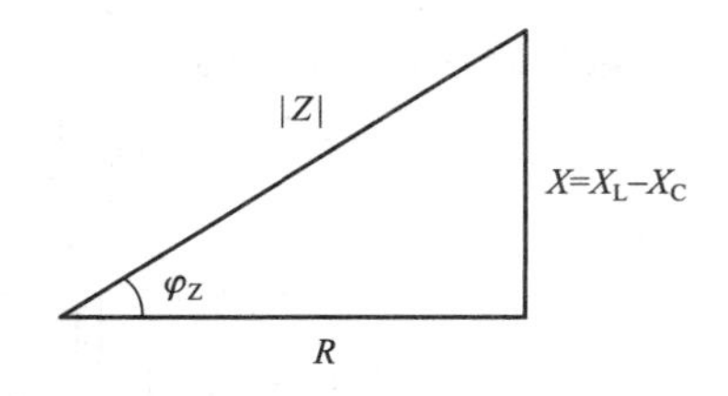

图 5−23　阻抗三角形

由图 5−23 可得，阻抗的实部和虚部分别为

$$R=|Z|\cos\varphi_Z$$

$$X=|Z|\sin\varphi_Z$$

由式（5−32）可知

（1）当 $X_L>X_C$ 时，则 $\varphi_Z>0$，此时电压超前电流，电路呈电感性；

（当 $0<\varphi_Z<90^\circ$ 时，电路可视为电阻、电感负载）

（当 $\varphi_Z=90^\circ$ 时，电路可视为纯电感负载）

（2）当 $X_L<X_C$ 时，则 $\varphi_Z<0$，此时电流超前电压，电路呈电容性；

（当 $-90^\circ<\varphi_Z<0$ 时，电路可视为电阻、电容负载）

（当 $\varphi_Z=-90^\circ$ 时，电路可视为纯电容负载）

（3）当 $X_L=X_C$ 时，则 $\varphi_Z=0$，此时电压与电流同相位，电路呈电阻性，电路发生串

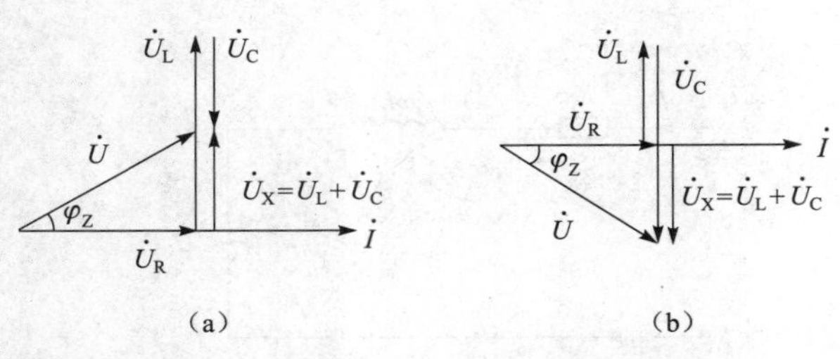

图 5-24　*RLC* 串联电路相量图

(a)　$\varphi_Z>0$（$X_L>X_C$）；(b)　$\varphi_Z<0$（$X_L<X_C$）

联谐振。

图 5-24 所示为 *RLC* 串联电路的相量图，由图可见，电压 $\dot{U}_R$ 、$\dot{U}_X$ 和 $\dot{U}$ 组成一直角三角形，称为电压三角形。电压三角形与阻抗三角形为相似三角形。

例 5-10　一个负载由一个 10 Ω 电阻和 0.01 μF 的电容串联组成，频率为多少时，电压和电流之间的相移为 12.5°？

解

$$12.5^\circ=\left|-\arctan\frac{1}{\omega RC}\right|$$

$$\frac{1}{\omega RC}=\tan 12.5^\circ$$

$$\omega=\frac{1}{10\times10^{-8}\times\tan 12.5^\circ}=4.51\times10^{7}\ \text{rad/s}$$ 或约为 7.2 MHz。

思考题：如果 $Z_{RC}=13\,\Omega$，频率应为多少？

例 5-11　已知电路如图 5-25 所示，第一只电压表读数为 15 V，第二只电压表读数为 40 V，第三只电压表读数为 20 V，求电路的端电压有效值。

解　通过画相量图，用多边形法则求解。

设 $\dot{I}$ 为参考正弦量，相量图如图 5-26 所示。$\dot{U}_R$ 与 $\dot{I}$ 同方向（$\varphi=0$），$\dot{U}_L$ 超前 $\dot{I}$ 为 90°，$\dot{U}_C$ 滞后 $\dot{I}$ 为 90°。

$$U=\sqrt{15^2+20^2}=25\ \text{V}$$

电路呈感性，电压 $\dot{U}$ 超前电流 $\dot{I}$，端电压有效值等于 25 V。

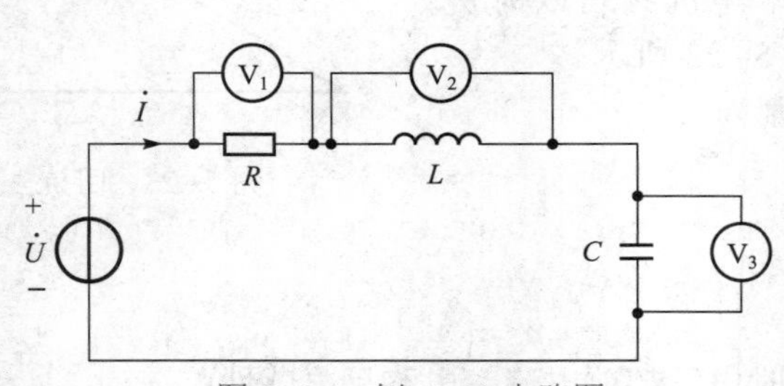

图 5-25　例 5-11 电路图

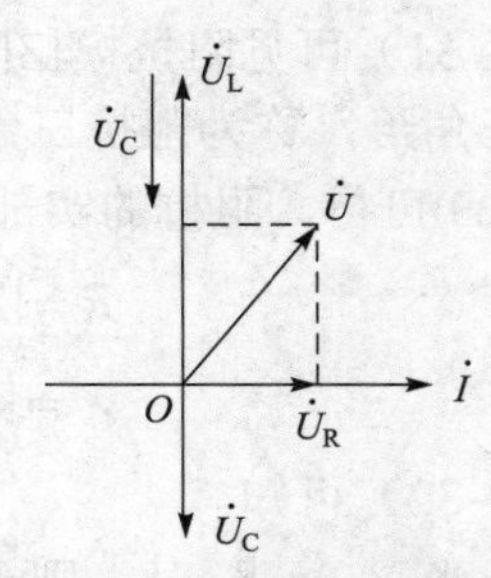

图 5-26　例 5-11 电压、电流相量图

3. 复阻抗串联电路

图 5-27 给出了多个复阻抗串联的电路，电流和电压的参考方向如图所示。依据基尔霍夫电压定律的相量形式，有

$$\begin{aligned}\dot{U}&=\dot{U}_1+\dot{U}_2+\cdots+\dot{U}_n=Z_1\dot{I}+Z_2\dot{I}+\cdots+Z_n\dot{I}\\&=(Z_1+Z_2+\cdots+Z_n)\dot{I}=Z\dot{I}\end{aligned}$$

可见，等效阻抗

$$Z=\frac{\dot{U}}{\dot{I}}=Z_1+Z_2+\cdots+Z_n=\sum_{k=1}^{n}Z_{\mathrm{k}} \qquad (5-33)$$

即串联电路的等效复阻抗等于各串联复阻抗之和。

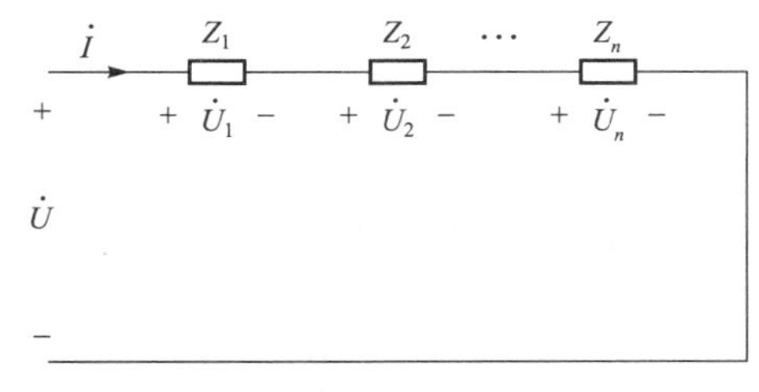

图 5-27　复阻抗串联电路

例 5-12　电路如图 5-28 所示，已知 $\dot{U}=10\angle 90^\circ$ V，$\dot{I}=2\angle 60^\circ$ A，$Z_1=(5-\mathrm{j}2)\,\Omega$。求 Z_2。

解
$$Z=\frac{\dot{U}}{\dot{I}}=\frac{10\angle 90^\circ}{2\angle 60^\circ}=5\angle 30^\circ\ \Omega=(4.33+\mathrm{j}2.5)\ \Omega$$

则
$$Z_2=Z-Z_1=\left[(4.33+\mathrm{j}2.5)-(5-\mathrm{j}2)\right]=(-0.67+\mathrm{j}4.5)\ \Omega$$

例 5-13　在图 5-28 所示的电路中，已知 $Z_1=(4+\mathrm{j}3)\,\Omega$，$Z_2=(2-\mathrm{j}9)\,\Omega$，$\dot{U}=150\angle 30^\circ$ V。求电路中的电流和各阻抗上的电压，并作相量图。

解
$$Z=Z_1+Z_2=(4+\mathrm{j}3)+(2-\mathrm{j}9)=(6-\mathrm{j}6)\ \Omega=8.5\angle -45^\circ\ \Omega$$

$$\dot{I}=\frac{\dot{U}}{Z}=\frac{150\angle 30^\circ}{8.5\angle -45^\circ}=17.6\angle 75^\circ\ \mathrm{A}$$

$$\dot{U}_1=\dot{I}Z_1=17.6\angle 75^\circ\times(4+\mathrm{j}3)=17.6\angle 75^\circ\times 5\angle 37^\circ=88\angle 112^\circ\ \mathrm{V}$$

$$\dot{U}_2=\dot{I}Z_2=17.6\angle 75^\circ\times(2-\mathrm{j}9)=17.6\angle 75^\circ\times 9.2\angle -77^\circ=162\angle -2^\circ\ \mathrm{V}$$

电压与电流的相量图如图 5-29 所示。

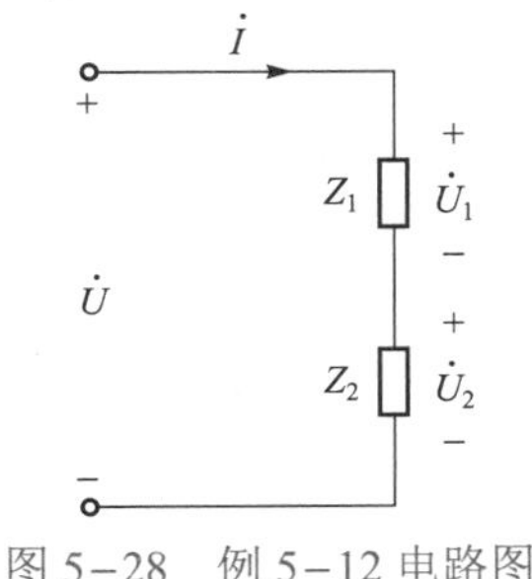

图 5-28　例 5-12 电路图

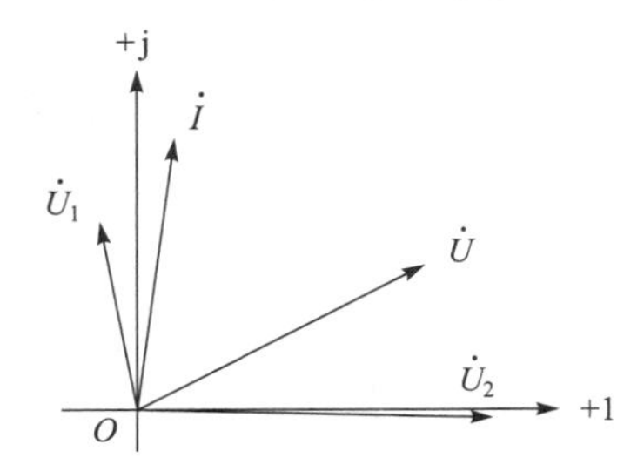

图 5-29　例 5-13 电压、电流相量图

二、复导纳

1. 复导纳定义

在关联参考方向下，复导纳等于端口电流相量与端口电压相量的比值，即

$$Y=\frac{\dot{I}}{\dot{U}} \qquad (5-34)$$

式中的 Y 称为复导纳，简称导纳，单位是西门子（S），和阻抗一样，它也是一个复数，而不是正弦量的相量。

由导纳定义式（5-34）可得导纳 Y 的极坐标形式为

$$Y=\frac{I\angle\varphi_{\mathrm{i}}}{U\angle\varphi_{\mathrm{u}}}=\frac{I}{U}\angle(\varphi_{\mathrm{i}}-\varphi_{\mathrm{u}})=|Y|\angle\varphi_{\mathrm{Y}} \tag{5-35}$$

上式中$|Y|$称为导纳模，它等于电流有效值与电压有效值之比。φ_{Y}称为导纳角，它等于电路中电流与电压的相位差，即

$$|Y|=\frac{I}{U}$$

$$\varphi_{\mathrm{Y}}=\varphi_{\mathrm{i}}-\varphi_{\mathrm{u}}$$

由导纳的定义可得，电阻、电感和电容的复导纳分别为

$$Y_{\mathrm{R}}=\frac{1}{R}=G \quad Y_{\mathrm{L}}=\frac{1}{\mathrm{j}X_{\mathrm{L}}}=-\mathrm{j}B_{\mathrm{L}} \quad Y_{\mathrm{C}}=-\frac{1}{\mathrm{j}X_{\mathrm{C}}}=\mathrm{j}B_{\mathrm{C}} \tag{5-36}$$

式中，B_{L}称为感纳，它等于感抗的倒数，即$B_{\mathrm{L}}=1/X_{\mathrm{L}}$。$B_{\mathrm{C}}$称为容纳，它等于容抗的倒数，即$B_{\mathrm{C}}=1/X_{\mathrm{C}}$。

2. *RLC* 并联电路的导纳

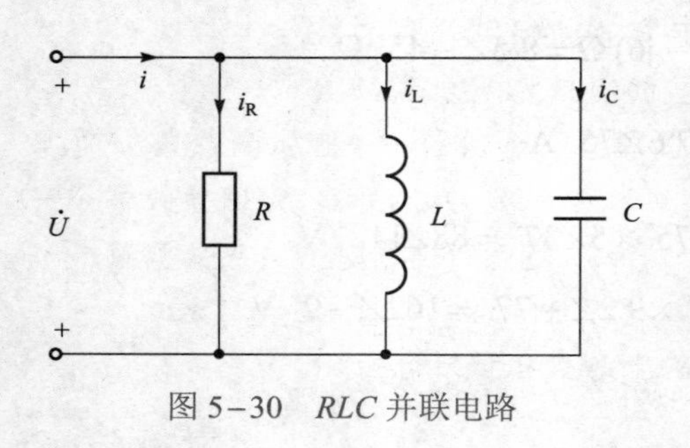

图 5-30　*RLC* 并联电路

图 5-30 是由电阻、电感和电容元件并联组成的正弦交流电路。选择并联电路的端口电压作为参考正弦量，根据基尔霍夫电流定律，有

$$i=i_{\mathrm{R}}+i_{\mathrm{L}}+i_{\mathrm{C}}$$

其相应的相量形式为

$$\dot{I}=\dot{I}_{\mathrm{R}}+\dot{I}_{\mathrm{L}}+\dot{I}_{\mathrm{C}}$$

其中

$$\dot{I}_{\mathrm{R}}=\frac{\dot{U}}{R}G\dot{U} \quad \dot{I}_{\mathrm{L}}=\frac{\dot{U}}{\mathrm{j}X_{\mathrm{L}}}=-\mathrm{j}B_{\mathrm{L}}\dot{U} \quad \dot{I}_{\mathrm{C}}=\frac{\dot{U}}{-\mathrm{j}X_{\mathrm{C}}}=\mathrm{j}B_{\mathrm{C}}\dot{U}$$

可得

$$\dot{I}=\dot{I}_{\mathrm{R}}+\dot{I}_{\mathrm{L}}+\dot{I}_{\mathrm{C}}=G\dot{U}-\mathrm{j}B_{\mathrm{L}}\dot{U}+\mathrm{j}B_{\mathrm{C}}\dot{U}=\left[G+\mathrm{j}(B_{\mathrm{C}}-B_{\mathrm{L}})\right]\dot{U}=(G+\mathrm{j}B)\dot{U} \tag{5-37}$$

其中，$B=B_{\mathrm{C}}-B_{\mathrm{L}}$称为电路的电纳。由式（5-37）可得 *RLC* 并联电路的复导纳为

$$Y=\frac{\dot{I}}{\dot{U}}=(G+\mathrm{j}B)=G+\mathrm{j}(B_{\mathrm{C}}-B_{\mathrm{L}}) \tag{5-38}$$

上式为导纳的代数形式，导纳的模为

$$|Y|=\frac{I}{U}=\sqrt{G^2+B^2} \tag{5-39}$$

由上式可见导纳模$|Y|$、电导 G 和电纳 B 可以组成一直角三角形，称为导纳三角形。导纳三角形如图 5-31 所示。导纳角为

$$\varphi_{\mathrm{Y}}=\varphi_{\mathrm{i}}-\varphi_{\mathrm{u}}=\arctan\frac{B}{G}=\arctan\frac{B_{\mathrm{C}}-B_{\mathrm{L}}}{G} \tag{5-40}$$

由式（5-40）可知：

（1）当$B_{\mathrm{C}}>B_{\mathrm{L}}$时，则$\varphi_{\mathrm{Y}}>0$，此时电流超前电压，电路呈电容性；

（2）当 $B_C < B_L$ 时，则 $\varphi_Y < 0$，此时电压超前电流，电路呈电感性；

（3）当 $B_C = B_L$ 时，则 $\varphi_Y = 0$，此时电压与电流同相位，电路呈电阻性，电路发生并联谐振。

图 5–32 所示为 RLC 并联电路的相量图，由图可见，电流 $\dot{I}_G$、$\dot{I}_X$ 和 $\dot{I}$ 组成一直角三角形，称为电流三角形。电流三角形与导纳三角形为相似三角形。

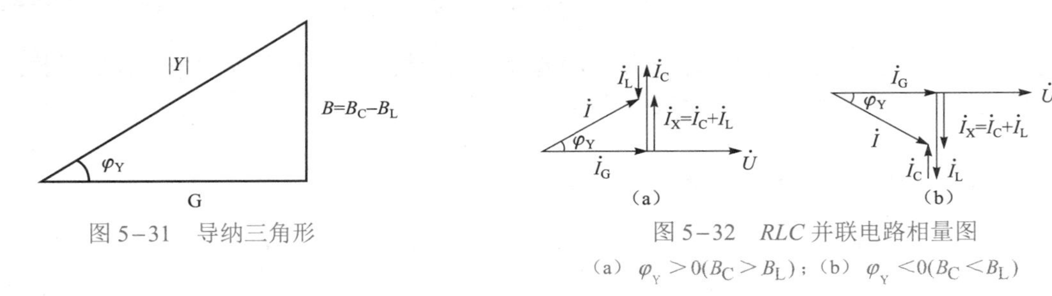

图 5–31　导纳三角形

图 5–32　RLC 并联电路相量图

（a）$\varphi_Y > 0(B_C > B_L)$；（b）$\varphi_Y < 0(B_C < B_L)$

3. 复导纳并联电路

图 5–33 给出了多个复导纳并联的电路，电流和电压的参考方向如图所示。由 KCL 可得

$$\dot{I} = \dot{I}_1 + \dot{I}_2 + \cdots + \dot{I}_n = Y_1\dot{U} + Y_2\dot{U} + \cdots + Y_n\dot{U}$$
$$= (Y_1 + Y_2 + \cdots + Y_n)\dot{U} = Y\dot{U}$$

其中 Y 为并联电路的等效导纳，由上式可得

$$Y = \frac{\dot{I}}{\dot{U}} = Y_1 + Y_2 + \cdots + Y_n = \sum_{k=1}^{n} Y_k \qquad (5\text{–}41)$$

即并联电路的等效复导纳等于各并联复导纳之和。

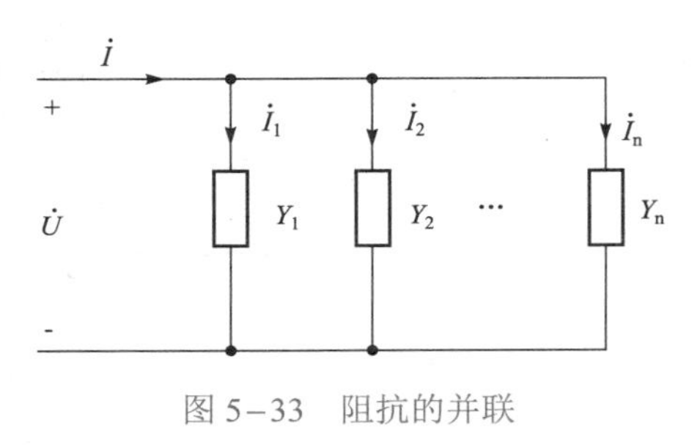

图 5–33　阻抗的并联

三、复阻抗与复导纳的等效变换

如上所述，任何一个线性无源二端口网络，都可以等效为复阻抗和复导纳两种形式的模型，如图 5–34 所示。

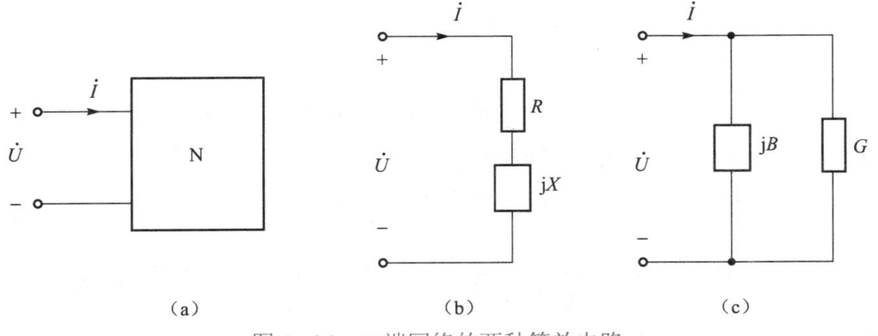

图 5–34　二端网络的两种等效电路

其中复阻抗的定义为：$Z = \dfrac{\dot{U}}{\dot{I}}$，而复导纳的定义为：$Y = \dfrac{\dot{I}}{\dot{U}}$。式中 $\dot{U}$ 为网络端口的电压，$\dot{I}$ 为从端口流入的电流，由此可得复阻抗与复导纳极坐标形式的等效变换式。

设 $Z=|Z|\angle\varphi_Z$，$Y=|Y|\angle\varphi_Y$，则

$$Y=\frac{1}{Z}=\frac{1}{|Z|\angle\varphi_Z}=\frac{1}{|Z|}\angle-\varphi_Z=|Y|\angle\varphi_Y$$

所以

$$|Y|=\frac{1}{|Z|},\ \varphi_Y=-\varphi_Z \tag{5-42}$$

即同一二端网络复阻抗的模和其等效复导纳的模互为倒数，阻抗角和导纳角互为相反数。

设复阻抗和复导纳的代数形式分别为：$Z=R+\mathrm{j}X$，$Y=G+\mathrm{j}B$，则它们的等效变换公式为：

（1）已知复阻抗 $Z=R+\mathrm{j}X$，求其等效复导纳 Y，则

$$Y=\frac{1}{Z}=\frac{1}{R+\mathrm{j}X}=\frac{R-\mathrm{j}X}{R^2+X^2}=\frac{R}{R^2+X^2}-\frac{\mathrm{j}X}{R^2+X^2}=G+\mathrm{j}B$$

其中

$$G=\frac{R}{R^2+X^2}\quad B=\frac{-X}{R^2+X^2} \tag{5-43}$$

（2）已知复导纳 $Y=G+\mathrm{j}B$，求它的等效复阻抗 Z，则

$$Z=\frac{1}{Y}=\frac{1}{G+\mathrm{j}B}=\frac{G-\mathrm{j}B}{G^2+B^2}=\frac{G}{G^2+B^2}-\frac{\mathrm{j}B}{G^2+B^2}=R+\mathrm{j}X$$

其中

$$R=\frac{G}{G^2+B^2}\quad X=\frac{-B}{G^2+B^2} \tag{5-44}$$

例 5-14 如图 5-34（b）所示电路，已知电阻 R=8 Ω，X=6 Ω，试求其等效复导纳。

解 已知 $Z=R+\mathrm{j}X=(8+6\mathrm{j})\ \Omega$，由式（5-43）可知

$$G=\frac{R}{R^2+X^2}=\frac{8}{100}\ \mathrm{S}=0.08\ \mathrm{S}$$

$$B=\frac{-X}{R^2+X^2}=\frac{-6}{100}\ \mathrm{S}=-0.06\ \mathrm{S}$$

所以

$$Y=G+\mathrm{j}B=(0.08-\mathrm{j}0.06)\ \mathrm{S}$$

例 5-15 将 100// j50 转换为串联形式 $R+\mathrm{j}X$。

解 通过计算 100// j50 的直角坐标形式来推导其串联形式。

$$100//\mathrm{j}50=\frac{1}{1/100+1/\mathrm{j}50}=44.7\angle63.4^\circ=20+\mathrm{j}40\ \Omega$$

思考题：频率加倍后，情况如何？

自我检测

1. 80 Hz 时，一个 20 Ω电阻和一个 20 mH 的电感串联的阻抗大小是多少？

2. 求在 800 Hz 时阻抗大小为 12 Ω的电容值和电感值。此电容和电感在 1.6 kHz 时的电抗是多少？将这个电容和电感串联起来，频率为 1.2 kHz 时的阻抗为多少？

3. 在 RLC 串联电路中，如何判别电路的性质？

答案

1. 22.4 Ω

2. 16.6 μF　2.39 mH；$X_C=-6\ \Omega$　$X_L=24\ \Omega$；j10 Ω

学习模块 6　正弦交流电路的相量分析法

学习目标

掌握复合参数电路中相位关系的判断，掌握电压、电流的计算方法。

正弦交流电路中，如果构成电路的电阻、电感、电容元件都是线性的，且电路中的正弦电源都是同频率的，那么电路中各部分电压和电流仍将是同频率的正弦量。此时分析计算电路就可以采用相量法。

已经介绍过相量形式的欧姆定律与基尔霍夫定律，与直流电路中的这两个定律形式上完全相同，只不过直流电路中各量都是实数，而交流电路中各量是复数。如果把直流电路中的电阻换以复阻抗，电导换以复导纳。所有正弦量均用相量表示，那么讨论直流电路时所采用的各种网络分析方法、原理和定理都完全适用于线性正弦交流电路。

一、网孔电流法

如图 5-35 所示，若图中 $\dot{U}_{S1}$、$\dot{U}_{S2}$、R、X_L、X_C 均已知，求各支路电流。

选定网孔电流 $\dot{I}_{L1}$、$\dot{I}_{L2}$ 和各支路电流 $\dot{I}_1$、$\dot{I}_2$、$\dot{I}_3$ 的参考方向，如图 5-35 所示。各网孔绕行方向和本网孔电流参考方向一致，列网孔电流方程为

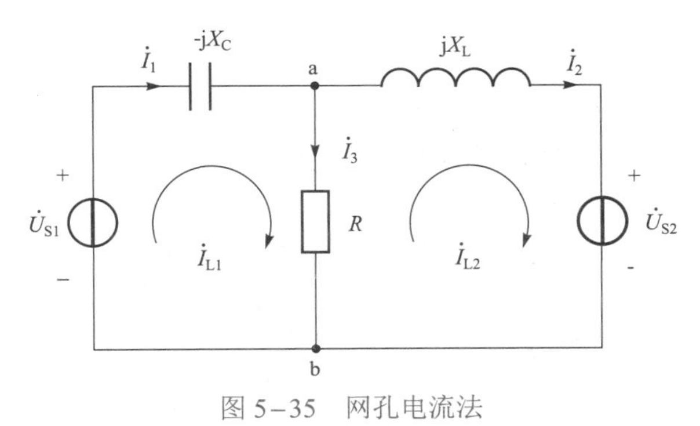

图 5-35　网孔电流法

$$Z_{11}\dot{I}_{L1}+Z_{12}\dot{I}_{L2}=\dot{U}_{S11}$$

$$Z_{21}\dot{I}_{L1}+Z_{22}\dot{I}_{L2}=\dot{U}_{S22}$$

其中

$$Z_{11}=R-\mathrm{j}X_{\mathrm{C}}$$
$$Z_{12}=Z_{21}=-R$$
$$Z_{22}=R+\mathrm{j}X_{\mathrm{L}}$$
$$\dot{U}_{\mathrm{S11}}=\dot{U}_{\mathrm{S1}}$$
$$\dot{U}_{\mathrm{S22}}=-\dot{U}_{\mathrm{S2}}$$

列方程可求 $\dot{I}_{\mathrm{L1}}$ 和 $\dot{I}_{\mathrm{L2}}$，然后求出各支路电流为

$$\dot{I}_1=\dot{I}_{\mathrm{L1}},\quad \dot{I}_2=\dot{I}_{\mathrm{L2}},\quad \dot{I}_3=\dot{I}_{\mathrm{L1}}-\dot{I}_{\mathrm{L2}}$$

例 5-16 电路如图 5-35 所示，用网孔电流法求各支路电流。其中 $\dot{U}_{\mathrm{S1}}=100\angle 0^{\circ}\ \mathrm{V}$，$\dot{U}_{\mathrm{S2}}=100\angle 90^{\circ}\ \mathrm{V}$，$R$=5 Ω，$X_{\mathrm{L}}$=5 Ω，$X_{\mathrm{C}}$=2 Ω。

解 选定各支路电流 $\dot{I}_1$、$\dot{I}_2$、$\dot{I}_3$ 和网孔电流 $\dot{I}_{\mathrm{L1}}$、$\dot{I}_{\mathrm{L2}}$ 的参考方向如图所示，选定绕行方向和网孔电流的参考方向一致。列出网孔方程为

$$(5-\mathrm{j}2)\dot{I}_{\mathrm{L1}}-5\dot{I}_{\mathrm{L2}}=100\angle 0^{\circ} \tag{1}$$
$$-5\dot{I}_{\mathrm{L1}}+(5+\mathrm{j}5)\dot{I}_{\mathrm{L2}}=-100\angle 90^{\circ} \tag{2}$$

由（1）得
$$\dot{I}_{\mathrm{L2}}=\frac{(5-\mathrm{j}2)\dot{I}_{\mathrm{L1}}-100}{5}$$

代入（2）得
$$-5\dot{I}_{\mathrm{L1}}+\frac{(5+\mathrm{j}5)\left[(5-\mathrm{j}2)\dot{I}_{\mathrm{L1}}-100\right]}{5}=-\mathrm{j}100$$

整理得
$$\dot{I}_{\mathrm{L1}}=(15.38-\mathrm{j}23.1)=27.8\angle -56.3^{\circ}\ \mathrm{A}$$
$$\dot{I}_{\mathrm{L2}}=(-13.85-\mathrm{j}29.2)=32.3\angle -115.4^{\circ}\ \mathrm{A}$$

所以各支路的电流为

$$\dot{I}_1=\dot{I}_{\mathrm{L1}}=27.8\angle -56.3^{\circ}\ \mathrm{A}$$
$$\dot{I}_2=\dot{I}_{\mathrm{L2}}=32.3\angle -115.4^{\circ}\ \mathrm{A}$$
$$\dot{I}_3=\dot{I}_{\mathrm{L1}}-\dot{I}_{\mathrm{L2}}=29.9\angle 11.9^{\circ}\ \mathrm{A}$$

二、节点电压法

例 5-17 用节点法解图 5-35 所示电路，器件参数与例 5-16 相同。

解 支路电流 $\dot{I}_1$、$\dot{I}_2$、$\dot{I}_3$ 和电压的参考方向如图 5-35 所示，设 b 点的电位为零，则节点电压方程为

$$(Y_1+Y_2+Y_3)\dot{U}_{\mathrm{ab}}=Y_1\dot{U}_{\mathrm{S1}}+Y_2\dot{U}_{\mathrm{S2}}$$

其中

$$Y_1=\frac{1}{-\mathrm{j}X_{\mathrm{C}}}=-\frac{1}{\mathrm{j}2}\ \mathrm{S}$$
$$Y_2=\frac{1}{\mathrm{j}X_{\mathrm{L}}}=\frac{1}{\mathrm{j}5}\ \mathrm{S}$$

$$Y_3 = \frac{1}{R} = \frac{1}{5}\ \text{S}$$

$$\dot{U}_{ab} = \frac{\dfrac{100}{-j2} + \dfrac{j100}{j5}}{\dfrac{1}{-j2} + \dfrac{1}{j5} + \dfrac{1}{5}} = \frac{20 + j50}{0.2+j0.3} = 149.4\angle 11.9^\circ\ \text{V}$$

各支路电流为

$$\dot{I}_1 = (\dot{U}_{S1} - \dot{U}_{ab})Y_1 = \frac{\dot{U}_{S1} - \dot{U}_{ab}}{-jX_C} = \frac{100 - 149.4\angle 11.9^\circ}{-j2} = 15.4 - j23.1 = 27.8\angle -56.3^\circ\ \text{A}$$

$$\dot{I}_2 = (\dot{U}_{ab} - \dot{U}_{S2})Y_2 = \frac{\dot{U}_{ab} - \dot{U}_{S2}}{jX_L} = \frac{149.4\angle 11.9^\circ - j100}{j5} = -13.85 - j29.2 = 32.3\angle -115.4^\circ\ \text{A}$$

$$\dot{I}_3 = \dot{U}_{ab} Y_3 = \frac{\dot{U}_{ab}}{R} = \frac{149.4\angle 11.9^\circ}{5} = 29.9\angle 11.9^\circ\ \text{A}$$

自我检测

1. 图 5–36 的电路中，R_1=100 Ω，R_2=100 Ω，R_3=50 Ω，C_1=10 μF，L_3=50 mH，U=100 V，ω= 1 000 rad/s，求各支路电流。

2. 图 5–37 电路中，两台交流发电机并联运行，供电给 Z=5+j5 Ω的负载。每台发电机的理想电压源电压 U_{S1}、U_{S2} 均为 110 V，内阻抗 Z_1=Z_2=1+j1 Ω，两台发电机的相位差为 30°，求负载电流 $\dot{I}$。

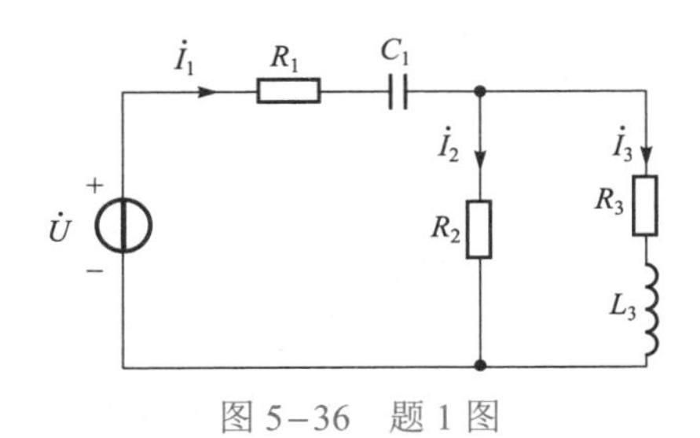

图 5–36　题 1 图

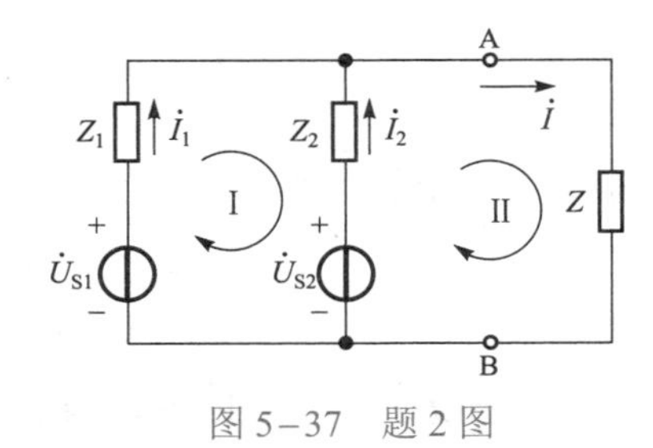

图 5–37　题 2 图

答案

1. $\dot{I}_1 = 0.62\angle 29.7^\circ$ A；$\dot{I}_2 = 0.28\angle 56.3^\circ$ A；$\dot{I}_3 = 0.39\angle 10.9^\circ$ A

2. $\dot{I} = 13.7\angle -30^\circ$ A

学习模块 7　正弦交流电路的功率计算

学习目标

1. 能根据复合电路的参数判断元件的性质，计算电路的功率、功率因数。

2. 了解提高功率因数的意义，熟悉并联电容提高功率因数的原理，掌握提高功率因数的方法。

功率和能量在交流问题中非常重要。首先，消费者向电力公司支付电费的数额是根据其消费电能的多少计算的。更重要的是，能量在物理系统的性能描述中占有重要地位。在大学一年级物理课程的过山车问题中，要求计算轨道上不同高度的速度。这个问题表明，应用能量因素经常可以忽略一些细节，直接给出需要的结果。事实上，能量对于解释某个系统的真正功能非常重要，通过分析物理系统获得的经验越多，越能理解这种重要性。有人认为如果没有研究并充分理解能量关系，就无法真正达到系统分析的目的，笔者对此持相同观点。最后应当指出，现代文明的特点之一就是电能的随时可用性和用途多样性。照明、电动机、通信系统、便携式电脑，还可以列出很多这样的应用实例，它们最终都是从电力系统中获取能量。

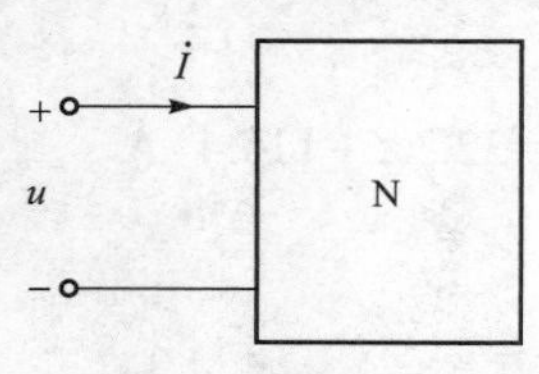

图 5−38　无源二端网络

下面对正弦交流电路的功率进行分析讨论，如图 5−38 所示的网络 N 为无源二端网络。

一般的正弦交流电路限于一个仅由电阻、电感和电容等类元件组成的、有一对端钮与外电路相联的无源二端网络。我们讨论一般的二端网络处于正弦稳态时的功率问题。因为我们总可以将一个复杂的无源二端网络，等效为一个阻抗 Z（或导纳 Y），所以此问题的讨论就可以转化为一个阻抗 Z（或导纳 Y）在正弦交流信号输入时的功率问题。

一、瞬时功率

在正弦交流电路中，电压 u 和电流 i 都是同频率的正弦量，参考方向如图 5−38 所示。

设电压
$$u=\sqrt{2}U\sin(\omega t+\psi_{\mathrm{u}})$$
电流
$$i=\sqrt{2}I\sin(\omega t+\psi_{\mathrm{i}})$$
则该二端网络吸收的瞬时功率为
$$\begin{aligned}p=ui&=\sqrt{2}U\sin(\omega t+\psi_{\mathrm{u}})\cdot\sqrt{2}I\sin(\omega t+\psi_{\mathrm{i}})\\&=UI[\cos(\psi_{\mathrm{u}}-\psi_{\mathrm{i}})-\cos(2\omega t+\psi_{\mathrm{u}}+\psi_{\mathrm{i}})]\end{aligned}\tag{5-45}$$

瞬时功率是指某一时刻的功率。输入任何二端网络的瞬时功率 p，等于端口的瞬时电压 u 和瞬时电流 i 的乘积。

二、有功功率

一周期内瞬时功率的平均值定义为平均功率，又称为有功功率，用大写字母 P 表示。即
$$\begin{aligned}P&=\frac{1}{T}\int_0^T p\mathrm{d}t=\frac{1}{T}\int_0^T UI[\cos(\psi_{\mathrm{u}}-\psi_{\mathrm{i}})-\cos(2\omega t+\psi_{\mathrm{u}}+\psi_{\mathrm{i}})]\mathrm{d}t\\&=UI\cos(\psi_{\mathrm{u}}-\psi_{\mathrm{i}})\end{aligned}$$

记 $\varphi=\psi_{\mathrm{u}}-\psi_{\mathrm{i}}$ 为电压和电流的相位差，有
$$P=UI\cos\varphi\tag{5-46}$$

有功功率 P 代表电路实际消耗的功率，单位为瓦（W）。式（5−46）中，U、I 分别为网络端口电压和电流的有效值，φ 是端口电压与电流的相位差。对于无源二端网络来说，φ 就

是网络等效阻抗的辅角。$\cos\varphi$ 称为无源二端网络的功率因数。当 $\cos\varphi>0$ 时，表明网络吸收有功功率；$\cos\varphi<0$ 时，网络发出有功功率。

可以看出，正弦交流电路的有功功率不但与电压、电流的有效值有关，还与功率因数有关。

如果网络为纯电阻性、电感性或电容性电路时，其有功功率及功率因数分别为：

电阻 R：$\varphi=0$，$P=UI$，$\cos\varphi=1$；$\cos\varphi=100\%=1$，表明输入网络的功率全部变为有功功率。

电感 L：$\varphi=90°$，$P=UI\cos 90°=0$，$\cos\varphi=0$。

电容 C：$\varphi=-90°$，$P=UI\cos(-90°)=0$，$\cos\varphi=0$。

可见，输入到电感和电容电路的功率完全没有变为有功功率，即电感、电容吸收的平均功率为零。

例 5–18　R、L 串联电路中，已知 $f=50$ Hz，$R=300\ \Omega$，电感 $L=1.65$ H，端电压的有效值 $U=220$ V。试求电路的功率因数和消耗的有功功率。

解　电路的阻抗

$$Z=R+\mathrm{j}\omega L=300+\mathrm{j}2\pi\times50\times1.65=300+\mathrm{j}518.1=598.7\angle60°\ \Omega$$

由阻抗角 $\varphi=60°$，得功率因数为

$$\cos\varphi=\cos 60°=0.5$$

电路中电流的有效值为

$$I=\frac{U}{|Z|}=\frac{220}{598.7}=0.367\ \text{A}$$

有功功率为

$$P=UI\cos\varphi=220\times0.367\times0.5=40.4\ \text{W}$$

三、无功功率

由于电路中存在的电感、电容元件实际不消耗能量，而只有电源与电感、电容元件间的能量互换，这种能量交换规模的大小，用无功功率 Q 来表示。

$$Q=UI\sin\varphi \tag{5–47}$$

虽然 P 和 Q 的量纲都是［伏安］，但无功功率 Q 并不表示单位时间平均做功的多少（一周的平均值为零），而是表示网络端口的内部和外部之间往返交换能量的情况，故 Q 的单位为无功伏安，用 var 表示，简称为乏。

例如，单个电感元件，$\varphi=\dfrac{\pi}{2}$，$Q_\mathrm{L}=U_\mathrm{L}I_\mathrm{L}\sin\varphi=U_\mathrm{L}I_\mathrm{L}>0$；

单个电容元件，$\varphi=-\dfrac{\pi}{2}$，$Q_\mathrm{C}=U_\mathrm{C}I_\mathrm{C}\sin\varphi=-U_\mathrm{C}I_\mathrm{C}<0$。

即电容性无功功率取负值，而电感性无功功率取正值，以资区别。

无功功率是电源在正弦稳态下“借给”无功器件能量的量度。对于电感，无功功率为正，对于电容无功功率为负，包含有几个电感和电容的电路的无功功率是各元件的无功功率之和。因此，电感和电容的无功功率可能会抵消。这也是功率因数校正的基础。

例 5–19　日光灯电路通常被看做 R、L 串联电路。已知日光灯的功率为 100 W，在额定

电压 U=220 V 下，其电流 I=0.91 A。求该日光灯的功率因数及无功功率。

解　日光灯的有功功率为

$$P=100\ \text{W}$$

则

$$\cos\varphi=\frac{P}{UI}=\frac{100}{220\times0.91}=0.5\qquad\varphi=60^\circ$$

无功功率为

$$Q=UI\sin\varphi=220\times0.91\times\sin60^\circ=173.4\ \text{var}$$

思考题：工业用电的测量过程中，既有有功电能表又有无功电能表。既然“无功”是指“交换”而不表示“消耗”，可又为什么要计算无功电能呢？

四、视在功率

二端网络端口上的电压、电流有效值的乘积定义为视在功率，用大写字母 S 表示，即

$$S=UI \tag{5-48}$$

视在功率又称为表观功率，单位为伏安（VA）。

电机和变压器等设备，都是按照一定的额定电压 U 和额定电流 I 来设计和使用的。电气设备的功率额定值称为容量，它是由额定电压和额定电流来决定的。因此，电气设备都用额定的视在功率来表示它的容量。

例如，一台变压器的容量是 1 000 kVA（即视在功率为 1 000 kVA），这并不意味着它输出的平均功率为 1 000 kW，只表明它具有输出 1 000 kW 平均功率的能力。变压器输出的平均功率的多少，完全取决于与之相连接的外部电路（负载）的性质及运行情况。如果是电阻性负载（$\cos\varphi=1$），则它输出的平均功率就是 1 000 kW；如果负载既含电阻，又含电抗，例如 $\cos\varphi=0.8$，则它输出的平均功率 $P=UI\cos\varphi$=1 000× 0.8=800 kW；如果负载为纯电抗（$\cos\varphi=0$），则 P=0。因此，变压器的铭牌只能标以额定的视在功率（伏安）值，而不能确定地给出平均功率的额定值（瓦）。

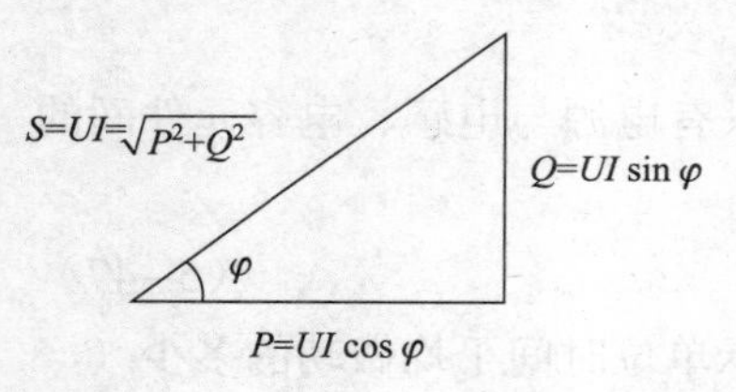

图 5-39　功率三角形

由于二端网络的有功功率 $P=UI\cos\varphi$、无功功率 $Q=UI\sin\varphi$、视在功率 $S=UI$，所以，P、Q 和 S 构成了如图 5-39 所示的直角三角形，称为功率三角形。

P、Q 和 S 之间的数值关系为

$$S=\sqrt{P^2+Q^2} \tag{5-49}$$

$$\cos\varphi=\frac{P}{S} \tag{5-50}$$

$$\tan\varphi=\frac{Q}{P} \tag{5-51}$$

五、复功率

定义复功率 $\tilde{S}$ 为

$$\tilde{S}=P+\mathrm{j}Q=S\angle\varphi=UI\angle(\varphi_{\mathrm{u}}-\varphi_{\mathrm{i}}) \tag{5-52}$$

由式（5-52）可见，复功率的实部是有功功率，虚部为无功功率。复功率的模为视在功率。由于$\dot{U}=U\angle\varphi_{\mathrm{u}}$，$\dot{I}=I\angle\varphi_{\mathrm{i}}$，$\dot{I}^{*}=I\angle-\varphi_{\mathrm{i}}$（$\dot{I}$的共轭复数），所以复功率又可表示为

$$\tilde{S}=U\angle\varphi_{\mathrm{u}}\times I\angle-\varphi_{\mathrm{i}}=\dot{U}\dot{I}^{*} \tag{5-53}$$

当计算某一阻抗Z吸收的复功率时，可以把$\dot{U}=Z\dot{I}$代入式（5-53），即

$$\tilde{S}=Z\dot{I}\dot{I}^{*}=ZI^{2}=(R+\mathrm{j}X)I^{2} \tag{5-54}$$

若已知某一导纳Y，则可以把$\dot{I}=Y\dot{U}$代入式（5-53），得复功率的计算式为

$$\tilde{S}=\dot{U}(Y\dot{U})^{*}=\dot{U}Y^{*}\dot{U}^{*}=Y^{*}U^{2}=(G-\mathrm{j}B)U^{2} \tag{5-55}$$

复功率与阻抗相似，它们都是一个计算用的复数量，并不代表正弦量，因此也不能作为相量对待。

可以证明，对于任何复杂的正弦交流电路，总的有功功率等于电路各部分有功功率之和，总的无功功率等于电路各部分无功功率之和，所以总的复功率也等于电路各部分复功率之和。但视在功率并不等于电路各部分视在功率之和。

六、功率因数的提高

功率因数 $\cos\ \varphi$ 是交流电网络的重要技术指标。提高功率因数是电力网中的一项重要技术措施。为什么要提高功率因数呢？主要有以下两个原因。

1. 充分利用电气设备的容量

通常，交流电源设备都是根据其额定电压和额定电流的乘积——额定容量（即额定视在功率）进行设计的，它与电气设备的体积、材料、结构等有关。那么交流电源对外输送的有功功率是多少呢？这就决定于负载的功率因数的大小，只有负载的功率因数等于额定值（一般为0.8～0.9）时，电源才能对外输出额定的有功功率P_{N}

$$P_{\mathrm{N}}=U_{\mathrm{N}}I_{\mathrm{N}}\cos\varphi=S_{\mathrm{N}}\cos\varphi_{\mathrm{N}}$$

若负载的功率因数低于额定值，电源就发不出足够的额定的有功功率 P_{N}，无功功率$Q=S_{\mathrm{N}}\sin\varphi_{\mathrm{N}}$的分量变大，这部分能量往返于电源与负载之间，占据了发电机的一部分容量。例如一台额定容量为356 MVA的大型发电机，其额定负载功率因数为0.9，则发电机发出的有功功率为320 MW；若负载的功率因数提高到1.0，则它可发出356 MW的有功功率；若负载的功率因数只有0.8，则发电机只能发出284.8 MW的有功功率，低于额定值，它的原动机（例如水轮机和汽轮机）、锅炉和附属设备容量都得不到充分的利用。

2. 减少输电线上的能量损耗和电压损失

提高功率因数的另一个意义，就是可以降低输电线路的损耗和线路上的电压损失。输电线上的损耗为$P_{\mathrm{L}}=I^{2}R_{\mathrm{L}}$（$R_{\mathrm{L}}$为输电线电阻），线路上电压降落为 $U_{\mathrm{L}}=R_{\mathrm{L}}I$，而线路电流$I=\dfrac{P}{U\cos\varphi}$，提高功率因数$\cos\varphi$，可以使传输线上电流减小，从而降低传输线上的功率损耗和电压损失，提高传输效率，使负载端电压稳定，提高供电质量。由于传输线上电流变小，也使传输耗材减少（导线可以选细一些的），节约铜材。

要提高功率因数$\cos\varphi$的值，必须减小用电网络的阻抗角，即减小用电网络的无功功率。

常用的方法有：减少轻载和容载负荷，如空载变压器和异步电动机；适当选用电动机容量，避免大马拉小车，尽量使电动机的功率等于或接近负载功率；在感性负载两端并联电容器，这是提高 $\cos\varphi$ 的主要措施。

例 5-20　当把一台功率 P=1.1 kW 的感应电动机，接在 220 V，f=50 Hz 的电路中，电动机需要的电流为 10 A。求：

（1）电动机的功率因数；

（2）若在电动机的两端并联一只 C=79.5 μF 的电容器，电路的功率因数为多少？电路如图 5-40 所示。

解　（1）

$$P = UI\cos\varphi$$

电动机的功率因数

$$\cos\varphi = \frac{P}{UI} = \frac{1.1\times1\,000}{220\times10} = 0.5$$

$$\varphi = 60°$$

（2）在并联电容器前，

$$\dot{I}_1 = \dot{I}$$

在并联电容器后，

$$\dot{I} = \dot{I}_1 + \dot{I}_C$$

以电压 $\dot{U}$ 为参考相量，画出电流相量图，如图 5-41 所示。

电容中的电流

$$I_C = \frac{U}{X_C} = \omega CU = 314\times220\times79.5\times10^{-6}\ \text{A=5.5 A}$$

$$I_1' = 10\sin60°\text{=8.66 A} \qquad I_1'' = 10\cos60°\text{=5 A}$$

$$\tan\varphi' = \frac{I_1' - I_C}{I_1''} = \frac{3.16}{5} \qquad \varphi' = 32.3°$$

$$\cos\varphi' = \cos32.3° = 0.845$$

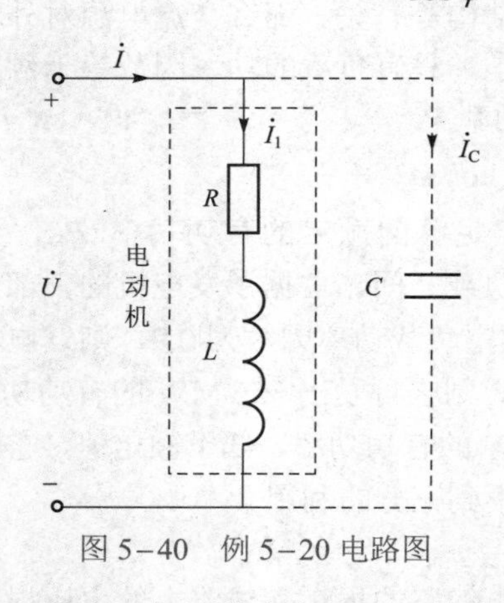

图 5-40　例 5-20 电路图

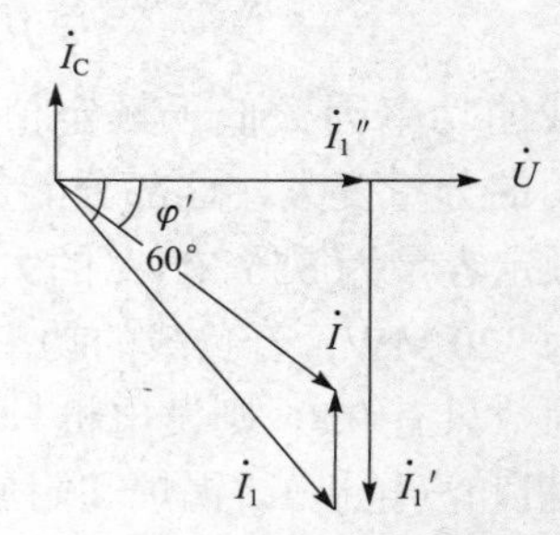

图 5-41　例 5-20 相量图

可见，电动机在并联电容器后，整个电路的功率因数从 0.5 提高到 0.845。注意：电动机本身的功率因数没有改变。我们可以通过并联电容器，减小阻抗角来提高整个电路的功率因数。

思考题：在感性负载两端并联电容器提高功率因素，这个电容是不是越大越好？

自我检测

1. 如果一个标准交流安培表显示为 5 A，正弦电流的峰值为多少？

2. 如果功率因数为 0.75（滞后）、电流滞后于电压的角度是多少？
3. 流入电容的无功功率是正还是负？
4. 如果在交流电路中电流超前电压，无功功率为正还是负？
5. 如果有功功率为 600 W，无功功率为 −300 var，视在功率为多少？

答案

1. 7.07 A
2. 41.4°
3. 负
4. 负
5. 671 VA

学习模块 8　谐振电路的分析及应用

学习目标

1. 了解电路谐振产生的原因，了解发生串联谐振和并联谐振时的电路特点。
2. 了解电路谐振的危害及应用。
3. 了解谐振电路品质因数的物理意义，掌握谐振电路品质因数的计算方法。

在有电感和电容的正弦交流电路中，电路中的端电压和电流一般是不同相的，因电路的阻抗 Z 不仅有电阻 R，还包含电抗 X，即

$$Z=\frac{\dot{U}}{\dot{I}}=R+\mathrm{j}X$$

如果我们调节电路的参数或电源的频率使电压与电流同相，使电路的等效阻抗变为纯电阻，即电路呈电阻性，这时，我们就说电路发生了谐振。

电路发生谐振时，往往产生一些特殊的现象。人们认识和掌握谐振现象的客观规律，已在电工和电子工程技术中获得广泛的应用，如信号发生器中的振荡器、选频网络等。但谐振又可能破坏电路和系统的正常工作状态，甚至造成电路严重损坏，因此，研究电路的谐振现象有重要的实际意义。

发生在串联电路中的谐振称做串联谐振，发生在并联电路中的谐振称做并联谐振。

一、串联电路的谐振

1. 串联谐振的条件和谐振频率

在一般情况下，如图 5−22（a）所示的 RLC 串联电路中，在正弦交流电压作用下，其等效阻抗 Z 为

$$Z=R+\mathrm{j}(X_L-X_C)$$

由于有（X_L-X_C）的存在，电路中的电流与电压的相位是不同的，通过调节电路参数（L、C）

或改变外加电压频率，可以使电抗

$$X=X_L-X_C=0$$

即
$$\omega L-\frac{1}{\omega C}=0 \tag{5-56}$$

于是阻抗 Z 变为纯电阻 R，此时，电流与电压同相位，电路发生了谐振。式（5-56）即为串联谐振的条件，由此可得谐振角频率为

$$\omega_0=\frac{1}{\sqrt{LC}} \tag{5-57}$$

谐振频率为
$$f_0=\frac{1}{2\pi\sqrt{LC}} \tag{5-58}$$

ω_0、f_0 只与电路的 L、C 参数有关，与 R 无关。

2. 串联谐振的特征

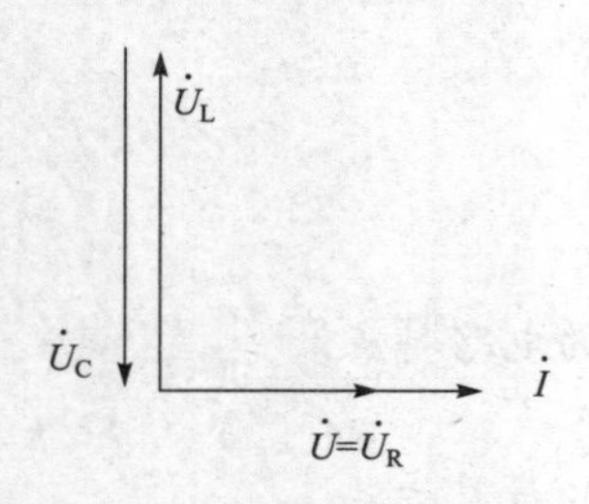

图 5-42　串联谐振时的电压、电流相量图

串联电路的谐振有以下特征：

（1）阻抗 Z 呈现电阻性，为最小值 R，阻抗角 $\varphi_Z=0$。

（2）电路中电流达到最大值：$I_m=\dfrac{U}{R}=I_0$，且与电压同相位。

（3）电感上电压 $\dot{U}_L$ 与电容上电压 $\dot{U}_C$ 大小相等，相位相反，互相抵消，对整个电路不起作用，外加电压 $\dot{U}$ 全部降落在电阻上，即 $\dot{U}=\dot{U}_R=\dot{I}R$，其相量图如图 5-42 所示。并且电感或电容上的电压远高于外加电压，是外加电压的 Q 倍，有

$$Q=\frac{U_L}{U}=\frac{X_L}{R}=\frac{\omega_0 L}{R}$$

或

$$Q=\frac{U_C}{U}=\frac{X_C}{R}=\frac{1}{\omega_0 CR}$$

故

$$Q=\frac{\omega_0 L}{R}=\frac{1}{R\omega_0 C}=\frac{1}{R}\sqrt{\frac{L}{C}} \tag{5-59}$$

称为电路的品质因数，其数值一般为几十至几百。因此串联谐振也称为电压谐振。

（4）串联谐振时，电路吸收（消耗）的有功功率为

$$P=UI\cos\varphi=UI=I^2R$$

而无功功率 Q 则为零。因电感与电容之间只进行能量交换，形成周期性的电磁振荡。

二、并联电路的谐振

正弦交流并联电路如图 5-43 所示，其等效导纳为

$$Y=G+\mathrm{j}\left(\omega C-\frac{1}{\omega L}\right)=G+\mathrm{j}(B_C-B_L)=G+\mathrm{j}B$$

当在某一频率正弦信号作用下，使得容纳和感纳相等，即电路电纳为零时，电路形成纯电阻电路，其电流和电压同相位，产生谐振，称为并联谐振。显然，其谐振频率和串联谐振时的计算公式一样，仍为 $\omega_0=\dfrac{1}{\sqrt{LC}}$ 。此种谐振电路在工程中见得较少，常用的是含有电阻和电感参数的线圈与电容器并联的电路的谐振问题。分析如下。

1. *RL* 和 *C* 并联电路发生谐振的条件与谐振频率

如图 5-44 所示，用电阻 R 和电感 L 的串联来表示实际线圈，与电容器组成正弦交流并联电路。此时 RL 支路中的电流

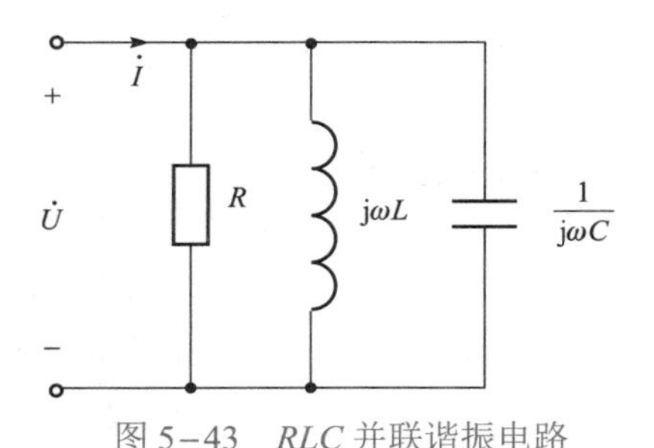

图 5-43　*RLC* 并联谐振电路

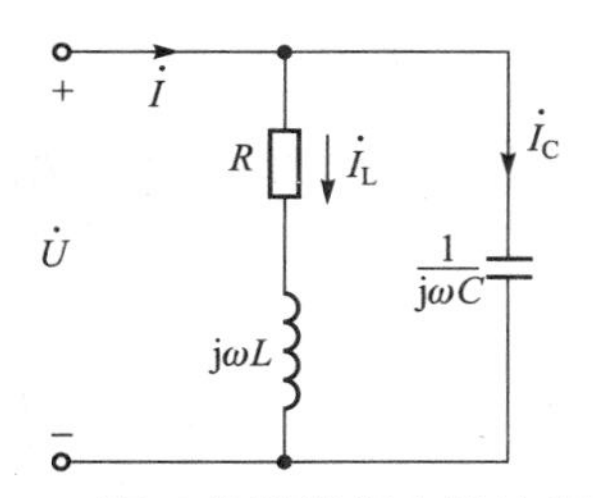

图 5-44　*RL* 和 *C* 并联谐振电路的相量模型

$$\dot{I}_\mathrm{L}=\frac{\dot{U}}{R+\mathrm{j}X_\mathrm{L}}=\frac{\dot{U}}{R+\mathrm{j}\omega L}$$

电容 C 支路的电流

$$\dot{I}_\mathrm{C}=\frac{\dot{U}}{-\mathrm{j}X_\mathrm{C}}=\frac{\dot{U}}{-\mathrm{j}\dfrac{1}{\omega C}}=\mathrm{j}\omega C\dot{U}$$

故总电流为

$$\dot{I}=\dot{I}_\mathrm{L}+\dot{I}_\mathrm{C}=\frac{\dot{U}}{R+\mathrm{j}\omega L}+\mathrm{j}\omega C\dot{U}=\left[\frac{R}{R^2+(\omega L)^2}+\mathrm{j}\left(\omega C-\frac{\omega L}{R^2+(\omega L)^2}\right)\right]\dot{U}$$

此式表明若要使电路中的电流 $\dot{I}$ 与外加电压 $\dot{U}$ 同相位，则须 $\dot{I}$ 的虚部为零，即电路为纯电导。那么要求谐振条件为

$$\omega C=\frac{\omega L}{R^2+(\omega L)^2}$$

由此得 RL 和 C 并联电路的谐振频率为

$$f_0=\frac{\omega_0}{2\pi}=\frac{1}{2\pi}\sqrt{\frac{1}{LC}-\frac{R^2}{L^2}}=\frac{1}{2\pi\sqrt{LC}}\sqrt{1-\frac{CR^2}{L}} \tag{5-60}$$

可见并联电路的谐振频率也是由电路参数决定的，不仅与 L、C 有关，而且与 R 有关。从式（5-60）可见，当 $R>\sqrt{L/C}$ ，则 f_0 为虚数，不存在谐振问题；只有当 $R\leqslant\sqrt{L/C}$ 时，f_0 为实数，电路才有可能发生谐振。

在实际中，RL 和 C 并联谐振电路的损耗很小，即电阻 $R\ll\omega_0 L$ 或 $R\ll\sqrt{L/C}$ ，因此 RL 和 C 并联电路的谐振频率可近似为

$$f_0=\frac{1}{2\pi\sqrt{LC}} \tag{5-61}$$

这与串联电路的谐振频率公式相同。

2. *RL* 和 *C* 并联谐振电路的特征

（1）导纳呈电导性，电纳分量为零。导纳为最小值

$$Y=G_0=\frac{R}{R^2+\omega^2L^2}$$

将式（5-60）代入上式，得

$$G_0=\frac{CR}{L} \tag{5-62}$$

谐振时，阻抗为最大值，性质为纯电阻 R_0（注意，R_0 不是 R），有

$$Z_0=R_0=\frac{1}{G_0}=\frac{L}{RC} \tag{5-63}$$

因电阻 R 很小，故并联谐振呈现高阻抗特性。若 $R\to 0$，则 $Z_0\to\infty$，则电路不允许频率为 f_0 的电流通过。

（2）并联谐振时，输入总电流最小，且与电压同相位。故

$$I_0=\frac{U}{Z_0}=G_0U=\frac{CR}{L}U$$

当 $R\to 0$，则 $I_0\to 0$，但两个并联支路的电流却很大。RL 支路的电流

$$I_{\mathrm{L}}=\frac{U}{\sqrt{R^2+\omega_0^2L^2}}=\frac{1}{\omega_0 L}U$$

电容 C 支路的电流

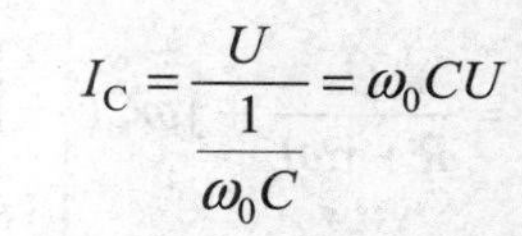

$$I_{\mathrm{C}}=\frac{U}{\dfrac{1}{\omega_0 C}}=\omega_0 CU$$

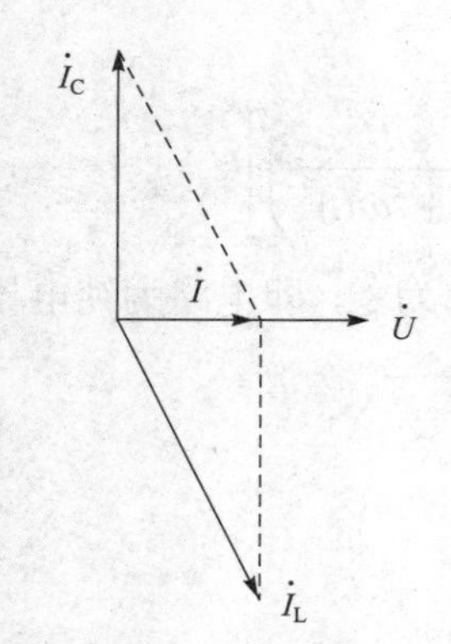

图 5-45　*RL* 和 *C* 并联谐振电路电压、电流相量图

当 $R\ll\sqrt{L/C}$ 时，$I_{\mathrm{L}}\approx I_{\mathrm{C}}\gg I_0$，而相位近似相反，且远大于总电流。并联谐振时电压、电流的相量图如图 5-45 所示。谐振时两支路电流与总电流的比值为

$$\frac{I_{\mathrm{L}}}{I_0}\approx\frac{U}{\omega_0 L}\Bigg/\frac{U}{\dfrac{L}{RC}}=\frac{1}{\omega_0 CR}=\frac{1}{R}\sqrt{\frac{L}{C}}=Q$$

$$\frac{I_{\mathrm{C}}}{I_0}=\frac{\omega_0 CU}{U\Big/\dfrac{L}{RC}}=\frac{\omega_0 L}{R}=\frac{1}{R}\sqrt{\frac{L}{C}}=Q$$

这就是谐振电路的品质因数 Q，与串联谐振时的品质因数表示式完全相同。说明并联谐振时，通过电感和电容支路的电流是总电流的 Q 倍，Q 值一般可达几十至几百，所以并联谐振又称为电流谐振。这实际上是大的无功电流（$\dot{I}_{\mathrm{C}}$ 和 $\dot{I}_{\mathrm{L}}$）在线圈与电容器组成的回路中往返流动，形成电磁振荡而很少流回电源所致。

（3）并联谐振时，$\dot{U}$、$\dot{I}$ 同相，$\varphi=0$，故与串联谐振相同，也有如下关系式：

$P=UI\cos\varphi=UI=S$　　有功功率等于视在功率

$Q=UI\sin\varphi=0$　　无功功率等于零

即谐振电路只从电源吸收少量电能维持电感与电容间的电磁振荡（补充电磁振荡中的能耗），而与电源间没有能量交换。

先导案例解决

电风扇是每个人生活中都会碰到的家用电器。在我国，电风扇使用的是频率为 50 Hz、电压为 220 V 的交流电。电风扇如图 5–46（a）所示，其等效电路是由电阻、电感和电容组成的并联电路，如图 5–46（b）所示。

（a）

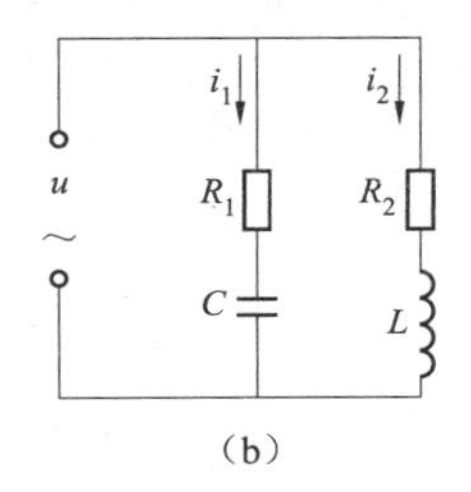

（b）

图 5–46　电风扇
（a）实物图；（b）等效电路图

一个约 60 W 电风扇的各项参数如下：$u=311\sin(\omega t)\text{V}$

$i_1=0.57\sin(\omega t+30^\circ)\text{A}$

$i_2=0.42\sin(\omega t-60^\circ)\text{A}$

知识梳理与总结

1. 正弦交流电的三要素及其表示（以电流为例）

$$i=I_{\text{m}}\sin(\omega t+\varphi_{\text{i}})=\sqrt{2}I\sin(\omega t+\varphi_{\text{i}})$$

幅值：I_{m}

初相位：φ_{i}

角频率：$\omega=2\pi f$

2. 单一参数交流电路中电压、电流及功率的关系对比

电路元件	电阻 R	电感 L	电容 C
参数定义	$R=\dfrac{U}{I}$	$L=\dfrac{\Psi}{i}$	$C=\dfrac{q}{u}$
阻抗值	R	$X_{\text{L}}=\omega L$	$X_{\text{C}}=\dfrac{1}{\omega C}$

续表

电路元件	电阻 R	电感 L	电容 C
电压 – 电流瞬时值关系	$R=\dfrac{u}{i}$	$u=L\dfrac{\mathrm{d}i}{\mathrm{d}t}$	$i=C\dfrac{\mathrm{d}u}{\mathrm{d}t}$
电压 – 电流有效值关系	$U=RI$	$U=X_L I$	$U=X_C I$
电压 – 电流相量关系	$\dot{U}=R\dot{I}$	$\dot{U}=\mathrm{j}X_L\dot{I}$	$\dot{U}=-\mathrm{j}X_C\dot{I}$
电压 – 电流相位差	$\varphi_{u-i}=0°$	$\varphi_{u-i}=90°$	$\varphi_{u-i}=-90°$
电压 – 电流波形图	$u、i$, u_1, i_2, O, ωt	$u、i$, i_L, u_L, O, ωt	$u、i$, u_C, i_C, O, ωt
电压 – 电流相量图	$+\mathrm{j}$, $\dot{I}_1$, U_M, $\psi_1、\psi_2$, O, $+1$	$+\mathrm{j}$, $\dot{U}_L$, $\dot{I}_L$, $\frac{\pi}{2}$, O, $+1$	$+\mathrm{j}$, $\dot{I}_0$, $\dot{U}_0$, $\frac{\pi}{2}$, O, $+1$
功率关系	$P=UI=I^2R=\dfrac{U^2}{R}$	$Q_L=I^2X_L=\dfrac{U^2}{X_L}$	$Q_C=I^2X_C=\dfrac{U^2}{X_C}$

3. 电路的复阻抗

任何一个交流电路，其参数总可以通过等效变换的方式等效为

$$Z=R+\mathrm{j}X=R+\mathrm{j}(X_L-X_C)=|Z|\angle\varphi$$

4. 相量法在交流电路计算中的应用

相量法是借助复数的形式来表示正弦量的一种数学方法。正弦交流电量采用相量表示后，可借助复数计算的各种方法计算电路参数。

① 正弦交流电的相量表示法

在同一个线性电路系统中，各元件的电压、电流均为同一频率的正弦量。所以在以相量表示正弦交流电流时，仅以幅值（有效值）和相位角两个要素来表示。

$$i=\sqrt{2}I\sin(\omega t+\varphi_i)$$

可表示为

$$\dot{I}=I\angle\varphi_i$$

② 基尔霍夫定律的相量表示

KCL：$\sum\dot{I}=0$

KVL：$\sum\dot{U}=0$

5. 交流电路的功率

交流电路的功率分为有功功率、无功功率和视在功率，其表达式分别为：

$$P=UI\cos\varphi$$

$$Q=UI\sin\varphi$$

$$S=UI=\sqrt{P^2+Q^2}$$

6. 感性电路功率因数的提高

为减小输电线路损耗，提高供电效率，当感性用户的功率因数过低时，通过并联适量的电容，可以有效提高电路的功率因数。

7. 电路的谐振

不论是在串联谐振还是并联谐振电路中，电感、电容和频率之间的关系为：

$$\omega_0=\frac{1}{\sqrt{LC}}$$

或

$$f_0=\frac{1}{2\pi\sqrt{LC}}$$

能力测试

技能训练 1　单相正弦交流电路研究

一、操作目的

（1）能利用示波器观察并读取交流电的参数。

（2）验证电阻、电容、电感上的电压和电流有效值之间的关系。

（3）理解正弦交流电量中用相量形式表达的相位关系。

二、操作器材

操作器材见表 5–1。

表 5–1　技能训练 1 操作器材表

序　号	名　　称	型号与规格	数量	备　注
1	函数信号发生器		1	
2	双踪示波器		1	
3	交流毫伏表	0～600 V	1	
4	交流电流表	0～5 A	1	
5	电路板	U_S=10 V，R=50 Ω，C=0.47 μF，R_1=510 Ω，L=8 mH，R_2=560 Ω	1	

三、操作原理

（1）正弦交流电三要素：通常把振幅（最大值或有效值）、频率（或者角频率、周期）、初相位称为交流电的三要素。任何正弦量都具备这三要素。

（2）根据交流电的三要素，就可写出其解析式，也可画出其波形图。反之，知道了交流电解析式或波形图，也可找出其三要素。

（3）在单相正弦交流电路中，用交流电流表测得各支路的电流值，用交流电压表测得回路各元件两端的电压值，它们之间的关系满足相量形式的基尔霍夫定律，即 $\Sigma I=0$ 和 $\Sigma U=0$。

四、操作内容及步骤

（1）验证电阻、电容、电感上的电压和电流有效值之间的关系：

$$U_R=RI_R$$

$$U_L=\omega_L I_L$$

$$U_C=I_C/\omega_C$$

操作原理如图 5–47 所示。

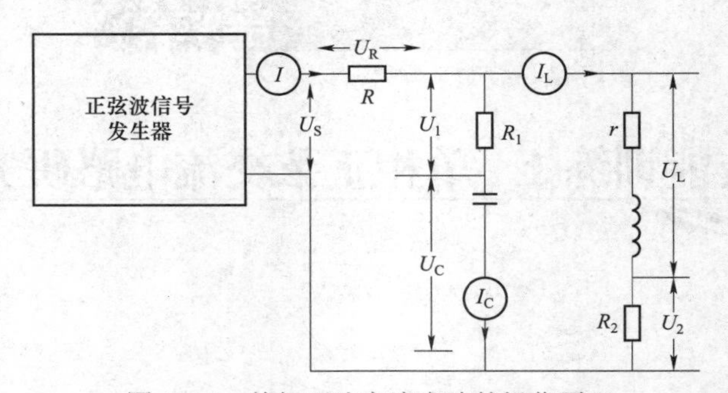

图 5–47 单相正弦交流电路的操作原理

元件参考值：$U_S=10$ V，$R=50\ \Omega$，$C=0.47\ \mu F$，$R_1=510\ \Omega$，$L=8$ mH，$R_2=560\ \Omega$

按照图 5–47 连接好电路后，用交流毫伏表及交流电流表进行测量，完成表 5–2 的内容。

表 5–2 测试数据

频率	I	I_C	I_L	U_R	U_C	U_L	U_1	U_2
f=1 kHz								
f=3 kHz								

根据测量数据验证上述理论公式是否成立。

（2）验证用相量形式表达的元件 R、L、C 相量形式为：

$$\dot{U}_R=R\dot{I}_R$$

$$\dot{U}_L=j\omega L\dot{I}_L$$

$$\dot{U}_C = \frac{1}{j\omega C}\dot{I}_C = -j\frac{1}{\omega C}\dot{I}_C$$

式中表明：电阻 R 两端的电压 U_R 与电流 I_R 的相位相同，电感 L 中的电流 I_L 落后于电压 U_L，相位差 90°，电容 C 中的电流 I_C 超前电压 U_C，相位差 90°。

操作参考电路如图 5–47 所示，以测量电容器 C 上的电压与电流举例。用双踪示波器 YA 输入通道接电阻 R_1 上的电压 U_1，用双踪示波器 YB 输入通道接电容器 C 上的电压 U_C。调节 Y 轴工作方式选择开关置“交替”，适当调节 YA、YB 通道幅度选择开关（VOTS/DIV），使观察幅度波形适当，再适当选择扫描时间因数转换开关（SEC/DIV），使波形稳定，并使一个波形周期在荧光屏上占八个格子，即八个格子代表 360°，一个格子 d 代表 45° 度。最后测量两个波形相应点的水平距离 $n\times d$（cm），则相位差$=n\times d\times 45°$。根据测量画出波形图，验证结果是否符合 R、L、C 相量形式。

五、操作注意事项

（1）示波器使用前需要先测试校准信号。

（2）所有需要测量的电压值，均以电压表测量的读数为准。

六、思考

（1）开始验证前可先估算，以便正确地选择毫安表和电压表的量程。

（2）操作中，若用指针式万用表直流毫安挡测各支路电流，在什么情况下可能出现指针反偏，应如何处理？在记录数据时应注意什么？若用直流数字毫安表进行测量时，会有什么显示呢？

七、操作报告要求

（1）根据测量数据，填入表中，验证 KCL 的正确性。

（2）根据测量数据，选定电路中的任一个闭合回路，验证 KVL 的正确性。

（3）将支路和闭合回路的电流方向重新设定，重复前两项验证。

（4）误差原因分析。

（5）心得体会及其他。

技能训练 2　日光灯电路的研究与功率因数的提高

一、操作目的

（1）了解日光灯电路的组成、各元件的作用和日光灯电路的工作原理。

（2）能根据电路图连接、组装日光灯电路。

（3）理解功率因素的概念，了解功率因数高低的影响。

（4）会提高日光灯电路的功率因数。

二、操作器材

操作器材见表 5–3。

表 5–3　技能训练 2 操作器材表

序　号	名　称	数量	备　注
1	日光灯管（40 W）	1 只	
2	启辉器（与 40 W 灯管配用）	1 只	
3	镇流器（与 40 W 灯管配用）	1 只	
4	功率表	1 只	
5	交流电压表	1 只	
6	交流电流表	1 只	
7	电容器（2.2 μF）	1 只	

三、操作原理

日光灯照明电路是一种使用率很高的电路，它是典型的 *RL* 串联电路。

1. 日光灯电路的研究

日光灯作为普通的照明用光源已十分普及，大家是否思考过闭合开关接通电源后日光灯为什么过一会儿才发光，为什么除灯管外在电路中还带有两个附件，其实日光灯的工作是自感现象的一个实际应用。

日光灯电路通常由灯管、镇流器和启辉器等部分组成，如图 5–48 所示。

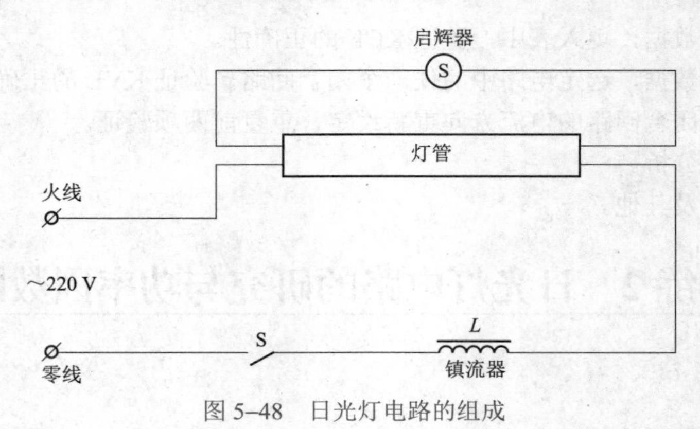

图 5–48　日光灯电路的组成

（1）灯管。灯管是把电能转化为光能的装置。

① 构造及作用：日光灯两端各有一灯丝，灯管内充有微量的氩和稀薄的水蒸气，灯管内壁上涂有荧光粉，两个灯丝之间的气体导电时发出紫外线，使荧光粉发出柔和的可见光。

② 工作特点：灯管开始点燃时需要一个高电压，正常发光时只允许通过不大的电流，这时灯管两端的电压低于电源电压。

（2）镇流器。

① 构造：带有铁芯的线圈，自感系数大。

② 作用：灯管工作的两方面要求都是由跟灯管串联的镇流器来实现的。灯管启动时镇流器产生高电压，点燃灯管；灯管正常工作时镇流器降压限流，延长灯管使用寿命。

（3）启辉器。启辉器是作为启动灯管发光的器件。

① 构造：启动器主要是一个充有氖气的小玻璃泡，里面装有两个电极，一个是静触片。一个是由两种膨胀系数不同的金属制成的 U 形动触片。

在启动器的动、静两触片间并有一个电容器，它的作用是在动、静触片分离时避免产生火花，以免烧坏触点，没有电容器，启动器也能工作。

② 作用：在电路中起到自动开关的作用。

2. 日光灯的工作过程

① 日光灯的电路中，启辉器与灯管并联，镇流器与灯管串联（注意与灯丝的连接）。

② 工作原理：当开关闭合后电源把电压加在启动器的两极之间，使氖气放电而发出辉光，辉光产生的热量使 U 形动触片膨胀伸长，跟静触片接触而把电路接通，于是镇流器线圈和灯丝中就有电流通过，电路接通后，启动器中的氖气停止放电，U 形触片冷却收缩，两个极片分离，电路自动断开，在电路断开的瞬间，由于镇流器中的电流急剧减小，会产生很高的自感电动势，方向与原电压方向相同，这个自感电动势与电源电压加在一起，形成一个瞬时高电压，加在灯管两端，使灯管中的气体开始放电，于是日光灯管成为电流的通路开始发光。日光灯开始发光后，由于交变电流通过镇流器的线圈，线圈中就会产生自感电动势，它总是阻碍电流的变化，这时镇流器就起到降压限流的作用，保证日光灯的正常工作。

3. 功率因素提高的意义和方法

要提高感性负载的功率因数，可以用并联电容器的办法，使流过电容器中的无功电流分量与感性负载中的无功电流分量互相补偿，以减小电压和电流之间的相位差，从而提高功率因数。提高负载的功率因数有很大的经济意义，一方面它可以充分发挥电源设备的利用率，另一方面又可以减少输电线路上的功率损失，提高电能的传输效率。

四、操作内容及步骤

（1）观察日光灯电路的分布情况，按图 5–48 所示组装日光灯电路，经教师检查无误后，接通电源进行操作，观察日光灯的启动情况。

（2）在上图基础上，按图 5–49 所示接好线路，暂不接电容，接入功率表和电流表，各表的量程置于以下挡位。

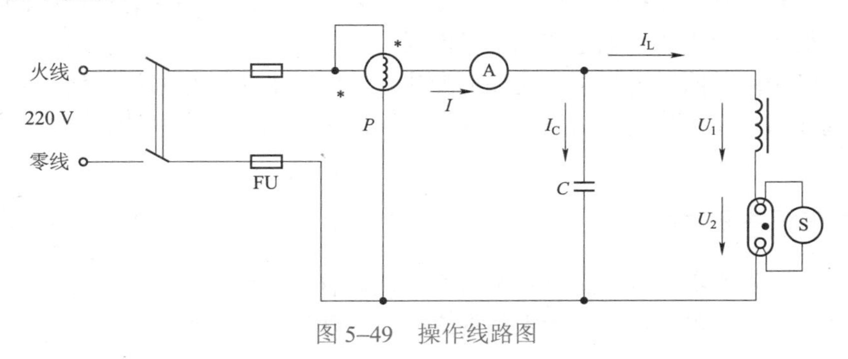

图 5–49　操作线路图

功率表：2.5 A，300 V；电压表：300 V；电流表：500 mA。

经教师检查无误后，合上电源开关，待日光灯启辉后，观察其整个工作过程，观察仪表 A 和 P 的读数，同时测量电源电压 U 及 U_1、U_2 的值，填入表 5–4 中。

表 5–4　未接入电容时的情况表

测量值					计算值			
P	I	U/V	U_1	U_2	P_1	P_2	S	$\cos\varphi$

表 5–4 中，P 为总功率；P_1 为镇流器所消耗的功率，$P_1=P-P_2$；P_2 为日光灯所消耗的功率，$P_2=I\cdot U_2$

（3）按图 5–49 并联电容，经检查无误后合上电源，读取总功率 P 和总电流 I 值，填入表 5–5 中。改变电流表的位置，分别串入电容支路和电感支路，测量电容电流 I_C 和电感电流 I_L，并填入表 5–5 中。

表 5–5　接入电容后的情况表

测量值					计算值	
P	I	U/V	I_C	I_L	S	$\cos\varphi$

五、操作注意事项

（1）电源开关闭合后，不得用手去触摸各接线端子，操作过程中改变电路结构时，也应首先断开电源，谨防发生触电事故。

（2）电容器从电路中拆下后，应将电容器的两个电极用导线短接放电，以防电击。

（3）功率表的电压线圈一定与负载并联，电流线圈一定与负载串联，不得接错，以防损坏仪表。

六、思考

（1）参阅课外资料，了解日光灯的启辉原理。

（2）依据测量数据表分析讨论电源电压 U、灯管两端电压 U_2 和镇流器两端电压 U_1 之间的关系（镇流器可等效为一个电阻和纯电感串联）。

（3）日光灯两端并联电容后总电流如何变化？镇流器支路电流如何变化？为什么？

（4）提高线路功率因数为什么只采用并联电容器法，而不用串联法？所并的电容器是否越大越好？

七、操作报告要求

（1）根据各测量数据，分别记录在表格内，注意有效位数。

（2）比较操作中两种情况功率因数值的变化，从理论上加以说明。

（3）必要的误差分析。

（4）心得体会及其他。

技能训练 3　三表法测量电路等效参数

一、操作目的

（1）学会用交流电压表、交流电流表和功率表测量元件的交流等效参数的方法。

（2）学会功率表的接法和使用。

二、操作器材

操作器材见表 5–6。

表 5–6　技能训练 3 操作器材表

序号	名　　称	型号与规格	数量	备　　注
1	交流电压表	0～500 V	1	
2	交流电流表	0～5 A	1	
3	功率表		1	DGJ－07
4	自耦调压器		1	
5	镇流器（电感线圈）	与 30 W 日光灯配用	1	DGJ－04
6	电容器	1 μF，4.7 μF/500 V	1	DG09
7	白炽灯	15 W/220 V	3	DGJ－04

三、操作原理

（1）正弦交流信号激励下的元件值或阻抗值，可以用交流电压表、交流电流表及功率表分别测量出元件两端的电压 U、流过该元件的电流 I 和它所消耗的功率 P，然后通过计算得到所求的各值，这种方法称为三表法，是测量 50 Hz 交流电路参数的基本方法。

计算的基本公式为

阻抗的模　$|Z|=\dfrac{U}{I}$，　　电路的功率因数 $\cos\varphi=\dfrac{P}{UI}$

等效电阻　$R=\dfrac{P}{I^2}=|Z|\cos\varphi$，　　等效电抗 $X=|Z|\sin\varphi$

或　$X=X_L=2\pi fL$，$X=X_C=\dfrac{1}{2\pi fC}$。

（2）阻抗性质的判别方法：可用在被测元件两端并联电容或将被测元件与电容串联的方法来判别。其原理如下：

① 在被测元件两端并联一只适当容量的试验电容，若串接在电路中电流表的读数增大，则被测阻抗为容性，电流

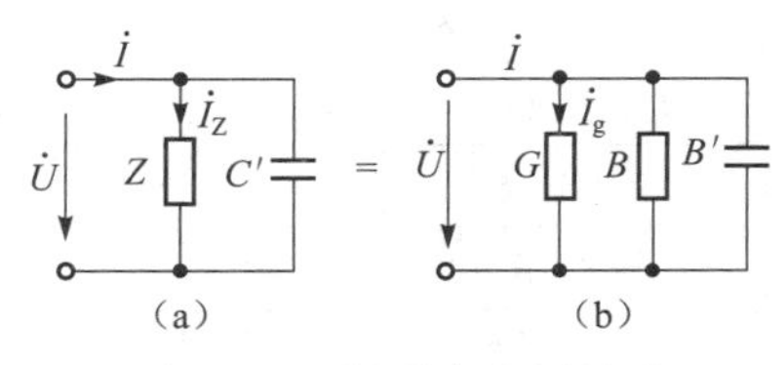

图 5－50　并联电容测量法

减小则为感性。

图 5－50（a）中，Z 为待测定的元件，C' 为试验电容器。（b）图是（a）的等效电路，图中 G、B 为待测阻抗 Z 的电导和电纳，B' 为并联电容 C' 的电纳。

在端电压有效值不变的条件下，按下面两种情况进行分析：

a. 设 $B+B'=B''$，若 B' 增大，B'' 也增大，则电路中电流 I 将单调地上升，故可判断 B 为容性元件。

b. 设 $B+B'=B''$，若 B' 增大，而 B'' 先减小而后再增大，电流 I 也是先减小后上升，如图 5－51 所示，则可判断 B 为感性元件。

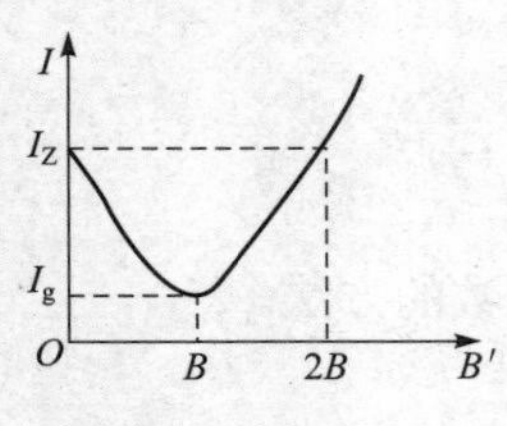

图 5－51　B 为感性元件

由以上分析可见，当 B 为容性元件时，对并联电容 C' 值无特殊要求；而当 B 为感性元件时，$B'<|2B|$ 才有判定为感性的意义。$B'>|2B|$ 时，电流单调上升，与 B 为容性时相同，并不能说明电路是感性的。因此 $B'<|2B|$ 是判断电路性质的可靠条件，由此得判定条件为 $C'<\left|\frac{2B}{\omega}\right|$。

② 与被测元件串联一个适当容量的试验电容，若被测阻抗的端电压下降，则判为容性，端压上升则为感性，判定条件为 $\frac{1}{\omega C'}<|2X|$，式中 X 为被测阻抗的电抗值，C' 为串联试验电容值，此关系式可自行证明。

判断待测元件的性质，除上述借助于试验电容 C' 测定法外，还可以利用该元件的电流 $\dot{I}$ 与电压 u 之间的相位关系来判断。若 $\dot{I}$ 超前于 u，为容性；$\dot{I}$ 滞后于 u，则为感性。

（3）本实验所用的功率表为智能交流功率表，其电压接线端应与负载并联，电流接线端应与负载串联。

四、操作内容及步骤

测试线路如图 5－52 所示。

图 5－52　测试线路

（1）按图 5－52 接线，并经指导教师检查后，方可接通市电电源。

（2）分别测量 15 W 白炽灯（R）、30 W 日光灯镇流器（L）和 4.7 μF 电容器（C）的等效参数。

（3）测量 L、C 串联与并联后的等效参数。

填入表 5–7。

表 5–7　技能训练 3 实验数据表 1

被测阻抗	测量值			计算值			电路等效参数		
	U /V	I /A	P /W	$\cos\varphi$	Z /Ω	$\sin\varphi$	R /Ω	L /mH	C /μF
15 W 白炽灯 R									
电感线圈 L									
电容器 C									
L 与 C 串联									
L 与 C 并联									

（4）验证用串、并试验电容法判别负载性质的正确性。

实验线路同图 5－52，但不必接功率表，按表 5–8 内容进行测量和记录。

表 5–8　技能训练 3 实验数据表 2

被测元件	串 1 μF 电容		并 1 μF 电容	
	串前端电压/V	串后端电压/V	并前电流/A	并后电流/A
R（三只 15 W 白炽灯）				
C（4.7 μF）				
L（1 H）				

五、操作注意事项

（1）本操作直接用市电 220 V 交流电源供电，实验中要特别注意人身安全，不可用手直接触摸通电线路的裸露部分，以免触电，进实验室应穿绝缘鞋。

（2）自耦调压器在接通电源前，应将其手柄置在零位上，调节时，使其输出电压从零开始逐渐升高。每次改接实验线路、换拨黑匣子上的开关及实验完毕，都必须先将其旋柄慢慢调回零位，再断电源。必须严格遵守这一安全操作规程。

（3）操作前应详细阅读智能交流功率表的使用说明书，熟悉其使用方法。

六、思考

（1）在 50 Hz 的交流电路中，测得一只铁芯线圈的 P、I 和 U，如何算得它的阻值及电感量？

（2）如何用串联电容的方法来判别阻抗的性质？试用 I 随 X_C'（串联容抗）的变化关系作定性分析，证明串联实验时，C' 满足 $\frac{1}{\omega C'}<|2X|$。

七、操作报告要求

（1）根据测量数据，完成各项计算。

（2）完成思考任务。

（3）心得体会及其他。

技能训练 4　*RLC* 串联谐振电路的测量

一、操作目的

（1）学习绘制 RLC 串联电路的幅频特性曲线。

（2）加深理解电路发生谐振的条件、特点，掌握电路品质因数（电路 Q 值）的物理意义及其测定方法。

二、操作器材

操作器材见表 5-9。

表 5-9　技能训练 4 操作器材表

序号	名　　称	型号与规格	数量	备　　注
1	函数信号发生器		1	
2	交流毫伏表	0～600 V	1	
3	双踪示波器		1	自备
4	频率计		1	
5	谐振电路实验电路板	$R=200\ \Omega$，$1\ \text{k}\Omega$ $C=0.01\ \mu\text{F}$，$0.1\ \mu\text{F}$， $L=$约 30 mH		DGJ-03

三、操作原理

（1）在图 5-53 所示的 RLC 串联电路中，当正弦交流信号源的频率 f 改变时，电路中的感抗、容抗随之而变，电路中的电流也随 f 而变。取电阻 R 上的电压 U_o 作为响应，当输入电压 U_i 的幅值维持不变时，在不同频率的信号激励下，测出 U_o 之值，然后以 f 为横坐标，以 U_o/U_i 为纵坐标（因 U_i 不变，故也可直接以 U_o 为纵坐标），绘出光滑的曲线，此即为幅频特性曲线，亦称谐振曲线，如图 5-54 所示。

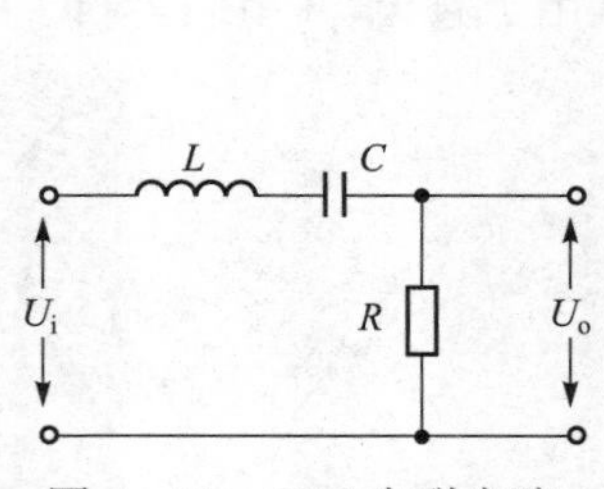

图 5-53　RLC 串联电路

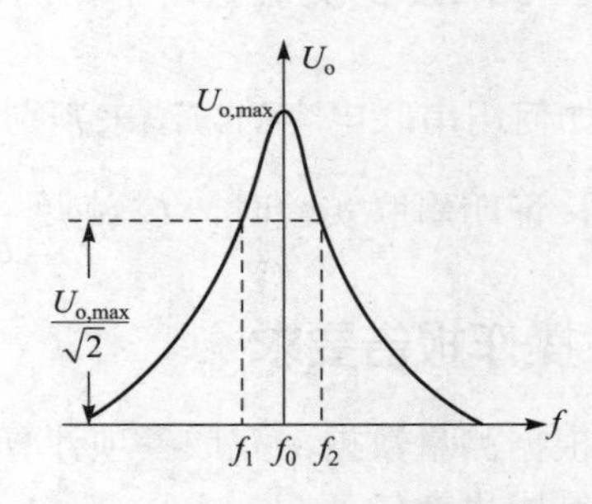

图 5-54　RLC 串联幅频特性曲线

（2）在 $f=f_0=\dfrac{1}{2\pi\sqrt{LC}}$ 处，即幅频特性曲线尖峰所在的频率点称为谐振频率。此时 $X_L=X_C$，电路呈纯阻性，电路阻抗的模为最小。在输入电压 U_i 为定值时，电路中的电流达到最大值，且与输入电压 u_i 同相位。从理论上讲，此时 $U_i=U_R=U_o$，$U_L=U_C=QU_i$，式中的 Q 称为电路的品质因数。

（3）电路品质因数 Q 值的两种测量方法。

一是根据公式 $Q=\dfrac{U_L}{U_o}=\dfrac{U_C}{U_o}$ 测定，U_C 与 U_L 分别为谐振时电容器 C 和电感线圈 L 上的电

压；另一方法是通过测量谐振曲线的通频带宽度$\Delta f = f_2 - f_1$，再根据 $Q = \frac{f_0}{f_2 - f_1}$ 求出 Q 值。式中 f_0 为谐振频率，f_2 和 f_1 是失谐时，亦即输出电压的幅度下降到最大值的 $1/\sqrt{2}$（$=0.707$）倍时的上、下频率点。Q 值越大，曲线越尖锐，通频带越窄，电路的选择性越好。在恒压源供电时，电路的品质因数、选择性与通频带只决定于电路本身的参数，而与信号源无关。

四、操作内容及步骤

（1）按图 5－55 组成监视、测量电路。先选用 C_1、R_1。用交流毫伏表测电压，用示波器监视信号源输出。令信号源输出电压 $U_i = 4\ V_{P-P}$，并保持不变。

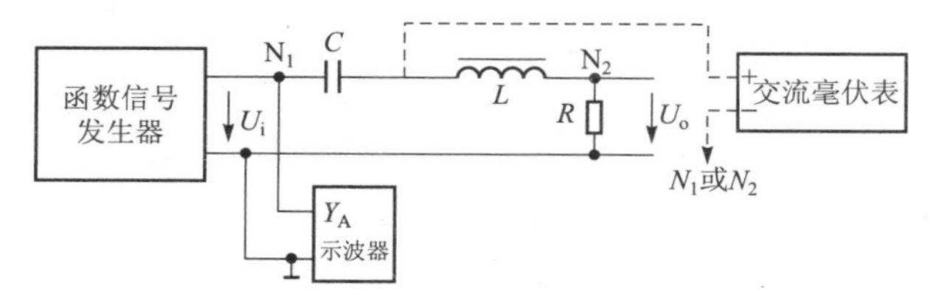

图 5－55　监视、测量电路

（2）找出电路的谐振频率 f_0，其方法是，将毫伏表接在 R（200 Ω）两端，令信号源的频率由小逐渐变大（注意要维持信号源的输出幅度不变），当 U_o 的读数为最大时，读得频率计上的频率值即为电路的谐振频率 f_0，并测量 U_C 与 U_L 之值（注意及时更换毫伏表的量限）。

（3）在谐振点两侧，按频率递增或递减 500 Hz 或 1 kHz，依次各取 8 个测量点，逐点测出 U_o、U_L、U_C 之值，记入表 5–10。

表 5–10　技能训练 4 实验数据表 1

f/kHz														
U_o/V														
U_L/V														
U_C/V														
$U_i = 4\ V_{P-P}$，　$C = 0.01\ \mu F$，　$R = 510\ \Omega$，　$f_0 =$　　，$f_2 - f_1 =$　　，$Q =$														

（4）将电阻改为 R_2，重复步骤 2，3 的测量过程，记入表 5–11。

表 5–11　技能训练 4 实验数据表 2

f/kHz														
U_o/V														
U_L/V														
U_C/V														
$U_i = 4\ V_{P-P}$，　$C = 0.01\ \mu F$，　$R = 1\ k\Omega$，　$f_0 =$　　，$f_2 - f_1 =$　　，$Q =$														

（5）选 C_2，重复操作内容 2～4（自制表格）。

五、操作注意事项

（1）测试频率点的选择应在靠近谐振频率附近多取几点。在变换频率测试前，应调整信号输出幅度（用示波器监视输出幅度），使其维持在 3 V。

（2）测量 U_C 和 U_L 数值前，应将毫伏表的量限改大，而且在测量 U_L 与 U_C 时毫伏表的“+”端应接 C 与 L 的公共点，其接地端应分别触及 L 和 C 的近地端 N_2 和 N_1。

（3）操作中，信号源的外壳应与毫伏表的外壳绝缘（不共地）。如能用浮地式交流毫伏表测量，则效果更佳。

六、思考

（1）根据操作线路板给出的元件参数值，估算电路的谐振频率。

（2）改变电路的哪些参数可以使电路发生谐振，电路中 R 的数值是否影响谐振频率值？

（3）如何判别电路是否发生谐振？测试谐振点的方案有哪些？

（4）电路发生串联谐振时，为什么输入电压不能太大，如果信号源给出 3 V 的电压，电路谐振时，用交流毫伏表测 U_L 和 U_C，应该选择用多大的量限？

（5）要提高 RLC 串联电路的品质因数，电路参数应如何改变？

（6）本操作在谐振时，对应的 U_L 与 U_C 是否相等？如有差异，原因何在？

七、操作报告要求

（1）根据测量数据，绘出不同 Q 值时的三条幅频特性曲线，即

$$U_o=f(f),\ U_L=f(f),\ U_C=f(f)$$

（2）计算出通频带与 Q 值，说明不同 R 值对电路通频带与品质因数的影响。

（3）对两种不同的测 Q 值的方法进行比较，分析误差原因。

（4）谐振时，比较输出电压 U_o 与输入电压 U_i 是否相等？试分析原因。

（5）通过本次操作，总结、归纳串联谐振电路的特性。

（6）心得体会及其他。

探索与研究

学习单元六

三相交流电路的分析

先导案例

目前在电能的生产、输送和分配中几乎全都采用三相制，就是需要单相供电的地方，也是应用三相交流电中的一相。

某学校有一栋3层教学楼，采用三相四线制供电，每层楼为一相，电路如图6-1所示。1楼是实验室；2楼和3楼是教室。这一天晚上，1楼没做实验（没用电），2楼有1个教室开着灯，3楼有3个教室开着灯。突然，2楼所有灯雪亮刺眼，而3楼的灯昏暗无光。出了什么问题？

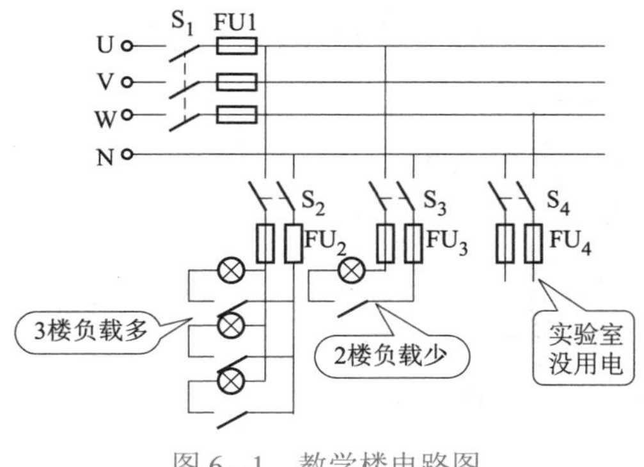

图6-1　教学楼电路图

学习单元五中，曾假定交流电源是一个持续可用的正弦电压源，其输出阻抗可以忽略不计。在现实生活中，也是这样假定的。事实上现代文明高度依赖于可靠的电源，如果没有电能，生活简直不可想象。

发电和配电是大型电力公司的业务。有很多种燃料和能源可用于发电，如煤、天然气、燃油、核能和水能，还有其他一些新兴的未来方法，如风能、潮汐能、太阳能以及燃烧家庭垃圾等。

生产电能的标准方法是燃烧初级燃料，在锅炉内产生高压蒸汽，然后蒸汽驱动蜗轮使发电机旋转。发电机产生的电压以高压形式进行远距离传输。为了提高可靠性，一个地理区域内的发电机都是同步地连接到传输线上，进行有功功率和无功功率的交换。

在接近工业或家庭用户的地方，电压由传输水平（典型值为 120～1 500 kV）降至配电水平（典型值为 4.8～34 kV）。对于家庭用户，电压降至 220/380 V（单相）。

电能的产生、传输和分配都是以三相形式进行的。只是在非常接近用户的地方才由三相变换为单相。本单元主要介绍和研究三相电力系统。

学习模块 1　三相交流电源的连接

学习目标

1. 了解三相交流电的产生。
2. 掌握对称三相电源的特点及相序的概念。
3. 掌握对称三相交流电源星形连接与三角形连接时线电压、相电压之间的对应关系。

一、三相交流电的简介

1. 三相交流电产生

三相交流电是由三相交流发电机产生的。如图 6－2 所示为三相交流发电机结构示意图，它主要由定子和转子组成。在定子铁芯槽中，分别对称嵌放了三组几何尺寸、线径和匝数相同的绕组，这三组绕组分别称为 A 相、B 相和 C 相，其首端分别标为 U_1、V_1、W_1，尾端分别标为 U_2、V_2、W_2，各相绕组所产生的感应电动势方向由绕组的尾端指向首端。这里所说的对称嵌放绕组，是指三组绕组在圆周上的排列彼此间隔 120°。

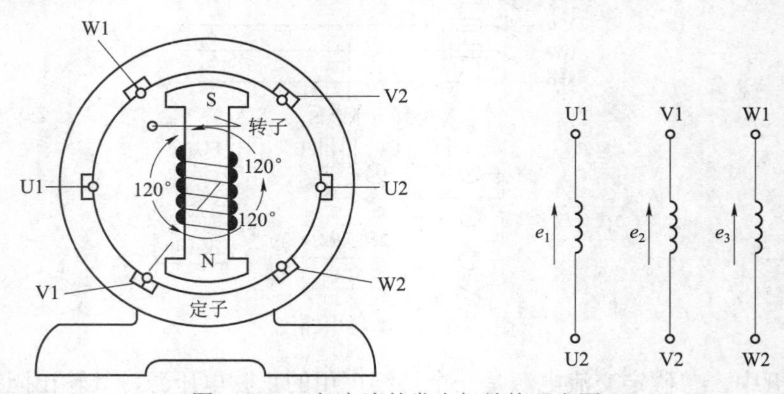

图 6－2　三相交流的发电机结构示意图

当转子在其他动力机（如水力发电站的水轮机、活力发电站的蒸汽轮机等）的拖动下，以角频率 ω 做顺时针匀速转动时，在三相绕组中产生感应电动势 e_1、e_2、e_3。这三相电动势的振幅、频率相同，它们之间的相位彼此相差 120°。

如果以 A 相绕组的电动势 e_1 为准，则三相感应电动势的瞬时值表达式为：

$$e_1 = E_m \sin\omega t$$

$$e_2 = E_m \sin\left(\omega t - \frac{2}{3}\pi\right)$$

$$e_3 = E_m \sin\left(\omega t + \frac{2}{3}\pi\right)$$

根据上面的表达式可画出这三相电动势的波形图，如图 6－3 所示。

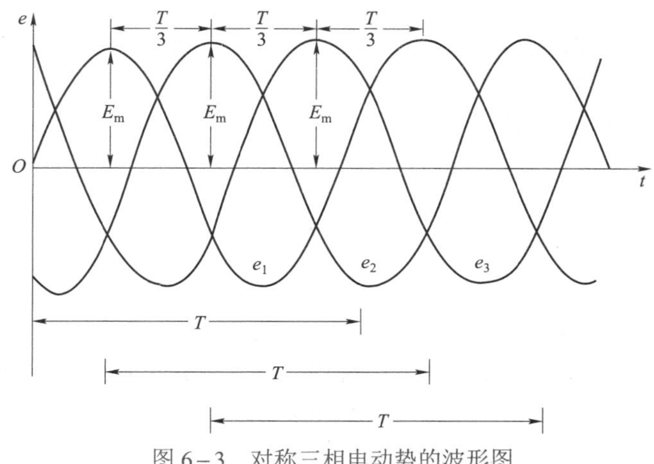

图 6－3　对称三相电动势的波形图

2. 三相交流电的优点

和单相交流电比较，三相交流电具有以下优点：

（1）三相发电机比尺寸相同的单相发电机输出的功率要大。

（2）三相发电机的结构和制造不比单相发电机复杂多少，且使用、维护都较方便，运转时比单相发电机的振动要小。

（3）在同样条件下输送同样大的功率时，特别是在远距离输电时，三相输电线比单相输电线可节约 25%左右的材料。

3. 三相交流电的相序

相序指的是三相交流电压的排列顺序，一般以三相电动势最大值到达时间的先后顺序称为相序。三相电源的相序是以国家电网的相序为基准的。如 A、B、C 三相交流电压的相位，按顺时针排列，相位差为 120°，就是正序；如按逆时针排列，就是负序；如果同相，就是零序。

在配电系统中，相序是一个非常重要的规定。为使配电系统能够安全可靠地运行，国家统一规定：A、B、C 三项分别用黄色、绿色、红色表示。

在电力工程上，相序排列是否正确，可用相序表来测量。相序表可检测三相交流电源中出现的缺相、逆相、三相电压不平衡、过电压、欠电压等故障。

二、三相交流电路

1. 三相电源的星形连接

三相交流发电机的三相绕组有 6 个端头，其中有 3 个首端，3 个尾端，如果用三相六线制来输电就需要 6 根线，很不经济，也没有实用价值。

把三个尾端连接在一起，成为一个公共点（称为中性点），从中性点引出的导线称为中性线，简称中线（又称为零线），用 N 表示；把三个绕组引出的输电线 A、B、C 叫做相线，俗称火线。这种连接方式所构成的供电系统称为三相四线制电源，用符号“Y”表示，如图 6-4 所示。

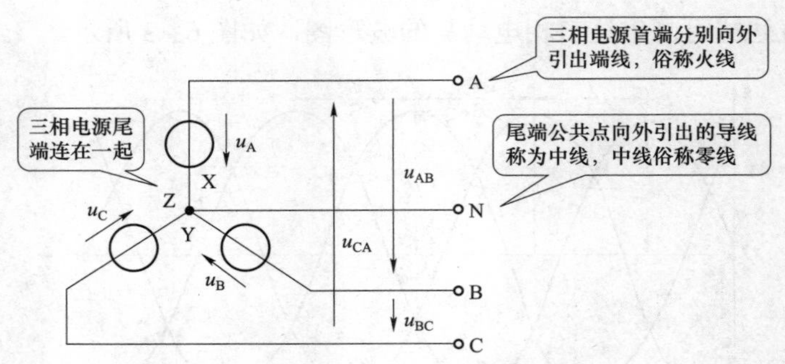

图 6-4　三相交流电源的星形连接

2. 三相电源的三角形连接

三相交流电源的三角形接法是将各相电源或负载依次首尾相连，并将每个相连的点引出，作为三相电的三条相线。三角形接法没有中性点，也不可引出中性线，因此只有三相三线制（添加地线后，成为三相四线制），如图 6-5 所示。

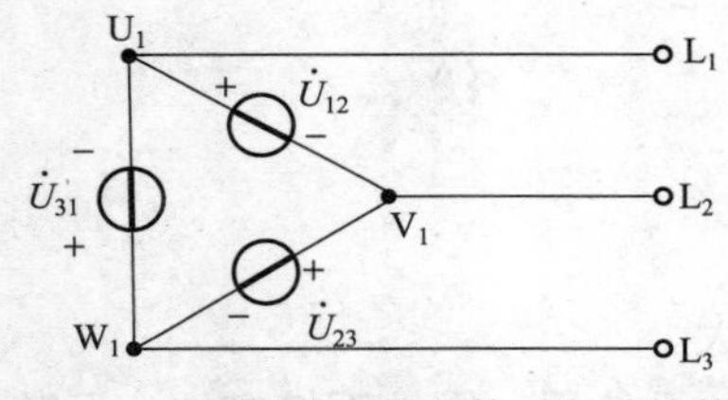

图 6-5　三相交流电源的三角形连接

3. 相电压和线电压

三相四线制供电线路采用星形（Y）接法，其突出优点是能够输出两种电压，且可以同时用两种电压向不同用电设备供电，如图 6-6 所示。

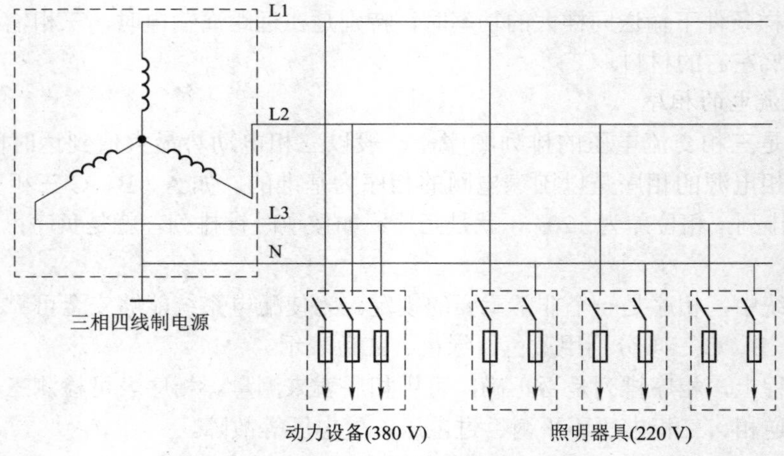

图 6-6　三相四线制供电系统

（1）相电压：每相绕组首端与中性点之间的电压称为相电压，相电压为 220 V，供单相设备和照明器具使用。

（2）线电压：相线与相线之间的电压称为线电压，线电压为 380 V，供三相动力设备使用。

请注意：线电压与相电压的数量关系为——线电压等于相电压的 $\sqrt{3}$ 倍，即 $U_{线}=\sqrt{3}U_{相}$。

3. 中性线的重要作用

在实际的供用电网络中，由于单相用电的普遍存在，包括家庭的照明和家用电器的用电，导致供电系统大量存在三相不对称负载。在三相不对称负载电路中，如果没有中性线，各相电压因为负载大小的不同将严重偏离正常值，造成有的相供电电压不足，不能正常工作；而有的相供电电压太高，会造成用电器损坏事故（如灯泡、电视机等全部烧坏），有时甚至会危及用户的安全。

中性线的重要作用是：在三相不对称负载电路中，保证三相负载上的电压对称，防止事故的发生。

在三相四线制供电系统中规定，中性线上不允许安装保险丝和开关，以保证用电安全。

自我检测

1. 某三相交流发电机的频率为 50 Hz，相电压的有效值为 220 V，试写出三相电压的瞬时值及相量表达式，并画出波形图和相量图。

2. 对称三相电压 U 相的瞬时值 $e_u=311\sin(314t-30°)$ V，试写出其他两相的瞬时值表达式、相量表达式，并画出相量图。

3. 三个单相电源以 Y 形方式连接成一个三相电源，测得其三相线电压为 380 V。如果发电机以△形连接，三相线电压为多少？

答案

3. 220 V

学习模块 2　三相负载的连接与应用

学习目标

1. 熟悉三相负载的组成与接线方式。

2. 掌握对称三相负载星形接线与三角形接线时，线电压与相电压、线电流与相电流之间的对应关系。

三相制中的三相负载，是由三个负载连接成星形或三角形所组成的，分别称为星形负载和三角形负载。若每相负载相同时，称为对称三相负载，否则为不对称三相负载。

对称三相电源和对称三相负载组成的系统称为对称三相电路。

一、三相负载的星形连接

假定把三相负载 Z_1、Z_2、Z_3 的一端联在一起，用 N′ 表示，这点称为负载的中点；三相负载Z_1、Z_2、Z_3的另一端及中点用导线分别与三相电源及电源的中点N相连接（图6-7）组成的供电系统，叫做三相四线制。如果不接中线NN′的供电系统，叫作三相三线制。

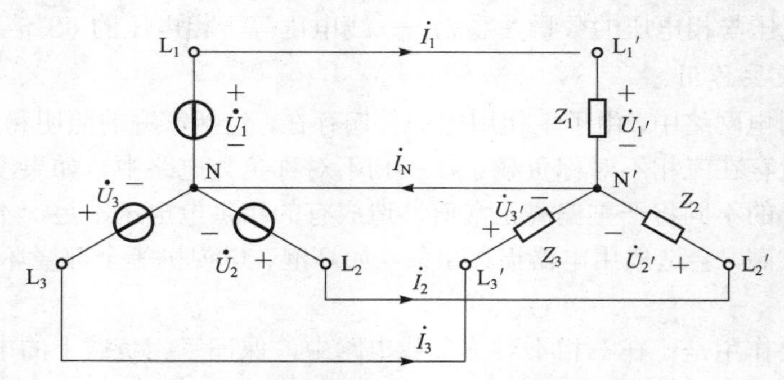

图6-7　负载星形连接的三相四线制电路

在图6-7中，各相负载上的电流称为相电流，用I_P表示；端线中的电流称为线电流，用I_L表示。显然，在Y-Y连接的电路中，各相电源、各相负载的相电流都等于线电流。

当三相负载$Z_1=Z_2=Z_3=Z$时，每相负载中的电流分别为

$$\left.\begin{aligned}\dot{I}_1&=\frac{\dot{U}_1}{Z}=\frac{U\angle 0^\circ}{|Z|\angle\varphi}=I\angle-\varphi\\\dot{I}_2&=\frac{\dot{U}_2}{Z}=\frac{U\angle-120^\circ}{|Z|\angle\varphi}=I\angle(-120^\circ-\varphi)\\\dot{I}_3&=\frac{\dot{U}_3}{Z}=\frac{U\angle 120^\circ}{|Z|\angle\varphi}=I\angle(120^\circ-\varphi)\end{aligned}\right\}\tag{6-1}$$

中线电流

$$\dot{I}_N=\dot{I}_1+\dot{I}_2+\dot{I}_3=0$$

负载端的线电压与相电压的关系为

$$\left.\begin{aligned}\dot{U}_{1'2'}&=\dot{U}_{1'}-\dot{U}_{2'}=\sqrt{3}\dot{U}_{1'}\angle 30^\circ\\\dot{U}_{2'3'}&=\dot{U}_{2'}-\dot{U}_{3'}=\sqrt{3}\dot{U}_{2'}\angle 30^\circ\\\dot{U}_{3'1'}&=\dot{U}_{3'}-\dot{U}_{1'}=\sqrt{3}\dot{U}_{3'}\angle 30^\circ\end{aligned}\right\}\tag{6-2}$$

对称三相Y-Y连接电路的特点可归纳如下：

（1）电源端和负载端的线电压、相电压、线电流、相电流都是对称的；

（2）线电流等于相电流；

（3）电源端和负载端的线电压都等于各端相电压的$\sqrt{3}$倍，相位上都比各对应相电压超前30°。

（4）由于各相电压、电流的对称性，只要分析计算三相中的任意一相，其他两相的电压、电流就可以按照对称性直接写出来。这就是对称三相电路归结为一相的计算方法。

例 6-1　某三相三线制供电线路上，接入三相电灯负载，接成星形，如图6-8（a）所示。设线电压为380 V，每一组电灯负载的电阻是400 Ω，试计算：

（1）在正常工作时，电灯负载的电压和电流为多少？

（2）如果1相断开时，其他两相负载的电压和电流为多少？

（3）如果1相发生短路，其他两相负载的电压和电流为多少？

（4）如果采用三相四线制（加了中线）供电，如图6-8（b）所示，试重新计算1相断开时或1相短路时，其他各相负载的电压和电流。

解　（1）在正常情况下，三相负载对称，负载电压为

$$U_P = \frac{380}{\sqrt{3}} = 220\ \text{V}$$

负载电流为

$$I_P = \frac{220}{400} = 0.55\ \text{A}$$

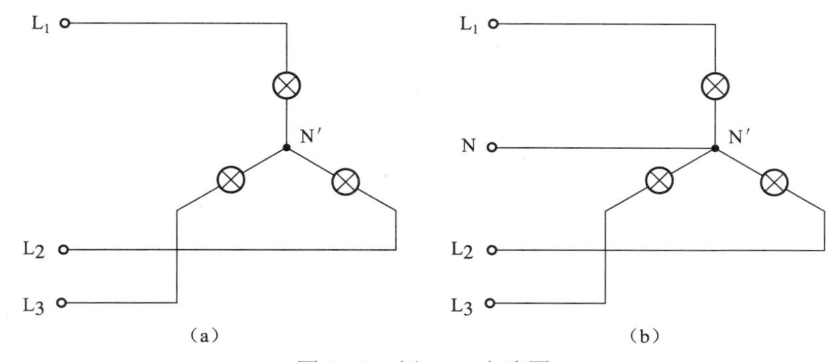

图6-8　例6-1电路图

（2）电路如图6-9（a）所示，1相断开，其余两相的负载电压为

$$U_P = \frac{380}{2} = 190\ \text{V}$$

负载电流为

$$I_P = \frac{190}{400} = 0.475\ \text{A}\ （灯暗）$$

（3）电路如图6-9（b）所示，1相短路，其余两相的负载电压为

$$U_P = 380\ \text{V}$$

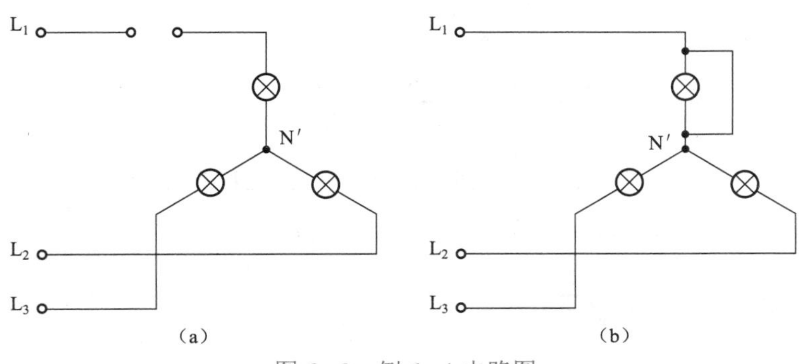

图6-9　例6-1电路图

负载电流为

$$I_{\mathrm{P}}=\frac{380}{400}=0.95\ \mathrm{A}\ （灯亮）$$

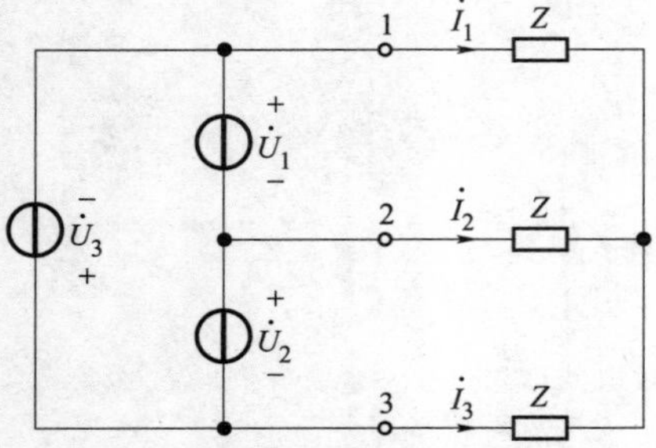

（4）采用三相四线制供电，如图6-9（b）所示。

1相断开，其余两相的负载电压 $U_{\mathrm{P}}=220\ \mathrm{V}$，电灯正常工作。

1相短路，其余两相仍能正常工作。

这就是三相四线制供电的优点。为了保证每相负载正常工作，中线不能断开。中线是不允许接入开关或保险丝的。

图6-10　例6-2电路图

例6-2　对称三相电路如图6-10所示，已知 $Z=8+\mathrm{j}6\ \Omega$，线电压 $U_{\mathrm{L}}=220\ \mathrm{V}$，试求负载中各电流相量。

解　已知线电压 $U_{\mathrm{L}}=220\ \mathrm{V}$，相当于三角形连接的每相电源电压亦已知，以 $\dot{U}_1$ 为参考相量，则有

$$\dot{U}_1=220\angle 0^\circ\ \mathrm{V}$$
$$\dot{U}_2=220\angle -120^\circ\ \mathrm{V}$$
$$\dot{U}_3=220\angle 120^\circ\ \mathrm{V}$$

对于负载而言，各线电压

$$\dot{U}_{12}=\dot{U}_1=220\angle 0^\circ\ \mathrm{V}$$
$$\dot{U}_{23}=\dot{U}_2=220\angle -120^\circ\ \mathrm{V}$$
$$\dot{U}_{31}=\dot{U}_3=220\angle 120^\circ\ \mathrm{V}$$

根据式（6-2）可得负载的相电压分别为

$$\dot{U}_{1'}=\frac{\dot{U}_{12}}{\sqrt{3}}\angle -30^\circ=127\angle -30^\circ\ \mathrm{V}$$
$$\dot{U}_{2'}=\frac{\dot{U}_{23}}{\sqrt{3}}\angle -30^\circ=127\angle -150^\circ\ \mathrm{V}$$
$$\dot{U}_{3'}=\frac{\dot{U}_{31}}{\sqrt{3}}\angle -30^\circ=127\angle -90^\circ\ \mathrm{V}$$

负载的相电流分别为

$$\dot{I}_1=\frac{\dot{U}_{1'}}{Z}=\frac{127\angle -30^\circ}{8+\mathrm{j}6}=\frac{127\angle -30^\circ}{10\angle 36.87^\circ}=12.7\angle -66.87^\circ\ \mathrm{A}$$
$$\dot{I}_2=\dot{I}_1\angle -120^\circ=12.7\angle -186.87^\circ=12.7\angle 173.13^\circ\ \mathrm{A}$$
$$\dot{I}_3=\dot{I}_1\angle 120^\circ=12.7\angle 53.13^\circ\ \mathrm{A}$$

二、三相负载的三角形连接

假定三相负载对称，都等于 Z，连接成三角形，如图6-11所示。设对称三相电源电压

$\dot{U}_{12}=U_L\angle 0^{\circ}$，$\dot{U}_{23}=U_L\angle -120^{\circ}$，$\dot{U}_{31}=U_L\angle 120^{\circ}$，则负载相电流为

$$\dot{I}_{12}=\frac{\dot{U}_{12}}{Z}=\frac{U_L}{|Z|}\angle -\varphi$$

$$\dot{I}_{23}=\frac{\dot{U}_{23}}{Z}=\frac{U_L}{|Z|}\angle(-120^{\circ}-\varphi)$$

$$\dot{I}_{31}=\frac{\dot{U}_{31}}{Z}=\frac{U_L}{|Z|}\angle(120^{\circ}-\varphi)$$

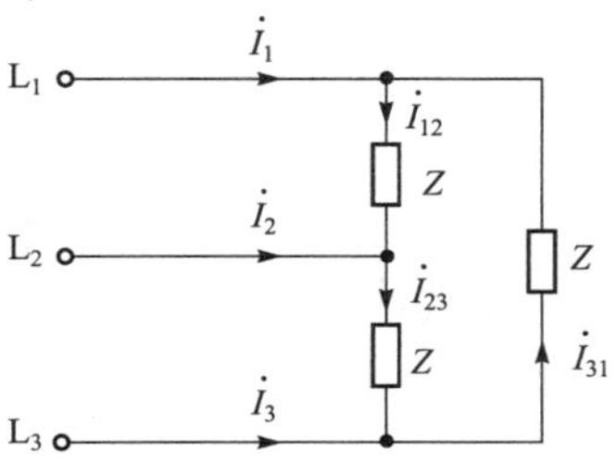

图 6－11　对称三角形负载连接

可见，各相负载的电流是对称的。

根据 KCL，各线电流为

$$\dot{I}_1=\dot{I}_{12}-\dot{I}_{31}=\dot{I}_{12}+(-\dot{I}_{31})$$
$$\dot{I}_2=\dot{I}_{23}-\dot{I}_{12}=\dot{I}_{23}+(-\dot{I}_{12})$$
$$\dot{I}_3=\dot{I}_{31}-\dot{I}_{23}=\dot{I}_{31}+(-\dot{I}_{23})$$

在图 6－12 所示的相量图中，利用平行四边形法则可分析得到

$$\left.\begin{aligned}\dot{I}_1&=\sqrt{3}\dot{I}_{12}\angle -30^{\circ}\\ \dot{I}_2&=\sqrt{3}\dot{I}_{23}\angle -30^{\circ}\\ \dot{I}_3&=\sqrt{3}\dot{I}_{31}\angle -30^{\circ}\end{aligned}\right\}\qquad(6-3)$$

显然，在对称三相负载的三角形连接中，线电流也是对称的。线电流 I_L 是相电流 I_P 的 $\sqrt{3}$ 倍，线电流滞后对应的相电流 30°。线电压等于相电压。

例 6－3　如图 6－13 所示对称三相 Y－△ 连接的电路，已知电源相电压 $U_P=220\text{ V}$，负载阻抗 $Z=57+\text{j}76\ \Omega$，求负载端的线电压、线电流和相电流。

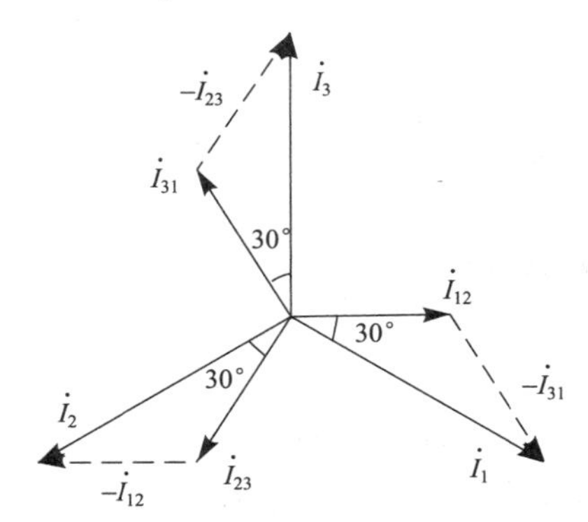

图 6－12　对称三角形负载连接的电流相量图

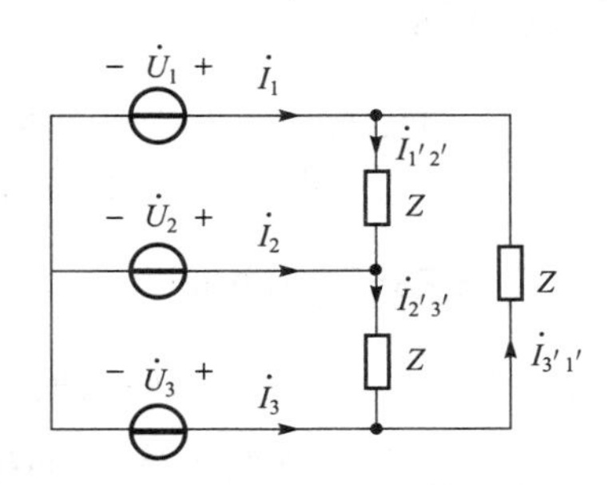

图 6－13　例 6－3 电路图

解　负载端的线电压（即负载相电压）等于电源端的线电压。设 $\dot{U}_1$ 为参考相量，则电源端的线电压为

$$\dot{U}_{12}=\sqrt{3}\dot{U}_1\angle 30^{\circ}=\sqrt{3}U_P\angle 30^{\circ}=380\angle 30^{\circ}\text{ V}$$
$$\dot{U}_{23}=380\angle -90^{\circ}\text{ V}$$
$$\dot{U}_{31}=380\angle 150^{\circ}\text{ V}$$

由此得负载的相电流为

$$\dot{I}_{1'2'}=\frac{\dot{U}_{1'2'}}{Z}=\frac{380\angle 30^\circ}{57+\mathrm{j}76}=\frac{380\angle 30^\circ}{95\angle 53.13^\circ}=4\angle-23.13^\circ\ \mathrm{A}$$

$$\dot{I}_{2'3'}=4\angle-143.13^\circ\ \mathrm{A}$$

$$\dot{I}_{3'1'}=4\angle 96.87^\circ\ \mathrm{A}$$

负载上的线电流根据式（6-3）可得

$$\dot{I}_1=\sqrt{3}\dot{I}_{1'2'}\angle-30^\circ=\sqrt{3}\times 4\angle(-23.13^\circ-30^\circ)=6.93\angle-53.13^\circ\ \mathrm{A}$$

$$\dot{I}_2=6.93\angle-173.13^\circ\ \mathrm{A}$$

$$\dot{I}_3=6.93\angle 66.87^\circ\ \mathrm{A}$$

自我测检

1. 对于三角形连接的负载，相电流与线电流相同吗？
2. 三角形连接的电阻负载的线电压为 380 V，线电流为 32 A。求电阻值。
3. 有三个星形连接 120 Ω 电阻，它与三个三角形连接的电阻等效，这三个电阻值各为多少？

答案

1. 不同
2. 20.6 Ω
3. 360 Ω

学习模块 3　三相交流电路的功率计算及测量

学习目标

1. 掌握三相交流电路功率的计算方法。
2. 掌握采用二表法测量三相三线制电路功率的接线方法。

一、三相电路的功率

在三相电路中，三相负载吸收的有功功率等于各相有功功率之和

$$P=P_1+P_2+P_3=U_{\mathrm{P1}}I_{\mathrm{P1}}\cos\varphi_1+U_{\mathrm{P2}}I_{\mathrm{P2}}\cos\varphi_2+U_{\mathrm{P3}}I_{\mathrm{P3}}\cos\varphi_3$$

在对称三相电路中，由于负载的电压、电流有效值和阻抗角 φ_1、φ_2、φ_3 都相等，故总的对称三相负载有功功率为

$$P=3U_{\mathrm{P}}I_{\mathrm{P}}\cos\varphi \tag{6-4}$$

φ 为相电压与相电流的相位差。

若对称三相负载作 Y 形连接，则

$$U_{\mathrm{P}}=\frac{1}{\sqrt{3}}U_{\mathrm{L}}\qquad I_{\mathrm{P}}=I_{\mathrm{L}}$$

若对称三相负载作△形连接，则

$$U_P = U_L \quad I_P = \frac{1}{\sqrt{3}} I_L$$

将两种连接方式的 U_P、I_P 代入式（6－4），可得到相同的结果，即

$$P = \sqrt{3} U_L I_L \cos\varphi \tag{6-5}$$

φ 仍为相电压与相电流的相位差。

同理，对称三相负载的无功功率和视在功率分别为

$$Q = 3U_P I_P \sin\varphi = \sqrt{3} U_L I_L \sin\varphi \tag{6-6}$$

$$S = 3U_P I_P = \sqrt{3} U_L I_L \tag{6-7}$$

例 6－4　对称三相三线制的线电压为 380 V，每相负载阻抗为 $Z = 10\angle 53.1^\circ\ \Omega$，求负载为Y形和△形连接时的三相有功功率。

解　负载为Y形连接时：

相电压 $$U_P = \frac{1}{\sqrt{3}} U_L = \frac{380}{\sqrt{3}} = 220\ \text{V}$$

相电流 $$I_P = I_L = \frac{220}{10} = 22\ \text{A}$$

相电压与相电流的相位差是 53.1°

三相有功功率为 $$P = 3U_P I_P \cos\varphi = 3 \times 220 \times 22 \times \cos 53.1^\circ = 8\,712\ \text{W}$$

负载为△形连接时：

线电压 $$U_L = 380\ \text{V}$$

相电流 $$I_P = \frac{380}{10} = 38\ \text{A}$$

线电流 $$I_L = \sqrt{3} I_P = 38\sqrt{3}\ \text{A}$$

相电压与相电流的相位差是 53.1°，三相有功功率为

$$P = \sqrt{3} U_L I_L \cos\varphi = \sqrt{3} \times 380 \times 38\sqrt{3} \times \cos 53.1^\circ = 25\,992\ \text{W}$$

通过上面题目的分析，得知在电源电压一定的情况下，三相负载连接方式不同，负载的有功功率就不同，所以一般三相负载在电源电压一定的情况下，都有确定的连接方式（Y形或△形），不能任意连接。如有一台三相电动机，当电源电压为 380 V 时，电动机要求接成星形，如果错接成三角形，会造成功率过大而损坏电动机。

二、三相电路功率的测量

按三相电路连接的不同和对称与否，可用一个、两个或三个功率表测量三相平均功率。这里我们着重讨论用二表法测量三相三线制电路平均功率的方法。

在三相三线制电路中，不论对称与否都可以使用两个功率表的方法测量三相功率。两个功率表的一种连接方式如图 6－14 所示。两个功率表的电流线圈分别串入两端线

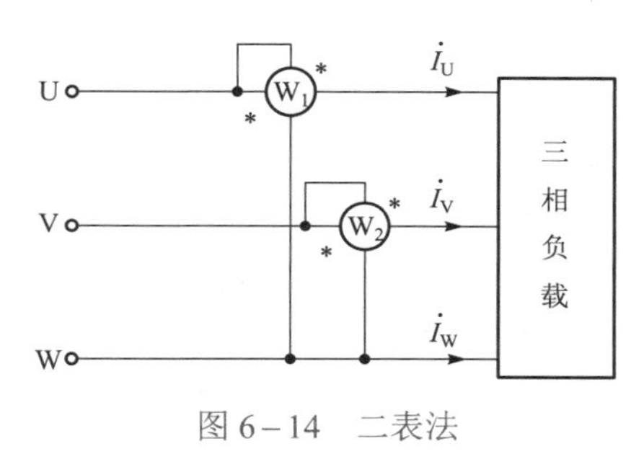

图 6－14　二表法

中（图示为 U、V 两端线），它们的电压线圈的非电源端（即无源端）共同接到非电流线圈所在的第 3 条端线上（图示为 W 端线）。即功率表 W_1 的电流线圈流过的是 V 相电流，电压线圈取的是线电压 U_{UW}；功率表 W_2 的电流线圈流过的是 V 相的电流，电压线圈取的是电压 U_{UW}。

图 6-14 中两只功率表的读数为

$$P_1 = U_{UW} I_U \cos\varphi_1 \tag{6-8}$$

$$P_2 = U_{VW} I_V \cos\varphi_2 \tag{6-9}$$

式中，φ_1 为电压相量 $\dot{U}_{UW}$ 与电流相量 $\dot{I}_U$ 之间的相位差，φ_2 为电压相量 $\dot{U}_{VW}$ 与电流相量 $\dot{I}_V$ 之间的相位差。功率表 W_1 的读数为 P_1，功率表 W_2 的读数为 P_2。

可以证明图 6-14 中两个功率表读数的代数和为三相三线制电路的总有功功率。所以，三相电路的瞬时功率为

$$p = u_{UN} i_U + u_{VN} i_V + u_{WN} i_W = (u_{UN} - u_{WN}) i_U + (u_{VN} - u_{WN}) i_V = u_{UW} i_U + u_{VW} i_V$$

有功功率为

$$P = \frac{1}{T}\int_0^T p\mathrm{d}t = \frac{1}{T}\int_0^T u_{UW} i_U \mathrm{d}t + \frac{1}{T}\int_0^T u_{VW} i_V \mathrm{d}t = U_{UW} I_U \cos\varphi_1 + U_{VW} I_V \cos\varphi_2$$

因此有

$$P = P_1 + P_2$$

还可以证明，在对称三相制中有

$$P_1 = U_{UW} I_U \cos(30° - \varphi) \tag{6-10}$$

$$P_2 = U_{VW} I_V \cos(\varphi + 30°) \tag{6-11}$$

二表法中要注意以下几点：

（1）两功率表之和代表三相电路的有功功率 P，单个功率表的读数是没有物理意义的。

（2）当 $|\varphi| = 60°$ 时，将有一个功率表的读数为零。

（3）当 $|\varphi| > 60°$ 时，其中一个功率表的读数为负值，该功率表反偏，此时为了读数，需将功率表的电流线圈调头，使功率表正偏，但读数应记为负值。求代数和时取负值。

三相电路对称时，二表法还可以测得三相电路的无功功率。

自我检测

1. 有一个三相对称负载，每相负载的电阻 $R = 12\ \Omega$，感抗 $X_L = 16\ \Omega$，如果负载接成星形，接到线电压为 380 V 的三相对称电源上，求负载的相电流、线电流及有功功率，并作相量图。

2. 如果将上题所给负载改接为三角形，接于 380 V 的对称三相电源上，求负载的相电流、线电流及有功功率，并作相量图。

答案

1. 11 A，11 A，4 356 W

2. 19 A，32.9 A，12 996 W

知识拓展

先导案例解决

已知该教学楼为三相四线制供电系统，根据三相四线制供电原理，在正常情况下，各相之间互不影响。但当中性线断了之后，各相负载变为无中性线星形联结。当其中一相没用电，另两相就变为串联关系。故判定电路故障为中性线断路。由图 6－1 可见，中性线断路，W 相又没工作，则 U、V 两相变为串联关系。

知识梳理与总结

1. 三相交流电源

$$\dot{U}_{\mathrm{U}}=U\angle 0^{\circ} \qquad \dot{U}_{\mathrm{V}}=U\angle -120^{\circ} \qquad \dot{U}_{\mathrm{W}}=U\angle 120^{\circ}$$

2. 三相交流电源的连接方法

星形连接——三相四线制：$U_{\mathrm{L}}=\sqrt{3}U_{\mathrm{P}}$

三角形连接——三相三线制：$U_{\mathrm{L}}=U_{\mathrm{P}}$

3. 三相负载的连接方法

星形连接：$U_{\mathrm{L}}=\sqrt{3}U_{\mathrm{P}}$　　$I_{\mathrm{L}}=I_{\mathrm{P}}$

三角形连接：$U_{\mathrm{L}}=U_{\mathrm{P}}$　　$I_{\mathrm{L}}=\sqrt{3}I_{\mathrm{P}}$

若三相负载对称，星形连接时的中线电流 $\dot{I}_{\mathrm{N}}=\dot{I}_{\mathrm{U}}+\dot{I}_{\mathrm{V}}+\dot{I}_{\mathrm{W}}=0$，则中线可省去。

4. 三相对称电路的功率

$$P=\sqrt{3}U_{\mathrm{L}}I_{\mathrm{L}}\cos\varphi \qquad Q=\sqrt{3}U_{\mathrm{L}}I_{\mathrm{L}}\sin\varphi \qquad S=\sqrt{3}U_{\mathrm{L}}I_{\mathrm{L}}$$

能力测试

技能训练　三相交流电路电压、电流及功率的测量

一、操作目的

（1）掌握三相负载作星形连接、三角形连接的方法，验证这两种接法下线、相电压及线、相电流之间的关系。

（2）充分理解三相四线供电系统中中线的作用。

（3）掌握用一瓦特表法、二瓦特表法测量三相电路有功功率与无功功率的方法。

二、操作器材

操作器材见表6－1。

表6－1　技能训练操作器材表

序号	名　称	型号与规格	数量	备　注
1	交流电压表	0～500 V	1	
2	交流电流表	0～5 A	1	
3	万用表		1	自备
4	三相自耦调压器		1	
5	三相灯组负载	220 V，15 W白炽灯	9	DGJ－04
6	电门插座		3	DGJ－04
7	单相功率表		2	DGJ－04
8	三相电容负载	1 μF、2.2 μF、4.7 μF/500 V各3个	9	DGJ－05

三、实验原理

（1）三相负载可接成星形（又称“Y”接）或三角形（又称“△”接）。当三相对称负载作Y形连接时，线电压U_L是相电压U_P的$\sqrt{3}$倍。线电流I_L等于相电流I_P，即

$$U_L=\sqrt{3}U_P \qquad I_L=I_P$$

在这种情况下，流过中线的电流$I_0=0$，所以可以省去中线。

当对称三相负载作△形连接时，有 $I_L=\sqrt{3}I_P$, $U_L=U_P$。

（2）不对称三相负载作Y连接时，必须采用三相四线制接法，即Y_0接法。而且中线必须牢固连接，以保证三相不对称负载的每相电压维持对称不变。

倘若中线断开，会导致三相负载电压的不对称，致使负载轻的那一相的相电压过高，使负载遭受损坏；负载重的一相相电压又过低，使负载不能正常工作。尤其是对于三相照明负

载，无条件地一律采用 Y_0 接法。

（3）当不对称负载作△形连接时，$I_L \neq \sqrt{3} I_P$，但只要电源的线电压 U_L 对称，加在三相负载上的电压仍是对称的，对各相负载工作没有影响。

（4）对于三相 Y 形连接的负载，可用一只功率表测量各相的有功功率 P_1、P_2、P_3，则三相负载的总有功功率 $\Sigma P=P_1+P_2+P_3$，这就是一瓦特表法，如图 6－15 所示。若三相负载是对称的，则只需要测量一相的功率，再乘以 3 即可得到三相的有功功率。

（5）在三相三线制供电系统中，不论三相负载是否对称，也不论负载是 Y 形连接还是△形连接，都可用二瓦特表法测量三相负载的总有功功率，测量线路如图 6－16 所示。当相位差 $\varphi>60°$ 时，若负载为感性或容性，则线路中的一只功率表指针将反偏（数显功率表将出现负读数），这时应将功率表电流线圈的两个端子调换（不能调换电压线圈端子），其读数应记为负值，而三相总功率 $\Sigma P=P_1+P_2$（P_1、P_2 本身不含任何意义）。

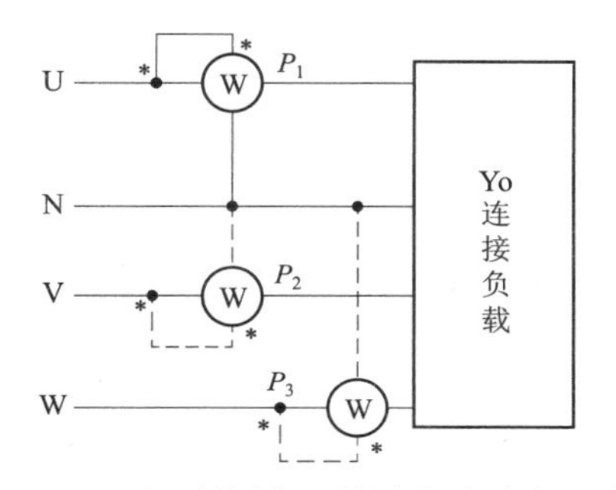

图 6－15 三相四线制 Y_0 接法有功功率测量图

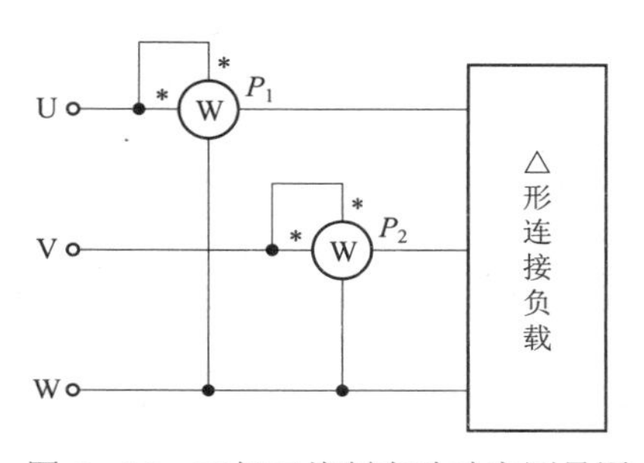

图 6－16 三相三线制有功功率测量图

除图 6－16 中的 I_U、U_{UW} 与 I_V、U_{VW} 接法外，还有 I_V、U_{VU} 与 I_W、U_{WU} 及 I_U、U_{UV} 与 I_W、U_{WV} 两种接法。

（6）对于三相三线制供电的三相对称负载，可用一瓦特表法测得三相负载的总无功功率 Q，测试原理如图 6－17 所示。

图 6－17 中功率表读数的 $\sqrt{3}$ 倍，即对称三相电路总的无功功率。除了图 6－17 给出的一种连接法（I_U、U_{VW}），还有，还有另外两种连接法，即（I_V、U_{UW}）或（I_W、U_{UV}）。

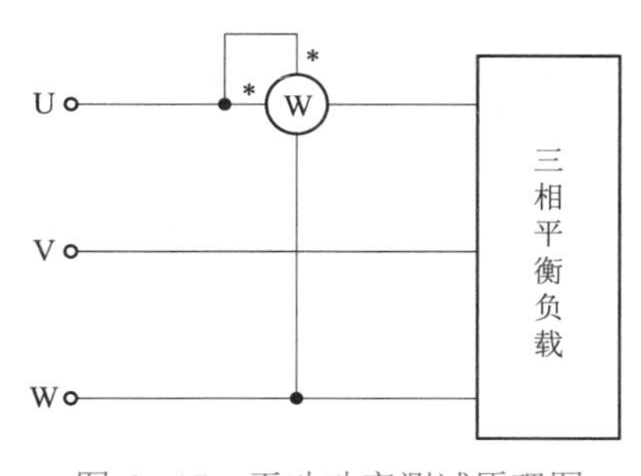

图 6－17 无功功率测试原理图

四、操作内容及步骤

1. 三相负载星形连接（三相四线制供电）

按图 6－18 线路组接电路。即三相灯组负载经三相自耦调压器接通三相对称电源。将三相调压器的旋柄置于输出为 0 V 的位置（即逆时针旋到底）。经指导教师检查合格后，方可开启实验台电源，然后调节调压器的输出，使输出的三相线电压为 220 V，并按下述内容完成各项实验，分别测量三相负载的线电压、相电压、线电流、相电流、中线电流、电源与负载中点间的电压。将所测得的数据记入表 6－2 中，并观察各相灯组亮暗的变化程度，特别要注意观察中线的作用。

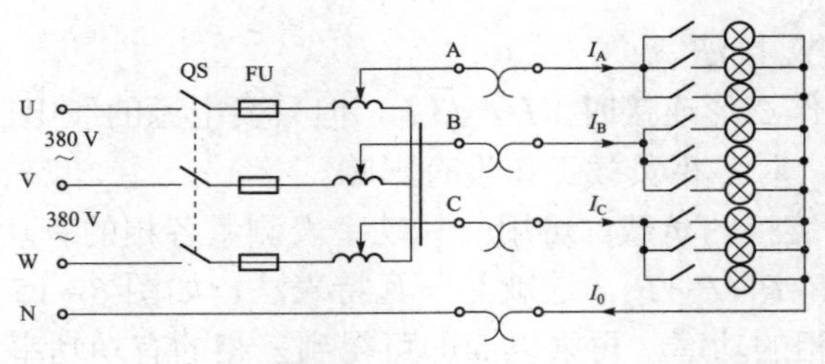

图 6－18　测试线路

表 6－2　技能训练实验数据表 1

测量数据 / 实验内容（负载情况）	开灯盏数			线电流（A）			线电压（V）			相电压（V）			中线电流	中点电压
	U相	V相	W相	I_A	I_B	I_C	U_{UV}	U_{VW}	U_{WU}	U_{U0}	U_{V0}	U_{W0}	I_0 A	U_{N0} V
Y_0接平衡负载	3	3	3											
Y接平衡负载	3	3	3											
Y_0接不平衡负载	1	2	3											
Y接不平衡负载	1	2	3											
Y_0接 V 相断开	1		3											
Y接 V 相断开	1		3											
Y接 V 相短路	1		3											

2. 负载三角形连接（三相三线制供电）

按图 6－19 改接线路，经指导教师检查合格后接通三相电源，并调节调压器，使其输出线电压为 220 V，并按表 6－3 的内容进行测试。

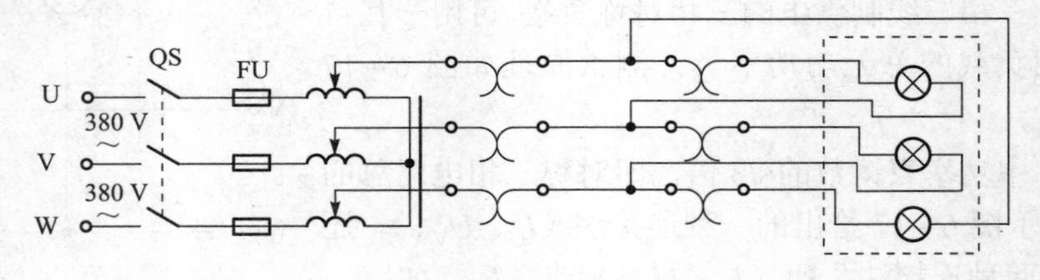

图 6－19　测试线路

表 6－3　技能训练实验数据表 2

测量数据 / 负载情况	开 灯 盏 数			线电压＝相电压（V）			线电流（A）			相电流（A）		
	U－V 相	V－W相	W－U相	U_{UV}	U_{VW}	U_{WU}	I_A	I_B	I_C	I_{UV}	I_{VW}	I_{WU}
三相平衡	3	3	3									
三相不平衡	1	2	3									

3. 用一瓦特表法测定三相对称 Y_0 及不对称 Y_0 接负载的总功率 $\sum P$

按图 6－20 所示线路接线，线路中的电流表和电压表用来监视该相的电流和电压。经指导教师检查合格后，接通三相电源，调节调压器输出，使输出线电压为 220 V，按表 6-4 所列的要求进行测量及计算。

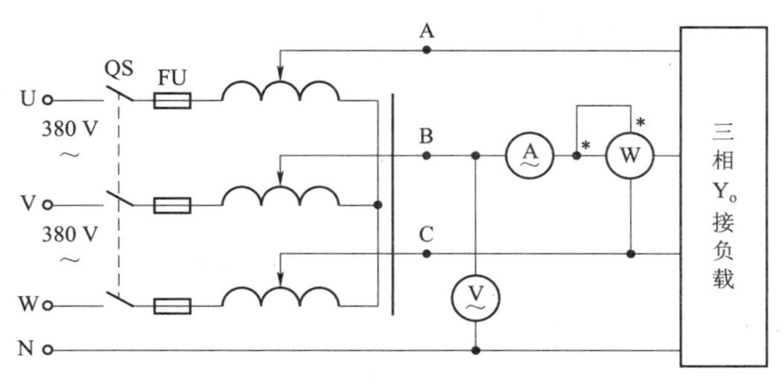

图 6-20　一瓦特表法测定有功功率电路图

表 6-4　一瓦特表法测定有功功率数据

测量数据 / 负载情况	开灯盏数			测量数据			计算值
	U 相	V 相	W 相	P_U/W	P_V/W	P_W/W	$\Sigma P/W$
Y_0 接对称负载	3	3	3				
Y_0 接不对称负载	1	2	3				

4. 用二瓦特表法测定三相负载的总功率

（1）按图 6-21 所示线路接线，将三相灯组负载按 Y 形连接。经指导教师检查合格后，接通三相电源，调节调压器的输出线电压为 220 V，按表 6-5 所列的内容进行测量。

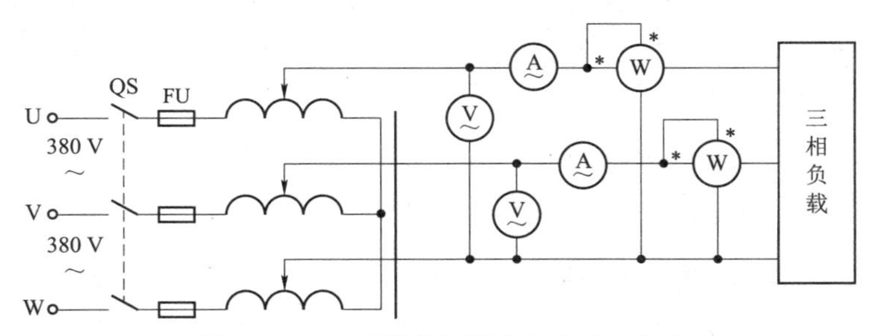

图 6-21　二瓦特表法测定有功功率电路

（2）将三相灯组负载改成△形接法，重复（1）的测量步骤，将数据记于表 6-5 中。

表 6-5　二瓦特表法测定有功功率数据

测量数据 / 负载情况	开 灯 盏 数			测量数据		计算值
	U 相	V 相	W 相	P_1/W	P_2/W	$\Sigma P/W$
Y 接平衡负载	3	3	3			
Y 接不平衡负载	1	2	3			
△接平衡负载	1	2	3			
△接不平衡负载	3	3	3			

（3）将两只瓦特表依次按另外两种接法接入线路，重复（1）与（2）的测量（表格自拟）。

5. 用一瓦特表法测定三相对称 Y 形负载的无功功率

（1）按图 6－22 所示的电路接线。

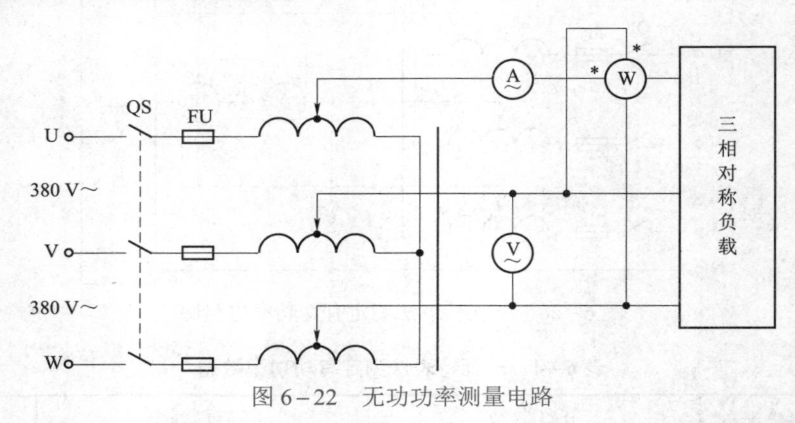

图 6－22　无功功率测量电路

每相负载均由白炽灯和电容器并联而成，由开关控制其接入与否。检查接线无误后，接通三相电源，将调压器的出线电压调到 220 V，读取三块表的读数，并计算无功功率 ΣQ，将测量值记录在表 6－6 中。

表 6－6　无功功率测量数据

测量数据 接法	负载情况	测量值		计算值	
		U 相	W 相	P_1/W	P_2/W
I_U、U_{VW}	① 三相对称灯组（每项开 3 盏）				
	② 三相对称电容器（每项 4.7 μF）				
	③（1）（2）的并联负载				
I_V、U_{VW}	① 三相对称灯组（每项开 3 盏）				
	② 三相对称电容器（每项 4.7 μF）				
	③（1）（2）的并联负载				
I_W、U_{VW}	① 三相对称灯组（每项开 3 盏）				
	② 三相对称电容器（每项 4.7 μF）				
	③（1）（2）的并联负载				

（2）分别按 I_V、U_{UW} 和 I_W、U_{UV} 接法，重复（1）的测量，并比较各自的 ΣQ 值。

五、操作注意事项

（1）本操作采用三相交流市电，线电压为 380 V，应穿绝缘鞋进实验室。实验时要注意人身安全，不可触及导电部件，防止意外事故发生。

（2）每次接线完毕，同组同学应自查一遍，然后由指导教师检查后，方可接通电源，必须严格遵守先断电、再接线、后通电，先断电、后拆线的实验操作原则。

（3）星形负载作短路实验时，必须首先断开中线，以免发生短路事故。

（4）为避免烧坏灯泡，DGJ－04 实验挂箱内设有过压保护装置。当任一相电压在 245～250 V 时，即声光报警并跳闸。因此，在做 Y 接不平衡负载或缺相实验时，所加线电压应以最高相电压小于 240 V 为宜。

六、思考

（1）三相负载根据什么条件做星形或三角形连接？

（2）复习三相交流电路有关内容，试分析三相星形连接不对称负载在无中线情况下，当某相负载开路或短路时会出现什么情况？如果接上中线，情况又如何？

（3）本次操作中为什么要通过三相调压器将 380 V 的市电线电压降为 220 V 的线电压使用？

七、操作报告要求

（1）用测得的数据验证对称三相电路中的 $\sqrt{3}$ 关系。

（2）用测得的数据和观察到的现象，总结三相四线供电系统中中线的作用。

（3）不对称三角形连接的负载，能否正常工作？实验是否能证明这一点？

（4）根据不对称负载三角形连接时的相电流值作相量图，并求出线电流值，然后与实验测得的线电流作比较，并加以分析。

（5）心得体会及其他。

耦合电路的分析

先导案例

图 7–1　钳形电流表

钳形电流表，如图 7–1 所示，能够在不切断电路的情况下测量电路中的电流，使用方便。它是怎么工作的？

前面已经介绍了电路中三种最基本的无源二端元件：电阻、电容和电感。

本单元要介绍构成实际变压器电路模型必不可少的两种耦合元件——耦合电感和理想变压器，它们属于多端元件。本单元主要讨论耦合电感的磁通链方程、耦合电感的同名端、耦合电感的电压电流关系、含有耦合电感电路的分析及理想变压器的初步概念。

学习模块 1　耦合电感的认识

学习目标

1. 理解互感现象产生的原因。
2. 掌握互感电压的概念。
3. 学会判断同名端。

一、互感

1. 互感现象

我们先观察下面这个实验。如图 7–2 所示的实验电路中，线圈 2 两端接一灵敏检流计。

当开关 S 闭合瞬间，可以观察到检流计指针偏转一下之后又回到零位。发生这种现象的原因是由于开关 S 闭合的瞬间，线圈 1 产生变化的磁通 $\boldsymbol{\Phi}_{11}$，其中的一部分磁通 $\boldsymbol{\Phi}_{12}$ 与线圈 2 交链，使线圈 2 产生感应电动势，因而产生感应电流使检流计指针偏转。S 闭合后，线圈 1 的电流不再发生变化，虽然仍有磁通与线圈 2 交链，但该磁通是不变化的，所以不产生感应电动势，没有电流流过检流计，因而检流计的指针回到零位。

这种某一线圈电流产生的磁通不仅与本线圈交链，同时还与邻近的线圈交链的现象称之为磁耦合现象。存在磁耦合的线圈称之为耦合线圈或互感线圈，其电路模型为耦合电感元件。

在一般情况下，耦合电路由多个线圈组成。耦合电感是一种动态元件，在本教材中只讨论一对线圈相耦合的情况。

2. 互感系数

如图 7－3 所示为两个有耦合的线圈。线圈 1 的匝数为 N_1，线圈 2 的匝数为 N_2。各线圈选取电流和磁通的参考方向符合右手螺旋法则，电压和电流为关联参考方向。线圈 1 的电流 i_1 产生的磁通为 $\boldsymbol{\Phi}_{11}$，在穿越自身的线圈时所产生的磁通链为 $\boldsymbol{\Psi}_{11}$（$\boldsymbol{\Psi}_{11}=N_1\boldsymbol{\Phi}_{11}$），该磁通链称为自感磁通链；$\boldsymbol{\Phi}_{11}$ 中的一部分或者全部交链线圈 2 时产生的磁通链为 $\boldsymbol{\Psi}_{21}$（$\boldsymbol{\Psi}_{21}=N_2\boldsymbol{\Phi}_{21}$），称之为互感磁通链。所以，图 7－2 的耦合线圈 1 的电流 i_1 在自身线圈中产生自感磁通链，而且在与之耦合的线圈中产生互感磁通链。同理，线圈 2 的电流 i_2 也产生自感磁通链 $\boldsymbol{\Psi}_{22}$ 和互感磁通链 $\boldsymbol{\Psi}_{12}$（图中未画出）。因此，由于磁场的耦合作用，每个线圈的磁通链不仅与线圈本身的电流有关，也和与之耦合线圈的电流有关。当线圈周围媒质为非铁磁物质时磁通链是电流的线性函数。即有

自感磁通链与电流的关系为

$$\left.\begin{aligned}\Psi_{11}&=L_1i_1\\ \Psi_{22}&=L_2i_2\end{aligned}\right\}\tag{7-1}$$

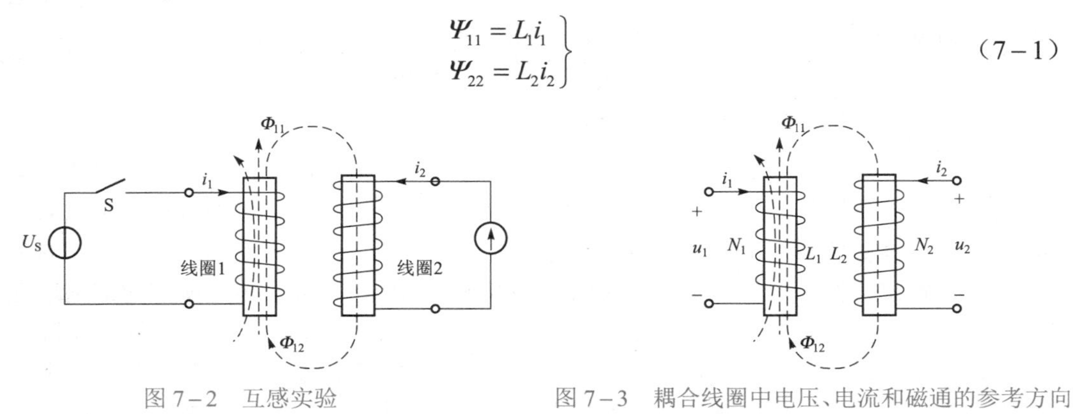

图 7－2　互感实验　　图 7－3　耦合线圈中电压、电流和磁通的参考方向

自感磁通链是线圈本身电流所产生的磁通链。

互感磁通链与电流的关系为

$$\left.\begin{aligned}\Psi_{21}&=M_{21}i_1\\ \Psi_{12}&=M_{12}i_2\end{aligned}\right\}\tag{7-2}$$

互感磁通链是与之耦合线圈的电流在本线圈中产生的磁通链，即 $\boldsymbol{\Psi}_{21}$ 为线圈 1 的电流在线圈 2 中产生的磁通链。

式（7－2）也可以写为

$$\left.\begin{aligned} M_{21} &= \frac{\Psi_{21}}{i_1} \\ M_{12} &= \frac{\Psi_{12}}{i_2} \end{aligned}\right\} \tag{7-3}$$

M_{12}和M_{21}称为互感系数，简称互感，单位为亨（H）。

可以证明，在线圈周围不存在铁磁物质或虽有铁磁物质但磁路未饱和时，互感M_{21}与M_{12}是相等的，所以可以略去M的下标，即$M_{12}=M_{21}=M$，统一用M来表示。

互感M的大小不仅与两线圈的匝数、形状、尺寸及周围介质的磁导率有关，而且还和两线圈的相对位置有关。如果两线圈使其轴线平行放置，则相距越近时互感便越大。

和自感一样，互感既有利也有弊。在工农业生产中具有广泛用途的各种变压器、电动机都是利用互感原理工作的，这是有利的一面。但在电子电路中，若线圈的位置安放不当，各线圈产生的磁场就会互相干扰，严重时会使整个电路无法工作。此时，为减少两线圈的耦合（或者说使互感变小），应该使两线圈远离。但较好的办法是使两线圈轴线相互垂直并且在对称位置上，如图7-4所示，在这种情况下，线圈1产生的磁力线不与线圈2交链，互感磁通链为零，所以互感系数M为零。仪器仪表为减少元件之间磁的联系，常采用这种布置方式。

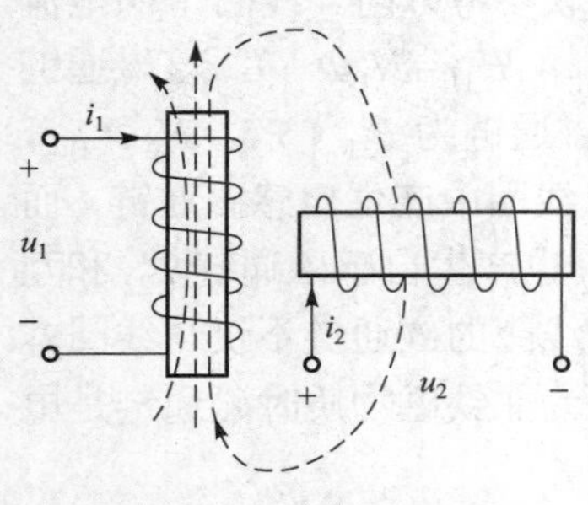

图7-4　无耦合线圈

在线性条件下，当两线圈都有电流时，线圈1和线圈2的总磁通链可以看作是i_1和i_2单独作用时磁通链的叠加。取各线圈的电流和磁通的参考方向符合右手螺旋法则；电压和电流为关联参考方向，则两个耦合线圈的磁通链可表示为

$$\left.\begin{aligned} \psi_1 &= \psi_{11} + \psi_{12} = L_1 i_1 \pm M i_2 \\ \psi_2 &= \psi_{21} + \psi_{22} = \pm M i_1 + L_2 i_2 \end{aligned}\right\} \tag{7-4}$$

由式（7-4）可知，磁耦合中，互感作用有两种可能，当自感磁通链和互感磁通链参考方向一致时，线圈的磁通链是增强的，M前面取的是“+”号；当自感磁通链和互感磁通链参考方向相反时，线圈的磁通链是减弱的，M前面取的是“-”号。在线圈电流和磁通的参考方向符合右手螺旋法则，电压和电流为关联参考方向的约定下，耦合线圈的磁通链是增强还是减弱，取决于线圈的绕向。因此，在已知线圈绕向的情况下，可根据两个线圈的实际绕向判断磁通链是增强还是减弱，但这是很不方便的。在实际当中，线圈往往是密封的，不能看到线圈的绕向，而且要在电路图中表示出线圈的绕向也很不方便。如何来解决这一问题呢？下面我们专门讨论解决这个问题的办法。

二、同名端

1. 同名端的定义

在耦合线圈中，为了便于反映线圈磁通链的“增加”或“减弱”作用，以及简化图形表示，我们引入小圆点“·”或是星号“*”作为线圈绕向的标记，即采用同名端标记法。对耦合的两个线圈各取一个端子，以“·”或“*”符号标记，这对端子称为同名端。同名端标注的原则是：当线圈电流同时流入（或流出）同名端时，耦合电感的自感磁通链和互感磁通链方向是一致，即线圈的磁通链是增强的。

如图 7－5（a）所示，端子 1、3（或 2、4）为同名端。如果电流 i_1 从端子 1 流进，电流 i_2 从端子 3 流进，则自感磁通链和互感磁通链的方向是一致，线圈的磁通链是增强的；而电流 i_1 从端子 1 流进，电流 i_2 从端子 4 流进，则自感磁通链和互感磁通链的方向是相反的，线圈的磁通链是减弱的。

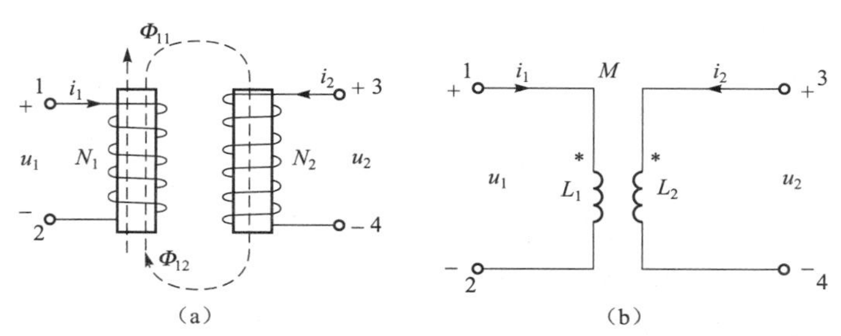

图 7－5　耦合线圈的同名端

2. 同名端的判断

在已知线圈绕向和相对位置的情况下，可以根据同名端的性质来判断同名端。如图 7－6（a）中，设电流分别从端钮 1 和端钮 3 流入，根据右手螺旋法则，它们产生的磁通是相互增强的，所以端钮 1 和端钮 3 是同名端。对于图 7－6（b）也可用同样的方法来判断出端钮 2 和端钮 3 是同名端。

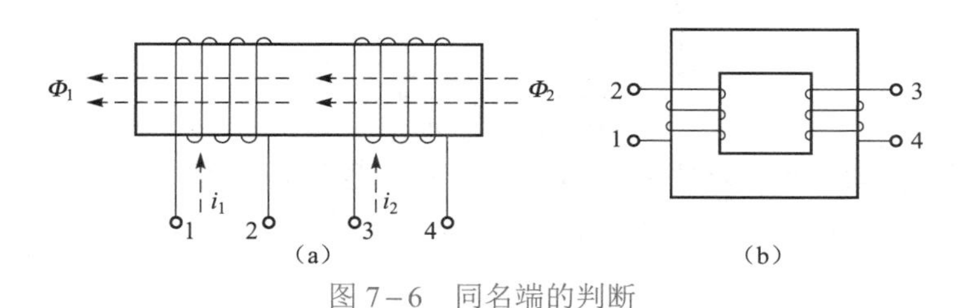

图 7－6　同名端的判断

设备中的线圈被封装起来（如变压器）时，可以通过实验测定两互感线圈的同名端。具体的判断步骤为

（1）首先用万用表的电阻挡确定哪两个接头是属于同一个线圈；

（2）将任意一个线圈通过开关与干电池相连，将检流计或直流电流表接在另一线圈两端，如图 7－7 所示；

（3）开关合上瞬间，电流 i_1 从初级线圈的一端（和正极连接的一端）流入，且正在增大，若检流计的指针正向偏转，则干电池正极连接的一端（自感电压为高电位）与检流计正极连接的一端（互感电压为高电位）为同名端；若检流计的指针反向偏转，则干电池正极连接的一端与检流计正极连接的一端（互感电压为低电位）为异名端。

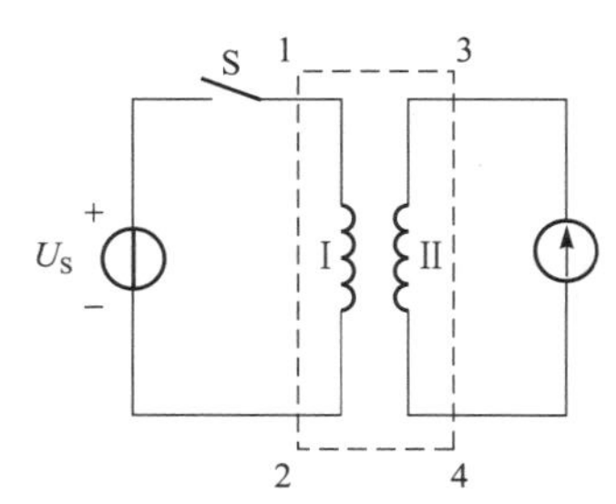

图 7－7　实验法判断同名端

说明：

① 同名端只与互感线圈的绕向和相对位置有关，与线圈上是否有电流没有关系。

② 同名端是指在同一磁通下感应出自感电压与互感电压实际极性始终相同的端钮，同组

的同名端要用同一个标记。

例 7－1　判断图 7－8 所示互感线圈的同名端。

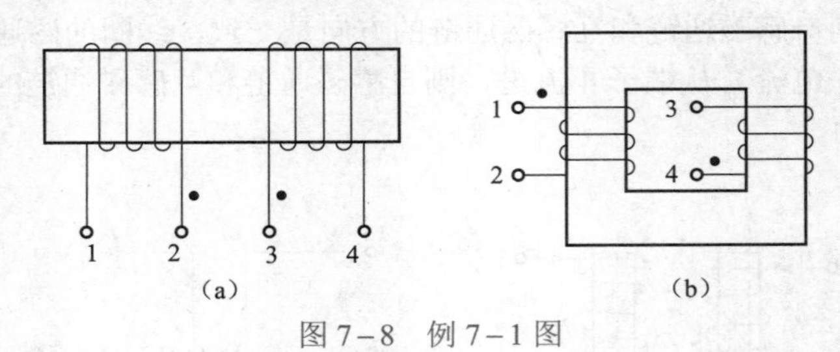

图 7－8　例 7－1 图

解　根据同名端的定义和电磁感应定律判断。

图（a）中端钮 1、4 为同名端，2、3 为同名端；

图（b）中端钮 1、4 为同名端，2、3 为同名端。

思考题：将图中的端钮 1 和端钮 2 的线圈反向绕制，再判断同名端。

三、耦合电感的伏安关系

如果线圈的电压、电流采用关联参考方向，电流和磁通链的参考方向符合右手螺旋法则，则根据电磁感应定律，由式（7－4）可得

$$\left.\begin{aligned} u_1 &= \frac{\mathrm{d}\psi_1}{\mathrm{d}t} = L_1\frac{\mathrm{d}i_1}{\mathrm{d}t} \pm M\frac{\mathrm{d}i_2}{\mathrm{d}t} \\ u_2 &= \frac{\mathrm{d}\psi_2}{\mathrm{d}t} = \pm M\frac{\mathrm{d}i_1}{\mathrm{d}t} + L_2\frac{\mathrm{d}i_2}{\mathrm{d}t} \end{aligned}\right\} \tag{7-5}$$

这就是耦合线圈的伏安关系。表明 u_1 不仅与 i_1 有关，也与 i_2 有关。同样，u_2 也如此。这两式体现了线圈之间的耦合作用。所以耦合电感应该用三个参数 L_1、L_2 和 M 来表征。式中自感磁通链产生的电压称之为自感电压，即

$$\left.\begin{aligned} u_{11} &= L_1\frac{\mathrm{d}i_1}{\mathrm{d}t} \\ u_{22} &= L_2\frac{\mathrm{d}i_2}{\mathrm{d}t} \end{aligned}\right\} \tag{7-6}$$

互感磁通链产生的电压为互感电压，即

$$\left.\begin{aligned} u_{12} &= M\frac{\mathrm{d}i_2}{\mathrm{d}t} \\ u_{21} &= M\frac{\mathrm{d}i_1}{\mathrm{d}t} \end{aligned}\right\} \tag{7-7}$$

式中，u_{12} 是 i_2 在 L_1 中产生的互感电压；u_{21} 是 i_1 在 L_2 中产生的互感电压。互感电压说明电磁能量可以通过电磁感应及磁的联系从一个线圈传递到另一个线圈。

耦合电感的电压是自感电压和互感电压的叠加。互感电压取“＋”或“－”号是写出耦合电感伏安关系的关键。根据同名端的定义，可知电流在自身线圈中产生的自感电压和在与之耦合线圈中产生的互感电压，与同名端的极性是一致的。因此电压和电流为关联参

考方向时，当相互耦合线圈的电流均从同名端流进（或流出）时，互感电压前取正号，反之取负号。

例 7－2　图 7－5（b）中，$i_1=8$ A，$i_2=6\cos(6t)$ A，$L_1=4$ H，$L_2=3$ H，$M=2$ H，试求两耦合电感的端电压 u_1，u_2。

解　由图 7－5（b）可知

$$u_1=L_1\frac{\mathrm{d}i_1}{\mathrm{d}t}+M\frac{\mathrm{d}i_2}{\mathrm{d}t}=-72\sin(6t)\ \mathrm{V}$$

$$u_2=M\frac{\mathrm{d}i_1}{\mathrm{d}t}+L_2\frac{\mathrm{d}i_2}{\mathrm{d}t}=-108\sin(6t)\ \mathrm{V}$$

通过计算可知，电压 u_1 中只含有互感电压 u_{12}，电压 u_2 中只含有自感电压 u_{22}，说明 i_1 电流（不变化）虽产生自感和互感磁通链，但不产生自感和互感电压。故耦合电感在直流电路稳态中相当于短路。

思考题：如果取 i_1 的方向为流出同名端，重解该题。

在同频正弦稳态电路中，耦合电感的伏安关系可以用相量形式表示，式（7－5）可表示为

$$\left.\begin{aligned}\dot{U}_1&=\mathrm{j}\omega L_1\dot{I}_1+\mathrm{j}\omega M\dot{I}_2\\\dot{U}_2&=\mathrm{j}\omega M\dot{I}_1+\mathrm{j}\omega L_2\dot{I}_2\end{aligned}\right\}\tag{7-8}$$

例 7－3　电路如图 7－9 所示，已知 $R_1=1\ \Omega$，$L_1=L_2=1$ H，$M=0.5$ H，$u_S=10\sin 4t$。试求 u_2。

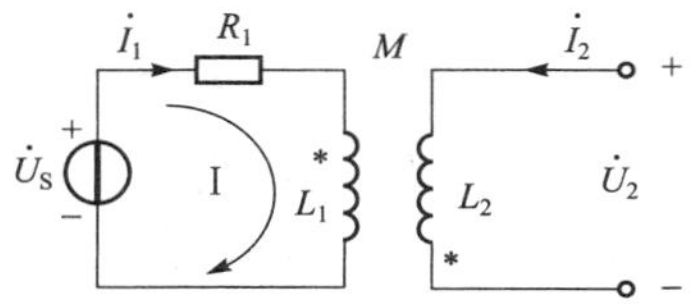

图 7－9　例 7－3 图

解　由题意得

$$\dot{I}_2=0\text{，}\quad \dot{U}_S=\frac{10}{\sqrt{2}}\angle 0°$$

回路 I 的 KVL 方程为

$$\dot{U}_S=R_1\dot{I}_1+\mathrm{j}\omega L_1\dot{I}_1-\mathrm{j}\omega M\dot{I}_2$$

$$\dot{I}_1=\frac{\dot{U}_S}{R+\mathrm{j}\omega L_1}=\frac{10}{\sqrt{34}}\angle-76°$$

$$\dot{U}=-\mathrm{j}\omega M\dot{I}_1=4\times0.5\times\frac{10}{\sqrt{34}}\angle-166°=3.43\angle-166°\ \mathrm{V}$$

所以

$$u_2=4.85\cos\ (4t-166°)\ \mathrm{V}$$

思考题：如果将 L_2 的同名端改在上端，u_2 的表达式一样吗？

工程上为了定量地描述两个耦合线圈的耦合紧疏程序，定义了耦合系数 K。

$$K=\frac{M}{\sqrt{L_1L_2}}\tag{7-9}$$

K 的大小与两个线圈的结构、相互位置及周围磁介质有关。K 的最大值为 1，而最小值为零。$K=1$ 时称为全耦合，此时线圈电流产生的磁通全部与耦合线圈交链 $M_{\max}=\sqrt{L_1L_2}$；K 近于 1 时称为紧耦合；K 值较小时称为松耦合；$K=0$ 称为无耦合。

自我检测

1. 如图7－10所示，已知$i_1=10$ A，$i_2=10\cos(10t)$ A，$L_1=3$ H，$L_2=8$ H，$M=2$ H，试计算电压u_1和u_2。

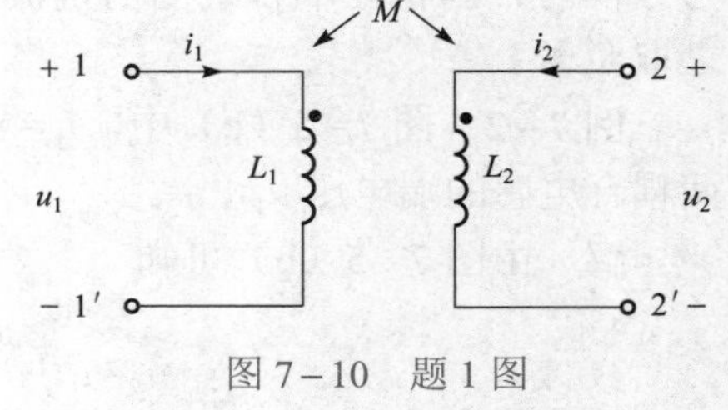

图7－10　题1图

2. 已知耦合电感的自感为$L_1=16$ mH，$L_2=9$ mH，耦合系数为$K=0.5$，试求耦合线圈的互感M。

答案

1. $u_1=-200\sin(10t)$ V　$u_2=-800\sin(10t)$ V

2. $M=6$ mH

学习模块2　耦合电感的去耦等效变换

学习目标

1. 掌握互感线圈的串、并联的连接方式。
2. 掌握电感等效的方法及其分析计算。

含有耦合电感电路（简称互感电路）的正弦稳态计算可采用相量法。分析时要注意耦合电感上的电压是由自感电压和互感电压叠加而成的。根据电压、电流的参考方向及耦合电感的同名端确定互感电压的方向是互感电路分析计算的难点。由于耦合电感支路的电压不仅与本支路电流有关，还和与之有耦合支路的电流有关，列写节点电压方程较困难，所以互感电路的分析计算一般采用支路电流法（网孔法）。

一、耦合电感的串联

与两个一般电感不同，耦合电感的串联有两种方式：反向串联和顺向串联。

1. 耦合电感的顺向串联

耦合电感的顺向串联是异名端相接，如图7－11（a）所示。电流是从两电感的同名端流入（或流出），其线圈磁通链是增强的。

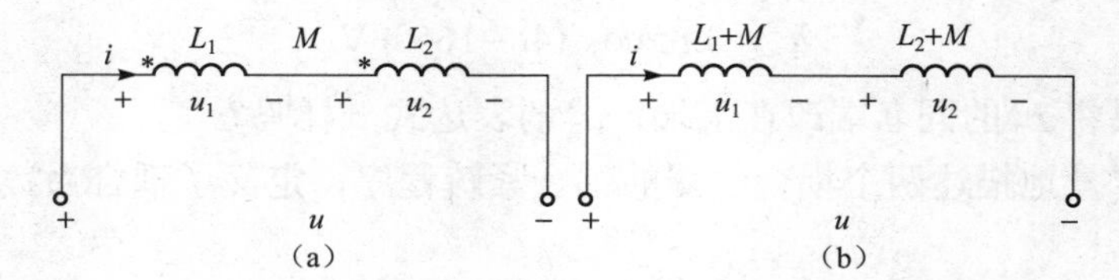

图7－11　耦合电感的顺向串联

按图示参考方向，KVL方程为

$$\left.\begin{aligned}u_1&=L_1\frac{di}{dt}+M\frac{di}{dt}=(L_1+M)\frac{di}{dt}\\u_2&=M\frac{di}{dt}+L_2\frac{di}{dt}=(L_2+M)\frac{di}{dt}\\u&=u_1+u_2=(L_1+L_2+2M)\frac{di}{dt}=L\frac{di}{dt}\end{aligned}\right\}\quad(7-10)$$

其中 $L=L_1+L_2+2M$。

因此，顺向串联的耦合电感可以用一个等效电感 L 来代替。根据 u_1、u_2 的方程可以给出一个无互感等效电路，如图 7－11（b）所示。去耦等效电路的分析计算同前面相同，但要注意电路中各点的对应关系。

2. 耦合电感的反向串联

耦合电感的反向串联是同名端相接，如图 7－12（a）所示。电流是从一个线圈的同名端流入（或流出），从另一个线圈的同名端流出（或流入），其线圈的磁通链是减弱的。

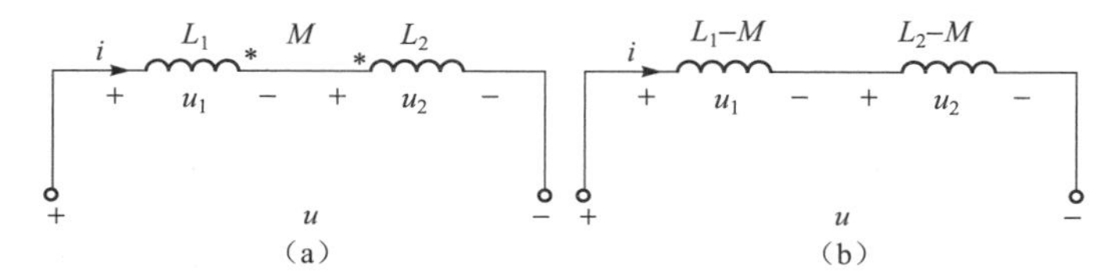

图 7－12　耦合电感的反向串联

按图示的参考方向，KVL 方程为

$$\left.\begin{aligned}u_1&=L_1\frac{di}{dt}-M\frac{di}{dt}=(L_1-M)\frac{di}{dt}\\u_2&=-M\frac{di}{dt}+L_2\frac{di}{dt}=(L_2-M)\frac{di}{dt}\\u&=u_1+u_2=(L_1+L_2-2M)\frac{di}{dt}=L\frac{di}{dt}\end{aligned}\right\}\quad(7-11)$$

反向串联的耦合电感也可以用一个等效电感 L 来代替。根据 u_1、u_2 的方程可以给出一个无互感等效电路，如图 7－12（b）所示。“去耦”后，耦合电感支路等效为（L_1-M）和（L_2-M），这两者其中之一有可能为负值。但其耦合等效电感 L 不可能为负（$L_1+L_2>2M$）。

在正弦稳态时，式（7－10）、式（7－11）用相量形式表示为

$$\dot{U}=j\omega(L_1+M)\dot{I}+j\omega(L_2+M)\dot{I}=j\omega(L_1+L_2+2M)\dot{I}$$

$$\dot{U}=j\omega(L_1-M)\dot{I}+j\omega(L_2-M)\dot{I}=j\omega(L_1+L_2-2M)\dot{I}$$

故顺向串联时

$$Z=\frac{\dot{U}}{\dot{I}}=j\omega L_1+j\omega L_2+2j\omega M$$

反向串联时

$$Z=\frac{\dot{U}}{\dot{I}}=j\omega L_1+j\omega L_2-2j\omega M$$

因此，在正弦稳态分析中，两个串联电感的等效阻抗，并不是两电感阻抗直接相加。在顺向串联时，由于互感作用使线圈的磁通链增强，故其阻抗比无互感时大；反向串联时，互感作用使线圈的磁通链减弱，其阻抗比无互感时小。

二、耦合电感的并联

耦合电感的并联也有两种方式：同侧并联和异侧并联。

1. 耦合电感的同侧并联

耦合电感的同侧并联是两个同名端连接在同一个节点，如图 7－13（a）所示。

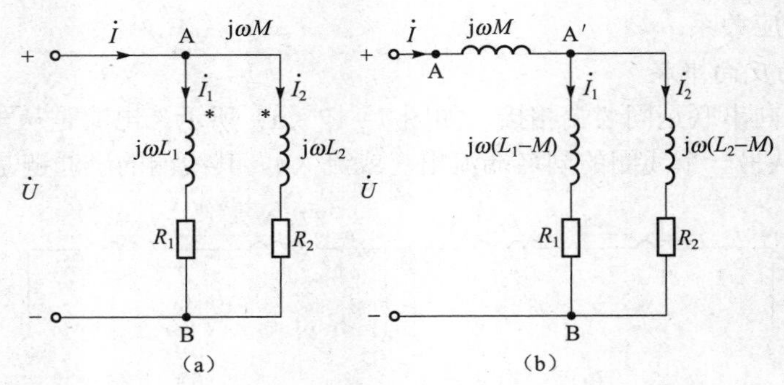

图 7－13　耦合电感的同侧并联

在正弦稳态情况下，按图示的参考方向有

$$\left.\begin{aligned}\dot{U}&=(R_1+j\omega L_1)\dot{I}_1+j\omega M\dot{I}_2\\ \dot{U}&=j\omega M\dot{I}_1+(R_2+j\omega L_2)\dot{I}_2\end{aligned}\right\}\tag{7-12}$$

可将式（7－12）转化为

$$\left.\begin{aligned}\dot{U}&=(R_1+j\omega L_1)\dot{I}_1+j\omega M\dot{I}_2+j\omega M\dot{I}_1-j\omega M\dot{I}_1\\ \dot{U}&=j\omega M\dot{I}+(R_2+j\omega L_2)\dot{I}_2+j\omega M\dot{I}_2-j\omega M\dot{I}_2\end{aligned}\right\}\tag{7-13}$$

由节点 A 的 KCL 方程

$$\dot{I}=\dot{I}_1+\dot{I}_2$$

可得

$$\dot{U}=[R_1+j\omega(L_1-M)]\dot{I}_1+j\omega M\dot{I}\tag{7-14}$$

$$\dot{U}=[R_2+j\omega(L_2-M)]\dot{I}_2+j\omega M\dot{I}\tag{7-15}$$

由式（7－14）、式（7－15）可得去耦等效电路，如图 7－13（b）所示。注意去耦等效之后原电路中的节点 A 的对应点为图（b）中的 A 点而非 A′ 点。

2. 耦合电感的异侧并联

耦合电感的异侧并联是两个异名端连接在同一节点上，如图 7－14（a）所示。

由图 7－14（a）可知

$$\dot{U}=(R_1+j\omega L_1)\dot{I}_1-j\omega M\dot{I}_2\tag{7-16}$$

$$\dot{U}=-j\omega M\dot{I}_1+(R_2+j\omega L_2)\dot{I}_2\tag{7-17}$$

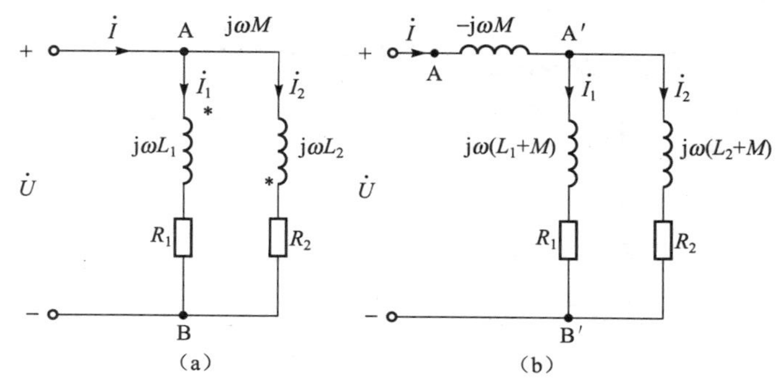

图 7-14　耦合电感的异侧并联

同样可将式（7-16）、式（7-17）转化为

$$\dot{U}=[R_1+\mathrm{j}\omega(L_1+M)]\dot{I}_1-\mathrm{j}\omega M\dot{I} \tag{7-18}$$

$$\dot{U}=[R_2+\mathrm{j}\omega(L_2+M)]\dot{I}_2-\mathrm{j}\omega M\dot{I} \tag{7-19}$$

由式（7-18）、式（7-19）可得耦合电感异侧并联的去耦等效电路，如图 7-14（b）所示。

3. 耦合电感只有一个公共端的连接

对于只有一个公共端连接的耦合电感如图 7-15（a）所示。

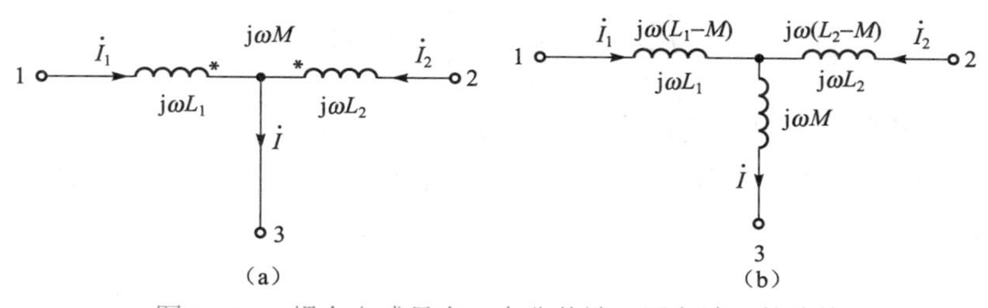

图 7-15　耦合电感只有一个公共端（同名端）的连接

由图 7-15（a）可知

$$\dot{U}_{13}=\mathrm{j}\omega L_1\dot{I}_1+\mathrm{j}\omega M\dot{I}_2 \tag{7-20}$$

$$\dot{U}_{23}=\mathrm{j}\omega M\dot{I}_1+\mathrm{j}\omega L_2\dot{I}_2 \tag{7-21}$$

式（7-20）、式（7-21）两式可化为

$$\dot{U}_{13}=\mathrm{j}\omega L_1\dot{I}_1+\mathrm{j}\omega M\dot{I}_2+\mathrm{j}\omega M\dot{I}_1-\mathrm{j}\omega M\dot{I}_1=\mathrm{j}\omega(L_1-M)\dot{I}_1+\mathrm{j}\omega M\dot{I} \tag{7-22}$$

$$\dot{U}_{23}=\mathrm{j}\omega M\dot{I}_1+\mathrm{j}\omega L_2\dot{I}_2+\mathrm{j}\omega M\dot{I}_2-\mathrm{j}\omega M\dot{I}_2=\mathrm{j}\omega(L_2-M)\dot{I}_2+\mathrm{j}\omega M\dot{I} \tag{7-23}$$

由式（7-22）、式（7-23）两式可得去耦等效电路如图 7-15（b）所示。

如果改变图 7-15（a）中耦合线圈同名端的位置，如图 7-16（a）所示，同样可推导其去耦等效电路如图 7-16（b）。

例 7-4　已知图 7-17 中，$L_1=1$ H，$L_2=2$ H，$M=0.5$ H，$R_1=R_2=1$ kΩ，$u_S=100\sin(200\pi t)$ V，试求电流 i 及耦合系数 K。

解　u_S 的相量为

$$\dot{U}_S=\frac{100}{\sqrt{2}}\angle 0°\ \mathrm{V}$$

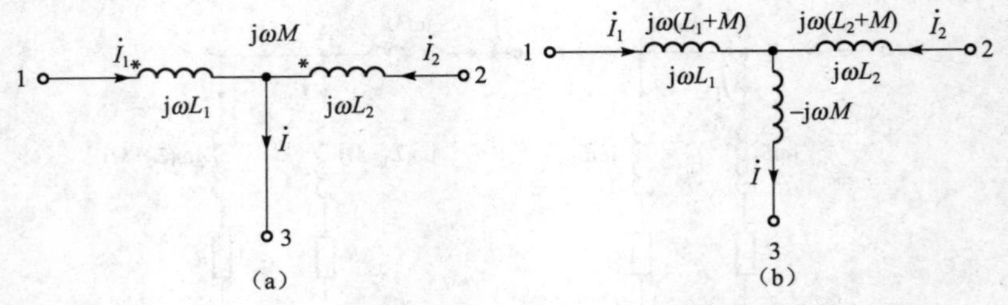

图 7－16　耦合电感只有一个公共端（异名端）连接

支路的阻抗为

$$Z = R_1 + R_2 + j\omega(L_1 + L_2 - 2M)$$
$$= (2\ 000 + j400\pi)\ \Omega = 2\ 362\angle 32.1°\ \Omega$$

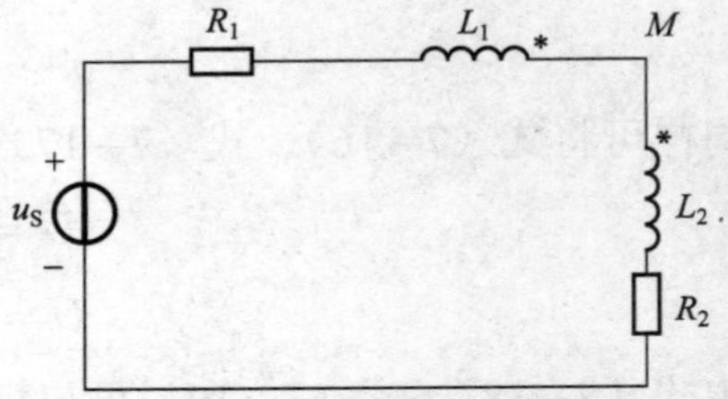

所以有

$$\dot{I} = \frac{\dot{U}_S}{Z} = \frac{42.3}{\sqrt{2}}\angle -32.1°\ \text{mA}$$

即

$$i = 42.3\sin\ (200\pi t - 32.1)\ \text{mA}$$

图 7－17　例 7-4 图

耦合系数 K 为

$$K = \frac{M}{\sqrt{L_1 L_2}} = \frac{0.5}{\sqrt{2}} = 0.354$$

思考题：如果将耦合电感改为顺串，重解该题。

例 7－5　电路如图 7－18 所示，已知 $\dot{U}_1 = 10\angle 0°$，$R_1 = R_2 = 3\ \Omega$，$\omega L_1 = \omega L_2 = 4\ \Omega$，$\omega M = 2\ \Omega$，求开路电压 $\dot{U}$。

解一　由题意可知

$$\dot{I}_2 = 0$$

根据图示的参考方向可得

$$\dot{U}_1 = (R_1 + j\omega L_1)\dot{I}_1 + j\omega M\dot{I}_2$$
$$\dot{U}_2 = j\omega M\dot{I}_1 + (R_1 + j\omega L_2)\dot{I}_2$$

可得

$$\dot{I}_1 = \frac{\dot{U}_1}{R_1 + j\omega L_1} = \frac{10\angle 0°}{3 + j4} = 2\angle -53.1°\ \text{V}$$
$$\dot{U} = \dot{U}_2 + \dot{U}_1 = j\omega M\dot{I}_1 + \dot{U}_1$$
$$= j2 \times 2\angle -53.1° + 10\angle 0° = 13.4\angle 10.3°\ \text{V}$$

解二　原电路的去耦等效电路如图 7－18（b）所示。

因为

$$\dot{I}_2 = 0$$

所以

$$\dot{U} = \frac{R_1 + j\omega(L_1 + M)}{R_1 + j\omega(L_1 + M) + j\omega(-M)} \times \dot{U}_1$$
$$= \frac{3 + j6}{3 + j4} \times 10\angle 0°$$
$$= 13.4\angle 10.3°$$

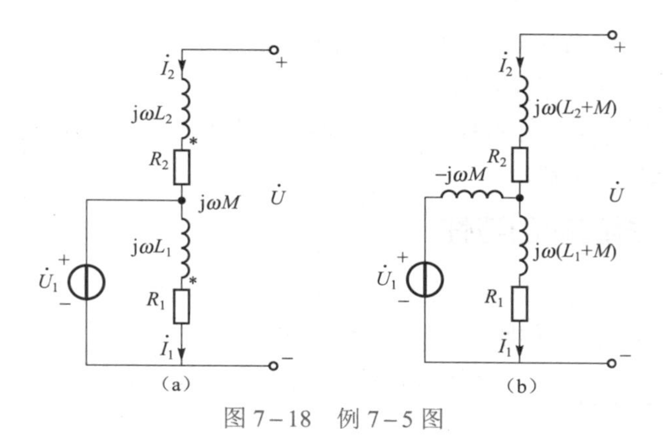

图 7－18　例 7－5 图

思考题：如果要求电感 L_2 两端的电压能否直接采用去耦方式来求解？

自我检测

1. 如图 7－19 所示电路中，已知 $R_1=3\ \Omega$，$R_2=5\ \Omega$，$\omega L_1=7.5\ \Omega$，$\omega L_2=12.5\ \Omega$，$\omega M=8\ \Omega$，电压源 $U=50\ \text{V}$。试计算：（1）耦合系数 K；（2）各个线圈所吸收的 $\tilde{S}_1$ 和 $\tilde{S}_2$。

2. 如图 7－20 所示电路中，已知 $R_1=3\ \Omega$，$R_2=5\ \Omega$，$\omega L_1=7.5\ \Omega$，$\omega L_2=12.5\ \Omega$，$\omega M=8\ \Omega$，电压源 $U=50\ \text{V}$。试计算：（1）耦合系数 K；（2）各个线圈所吸收的复功率 $\tilde{S}_1$ 和 $\tilde{S}_2$。

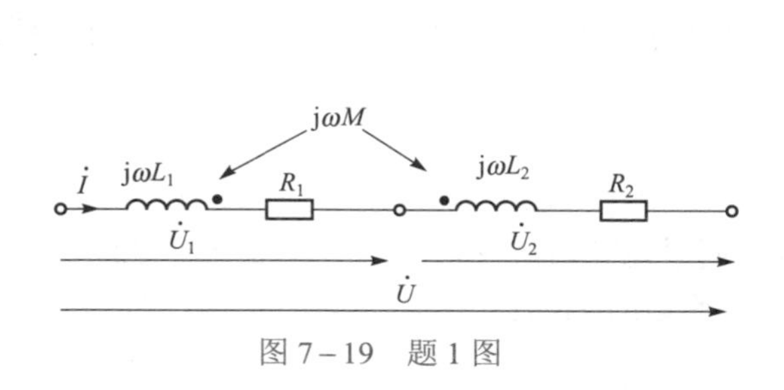

图 7－19　题 1 图

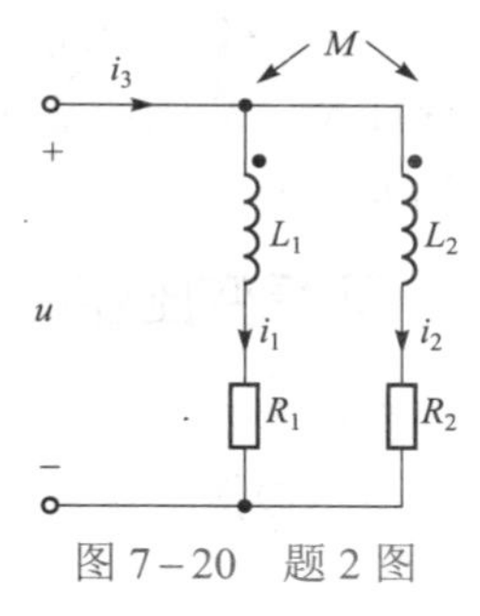

图 7－20　题 2 图

答案

1. $K=0.826$；$\tilde{S}_1=(93.75-\text{j}15.63)\ \text{VA}$；$\tilde{S}_2=(156.25+\text{j}140.63)\ \text{VA}$

2. $\tilde{S}_1=(111.97+\text{j}188.74)\ \text{VA}$；$\tilde{S}_2=(-34.35+\text{j}93.7)\ \text{VA}$

学习模块 3　理想变压器的认识

学习目标

1. 掌握变压器变电压、变电流、变阻抗的工作原理。
2. 了解变压器的应用。

耦合电感和理想变压器是构成实际变压器电路模型必不可少的元件。理想变压器也是一个耦合元件，它是从实际变压器抽象出来的理想化模型。理想变压器实际上并不存在，但它有实用价值，通常高频电路的互感耦合线圈可以看成理想变压器。我们前面介绍了耦合电感。本学习模块将讨论理想变压器。

一、理想变压器的端口特性

理想变压器是从实际变压器抽象出来的一种耦合元件。理想变压器的电路模型如图 7－21 所示，N_1 和 N_2 为原边和副边的匝数。

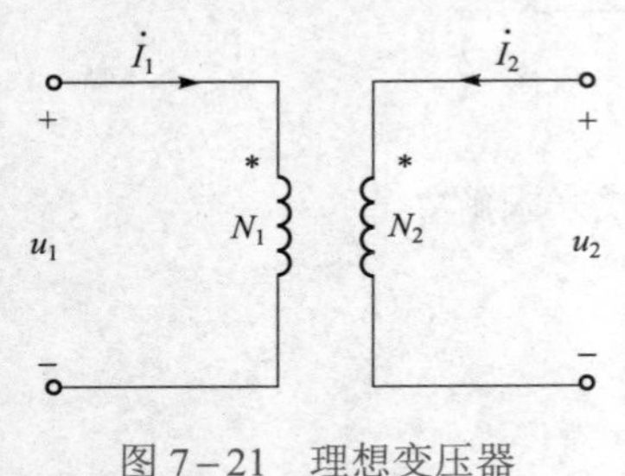

图 7－21　理想变压器

在图示的参考方向下，原、副边电压和电流关系为

$$\left.\begin{aligned} u_2 &= \frac{1}{n}u_1 \\ i_2 &= -ni_1 \end{aligned}\right\} \tag{7-24}$$

式中 $n=\dfrac{N_1}{N_2}$（常量），称为理想变压器的变比。n 是描述理想变压的唯一参数。理想变压的电压、电流方程是代数方程，因此理想变压器是静态元件，无记忆性，无动态过程。

将（7－31）两式相乘后可得

$$u_1 i_1 + u_2 i_2 = 0 \tag{7-25}$$

即在任一时刻，输入到理想变压器的瞬时功率为零，理想变压器是无损器件，既不消耗能量，也不贮存能量。从原边输入的能量全部经副边到负载。因此理想变压器是一个变换信号和传输能量的元件。

二、理想变压器的阻抗变换

理想变压器对电压、电流按匝数变换，同时也有阻抗变换的作用。如图 7－22（a）所示，理想变压器副边接有负载阻抗 Z_L，则变压器原边的 Z_{12} 为

$$Z_{12}=\frac{\dot{U}_1}{\dot{I}_1}=\frac{n\dot{U}_2}{-\dfrac{1}{n}\dot{I}_2}=n^2\left(-\frac{\dot{U}_2}{\dot{I}_2}\right)=n^2 Z_L$$

即理想变压器起着阻抗大小变换的作用，将副边的负载阻抗 Z_L 折合到原边后变成为 n^2Z_L，如图 7－22（b）所示。

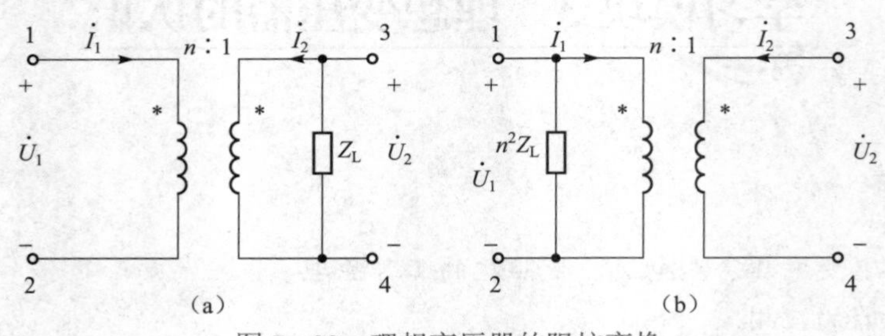

图 7－22　理想变压器的阻抗变换

例 7－6　图 7－23（a）所示理想变压器的数比为 1:10，已知 $R_1=1\ \Omega$，$R_2=50\ \Omega$，$u_S=10\cos(10t)$ V，求 u_2。

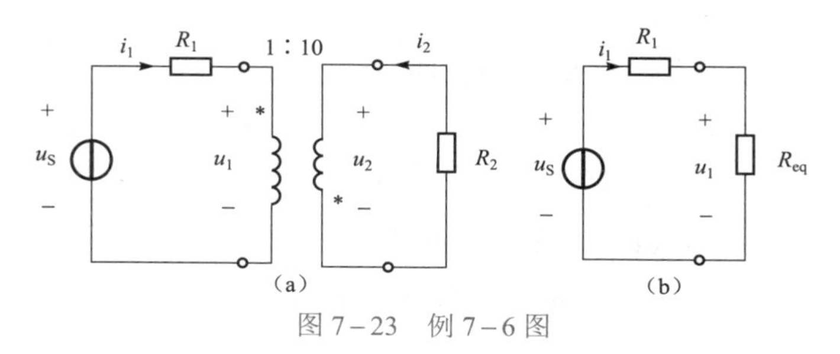

图 7－23　例 7－6 图

解一　回路法，根据图 7－23（a）可得

$$R_1 i_1 + u_1 = u_S$$
$$R_2 i_2 + u_2 = 0$$

理想变压器的电压、电流关系方程为

$$u_1 = -nu_2 = -\frac{1}{10}u_2$$
$$i_1 = \frac{1}{n}i_2 = 10i_2$$

解得　$u_2 = -\frac{10u_S}{3} = -33.3\cos(10t)$ V

解二　阻抗变换法，等效的原边电路如图 7－23（b）所示。

$$R_{eq} = n^2 R_2 = \frac{1}{100}\times 50 = 0.5\ \Omega$$
$$u_1 = \frac{R_{eq}}{R_1 + R_{eq}}u_S = \frac{1}{3}u_S$$
$$u_2 = -\frac{1}{n}u_1 = -\frac{10}{3}u_S$$

所以　$u_2 = -33.3\cos\ (10t)$V 。

思考题：试求负载 R_2 上消耗的功率。

例 7－7　如图 7－24 所示，已知信号电压的有效值 $U_1=50$ V，信号内阻 $R_S=100\ \Omega$，负载为扬声器，其等效电阻 $R_L=8\ \Omega$。

（1）将负载直接接到信号源上如图 7－24（a）所示，试求负载的输出功率。

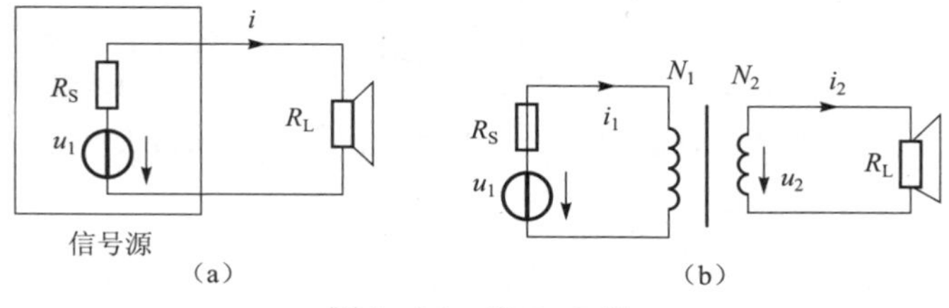

图 7－24　例 7－7 图

（2）将负载通过变压器接到信号源上，已知变比 $n=\dfrac{N_1}{N_2}=3.5:1$，再求负载的输出功率，可以得出什么结论？

解 （1）将负载直接接到信号源上，得到的输出功率为

$$P_L=\left(\frac{U}{R_S+R_L}\right)^2 R_L=\left(\frac{50}{108}\right)^2\times 8=1.7\ \text{W}$$

（2）将负载通过变压器接到信号源上，则

$$R_L'=(3.5)^2\times 8=98\ \Omega$$

输出功率为

$$P_L=\left(\frac{U}{R_S+R_L'}\right)^2\times R_L'=\left(\frac{50}{100+98}\right)^2\times 98=6.25\ \text{W}$$

结论：由此例可见加入变压器以后，输出功率提高了很多。原因是满足了电路中获得最大输出的条件（信号源内、外阻抗大致相等）。

三、变压器的应用实例

变压器是电路中不可缺少的无源设备，它的应用非常广泛。例如在电力输送和配电过程利用变压器改变电压和电流；还可以作为隔离装置，将电路的一部分与另一部分隔离开或者用做阻抗匹配装置，以实现最大功率输送等。这里讨论变压器的两个重要应用：用做隔离装置和阻抗匹配装置。

1. 变压器用做隔离装置

当两个装置之间没有实际的电连接时，则称这两个装置是电隔离的。变压器的能量转换通过初级和次级之间的磁耦合实现，它们之间没有电连接，所以变压器是电隔离的。

如图 7－25 所示电路，变压器将交流电源耦合到整流器中。这里的变压器不仅起到降压的作用，还将交流电源与整流器隔离开，从而减少了处理电路时被电击的危险。

利用变压器的隔直流作用，经常将其作为多级放大电路的级间耦合器件，如图 7－26 所示。就包路每一级有其各自的直流偏置电压，如果没有变压器，那么每一级放大电路可能因为直流偏置的相互影响而不能正常工作。加上变压器后，就可以有效隔离直流信号，而交流信号仍可以通过变压器耦合到下一级。

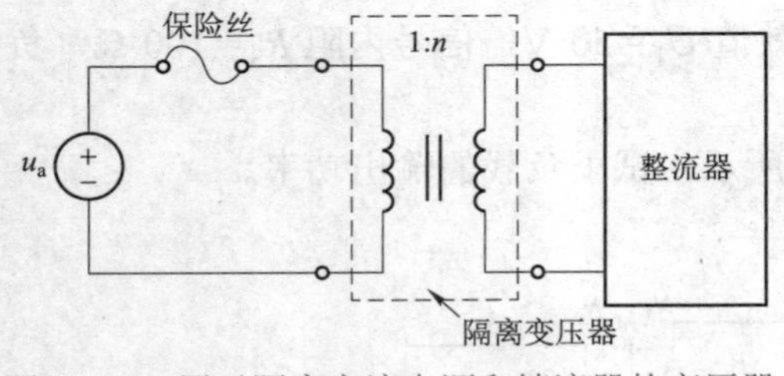

图 7－25 用于隔离交流电源和镇流器的变压器

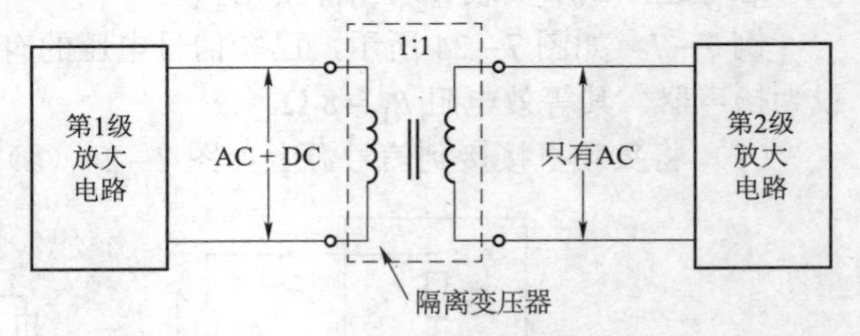

图 7－26 用于两级放大电路之间的隔离变压器

2. 变压器用做阻抗匹配装置

由最大功率传输定理可知，当负载电阻 R_L 和电源内阻 R_S 相等时，负载获得的功率最大。在给定电源的情况下，选择合适的负载电阻可以实现最大功率传输。但是大多数情况下，负

载电阻和电源内阻都是固定的，而且它们在数值上也不相等。

例如一个音频功率放大器，其内阻 R_S=1 kΩ，所接的负载（扬声器）R_L=10 Ω。如果直接把扬声器接到音频功率放大器的输出端，等效电路如图 7-27（a）所示，则扬声器获得的功率很小，显然功率传输效率过低。在这种情况下，可以在音频功率放大器与扬声器之间接入变压器，如图 7-27（b）所示，利用变压器的阻抗变换作用实现阻抗匹配。只要选择合适的变比 n，使得 $n^2R_L=R$，等效电路如图 7-27（c）所示，此时负载上就可以获得最大功率。

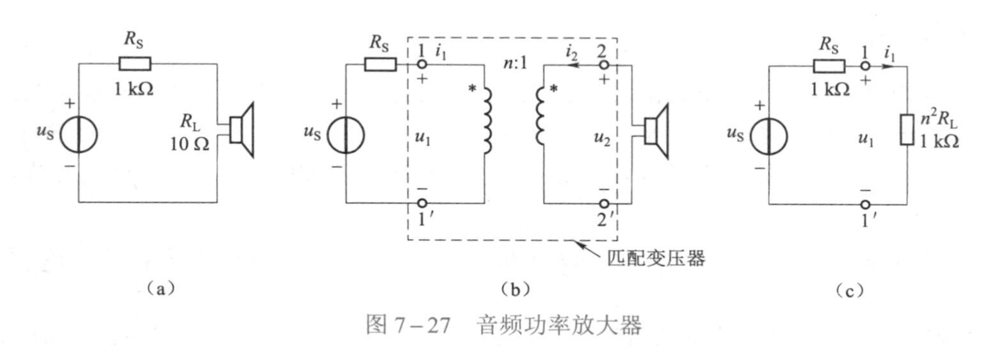

图 7-27　音频功率放大器

自我检测

如图 7-28 所示电路中，正弦电源有效值为 100 V，$Z_1=4-\mathrm{j}4\ \Omega$，$Z_2=1-\mathrm{j}1\ \Omega$。试计算阻抗 Z_L 为多少时，其消耗的功率最大，并求最大功率。

答案　$Z_L=2+\mathrm{j}2\ \Omega$　$P_{max}=31.25\ \mathrm{W}$

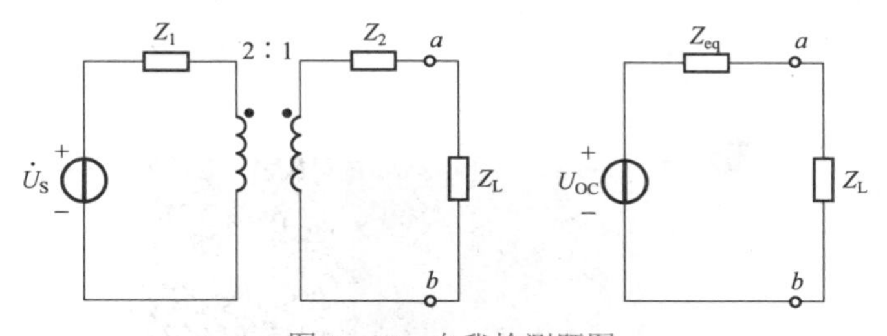

图 7-28　自我检测题图

知识拓展

先导案例解决

常用的钳形电流表是一种电流互感器。它是由一个电流表接成闭合回路的二次绕组和一个铁芯构成，其铁芯可开、可合。测量时，把待测电流的一根导线放入钳口中，通有被测电流的导线相当于电流互感器的一次侧，于是在二次侧就会产生感应电流，并送入整流系电流表测出电流数值。

本章小结

1. 互感现象——由于一个线圈的电流变化，导致另一个线圈产生感应电动势的现象。在互感现象中产生的感应电动势，叫互感电动势。

2. 同名端——在同一变化磁通的作用下，感应电动势极性相同的端点。感应电动势极性相反的端点叫异名端。

3. 互感线圈顺向串联时，两个互感线圈相当于一个具有等效电感为 $L_{顺}=L_1+L_2+2M$ 的电感线圈。

互感线圈反向串联时，两个互感线圈相当于一个具有等效电感为 $L_{反}=L_1+L_2-2M$ 的电感线圈。

4. 互感线圈的并联分为同侧并联和异侧并联。

5. 变压器一、二次线圈之间的电压关系为 $\dfrac{U_1}{U_2}\approx\dfrac{N_1}{N_2}=n$

变压器一、二次线圈之间的电流关系为 $\dfrac{I_1}{I_2}\approx\dfrac{N_2}{N_1}=\dfrac{1}{n}$

变压器的阻抗变换作用为 $|Z_1|=n^2|Z_2|$

能力测试

探索与研究

技能训练　单相变压器的特性测试

一、操作目的

（1）通过测量，计算变压器的各项参数。

（2）学会测绘变压器的空载特性和外特性。

（3）学会记录、保存、处理数据，学会判断分析测量结果。

二、操作器材

操作器材见表 7－1。

表 7－1　技能训练操作器材表

序号	名　称	数量	备　注
1	交流电流表	2	
2	交流电压表	2	
3	功率因数表	1	
4	白炽灯	若干	
5	升压变压器	1	
6	电流插座	若干	

三、操作原理

变压器是一种交流电能的变换装置，能将某一数值的交流电压、电流转变为同频率的另一数值的交流电压、电流，使电能传输、分配和使用，做到安全经济。

其功能有电压变换、阻抗变换、隔离、稳压（磁饱和变压器）等，变压器常用的铁芯形状一般有 E 型和 C 型。它原理简单但根据不同的使用场合（不同的用途）变压器的绕制工艺会有不同的要求。电源变压器应用非常广泛。

变压器按用途可以分为：配电变压器、电力变压器、全密封变压器、组合式变压器、干式变压器、单相变压器、电炉变压器、整流变压器、电抗器、抗用变压器、防雷变压器、箱式变压器。

变压器的最基本形式，包括两组绕有导线的线圈，并且彼此以电感方式组合在一起。当交流电流（具有某一已知频率）流于其中之一组线圈时，于另一组线圈中将感应出具有相同频率的交流电压，而感应的电压大小取决于两线圈耦合及磁交链的程度。

变压器的测量主要包括铁损的测量、铜损的测量、外特性测量与空载特性的测量。

1. 变压器铁损的测量

变压器工作时，由于涡流和磁场的原因在铁芯内产生的能量损失称为铁损。在变压器原边加额定电压，并使副边开路，这时铁芯内的磁通是一样的，而此时原边线圈的电流很小，线圈中的损耗可以忽略，所以此时输入到变压器的功率可以认为是铁损。测量电路如图7－29所示。

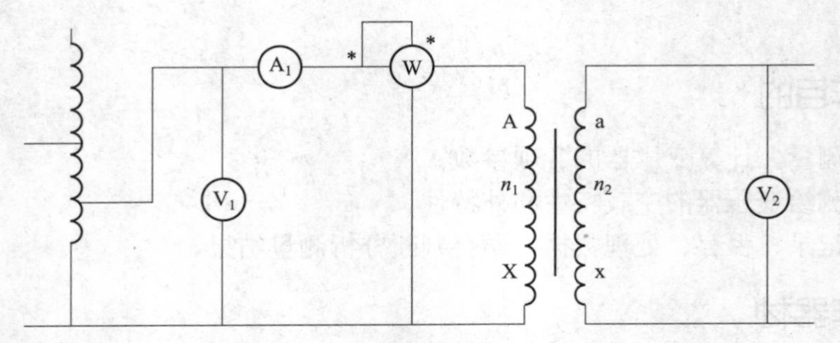

图7－29　变压器铁损测量电路

2. 变压器铜损的测量

变压器工作时，在线圈导线上产生的能量损失称为铜损。将变压器副边短路，在原边加上一个小电压，使线圈中电流达到额定值。由于原边加上一个很小的电压，铁芯中的磁通很小，所以忽略此时的铁损。此时输入到变压器的功率可认为是铜损。测量电路如图7－30所示。

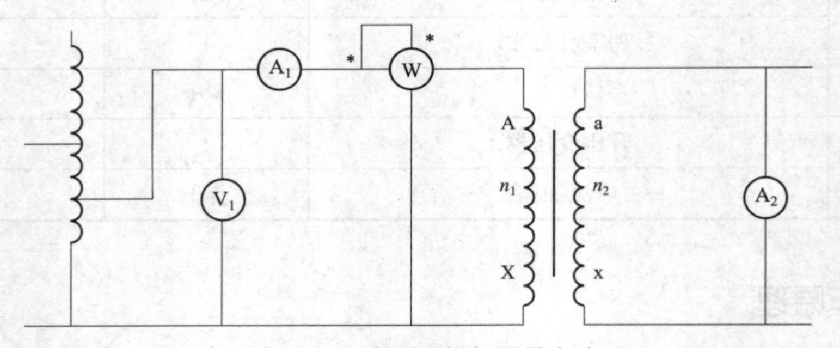

图7－30　变压器铜损测量电路

3. 变压器外特性的测量

变压器外特性是指其输出电压与负载的关系，即与输出电流的关系。在原边加额定电压，改变负载阻抗，分别测量副边电压 U_2 和副边电流 I_2，由此确定变压器的外特性。测量电路如图7－31所示。

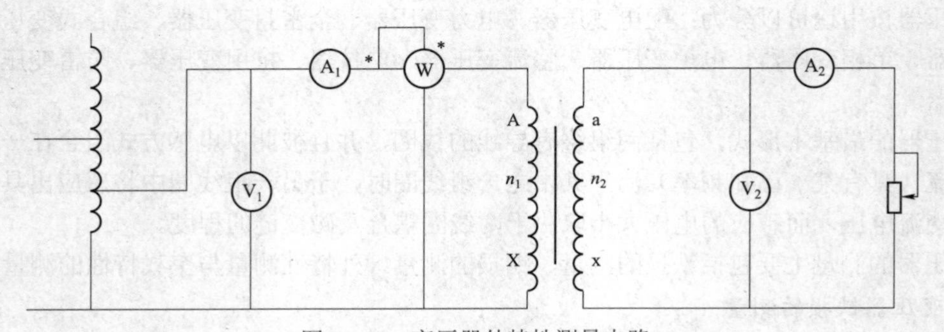

图7－31　变压器外特性测量电路

4. 变压器空载特性的测量

变压器空载特性是指当副边开路时，原边电压 U_1 和原边空载电流 I 的关系，测量电路如图 7-32 所示。

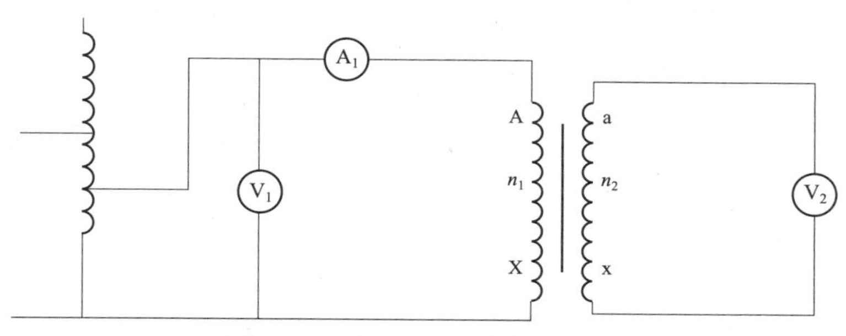

图 7-32　变压器空载特性测量电路

四、操作内容及步骤

1. 变压器的铁损测量

按电路图 7-29 连接电路。读出此时各表读数并计算出变压器的铁损。

2. 变压器的铜损测量

按电路图 7-30 连接电路。读出此时各表读数并计算出变压器的铜损。

3. 变压器的外特性测量

按电路图 7-31 连接电路，负载为白炽灯，5 个灯泡并联。改变灯泡并联个数，得到相应电压电流表读数并填入表 7-2 中。

表 7-2　外特性测量表

灯泡个数	1 个	2 个	3 个	4 个	5 个
U_2（V）					
I_2（mA）					

4. 变压器的空载特性

按电路图 7-32 连接电路，把输入电压 U_1 从 0 开始逐渐增加到 1.2 倍的 U_1，测量数据填入表 7-3 中。

表 7-3　空载特性测量表

U_1（V）	5	10	15	20	25	30	35
I_1（mA）							

五、操作注意事项

（1）认真完成操作测量，数据记录完整。

（2）根据操作内容，绘出变压器的外特性和空载特性曲线。

（3）根据额定负载时测得的数据，计算变压器的各项参数。

六、操作报告要求

（1）根据操作观测结果，归纳、总结变压器的外特性和空载特性。

（2）心得体会及其他。

电工基本技能操作

学习模块1　安全用电基本常识

学习目标

1. 正确掌握电工安全用电常识，能处理一般安全事故。
2. 正确掌握触电急救方法。

随着电能应用的不断拓展，以电能为介质的各种电气设备广泛进入企业、社会和家庭生活中，与此同时，使用电气所带来的不安全事故也不断发生。为了实现电气安全，对电网本身的安全进行保护的同时，更要重视用电的安全问题。学习安全用电基本知识，掌握常规触电防护技术，这是保证用电安全的有效途径。

一、安全用电基本知识

电气危害有两个方面：一方面是对系统自身的危害，如短路、过电压、绝缘老化等；另一方面是对用电设备、环境和人员的危害，如触电、电气火灾、电压异常升高造成用电设备损坏等，其中尤以触电和电气火灾危害最为严重。触电可直接导致人员伤残、死亡。另外，静电产生的危害也不能忽视，它是电气火灾的原因之一，对电子设备的危害也很大。

电流通过人体后，能使肌肉收缩产生运动，造成机械损伤，电流产生的热效应和化学效应可引起一系列急骤的病理变化，使机体遭受到严重的损害，特别是电流流经心脏，对心脏的损害极为严重，极小的电流可引起心室纤维性回动，严重时能导致死亡。人身触电时电流对人体的伤害，是由电流的能量直接作用于人体或转换成其他形式的能量作用于人体造成伤害，按伤害程度的不同，可以分为电击和电伤两类。

电击：电击是指因电流通过人体而使内部器官受伤的现象，它是最危险的触电事故。

电伤：电伤是指人体外部由于电弧或熔丝熔断时飞溅起的金属沫等造成烧伤的现象，分电烧伤、电烙印、皮肤金属化等。

触电事故发生都很突然，出现“假死”时，心跳、呼吸已停止，因此要采用在现场急救的方法，使触电病人迅速得到气体交换和重新形成血液循环，以恢复全身各组织细胞的氧供给，建立病人自身的心跳和呼吸。所以触电现场急救，是整个触电急救过程中一个重要环节。如处理得及时正确，就能挽救许多病人的生命，反之不管实际情况，不采用任何抢救措施，将病人送往医院抢救或单纯等待医务人员来，那必然会失去抢救的时机，带来永远不可弥补的损失。因此现场急救法是每一个电工必须熟练掌握的急救技术，一旦发生事故后，就能立即正确地在现场进行急救，同时向医务部门告急救援，这样，能挽救不少触电者的生命。

1. 人体触电的种类

（1）单相触电。当人站在地面上或其他接地体上，人体的某一部位触及一相带电体时，电流通过人体流入大地（或中性线），这种触电方式称为单相触电。如图 8－1 所示。图 8－1（a）为电源中性点接地运行方式时，单相的触电电流途径。图 8－1（b）为中性点不接地的单相触电情况。一般情况下，接地电网里的单相触电比不接地电网里的危险性大。

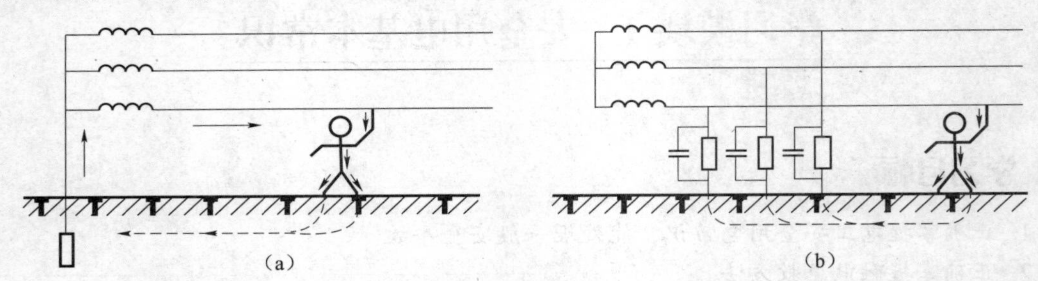

图 8－1　单相触电

（a）中性点直接接地；（b）中性点不直接接地

（2）两相触电。两相触电是指人体两处同时触及同一电源的两相带电体，以及在高压系统中，人体距离高压带电体小于规定的安全距离，造成电弧放电时，电流从一相导体流入另一相导体的触电方式，如图 8－2 所示。两相触电加在人体上的电压为线电压，因此不论电网的中性点接地与否，其触电的危险性都最大。

（3）跨步电压触电。当带电导线断线落地或运行中的电气设备因绝缘损坏漏电时，电流向大地流散，以落地点或接地体为圆心，半径为 20 m 的圆面积内形成分布电位，如有人在落地点周围走过时，其两脚之间（按 0.8 m 计算）的电位差引起的触电事故称为跨步电压触电。如图 8－3 所示，跨步电压触电时，电流从人的一只脚经下身，通过另一只脚流入大地形成回路。

2. 电流对人体的危害

电流危害的程度与通过人体的电流强度、频率、通过人体的途径及持续时间等因素有关。

（1）电流强度对人体的危害，按照电流流过人体时的不同生理反映，可分为三种情况。

① 感觉电流：使人体有感觉的最小电流称为感觉电流。

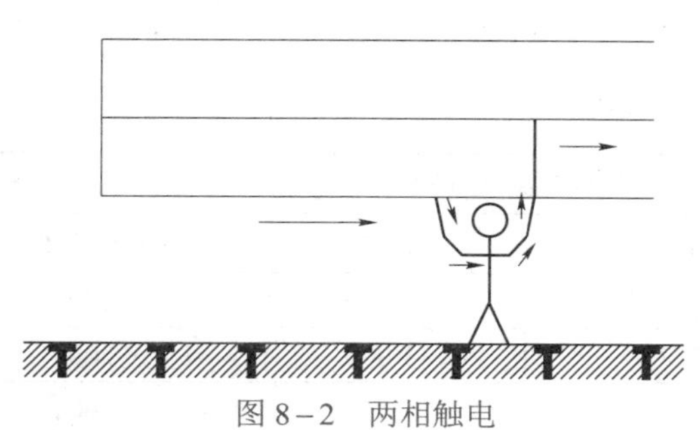
图 8－2 两相触电

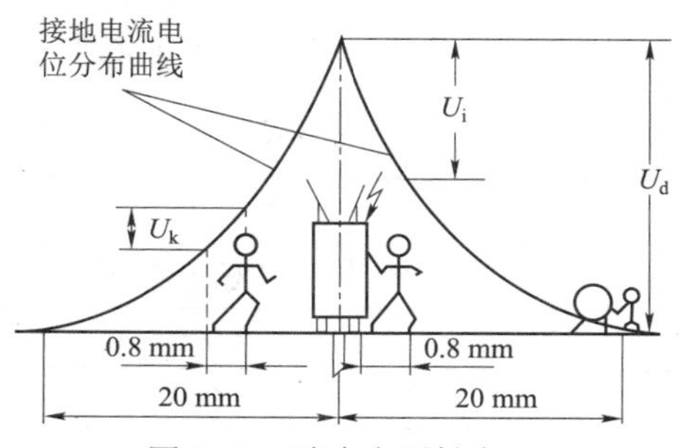

图 8－3 跨步电压触电

② 摆脱电流：人体触电后能自主摆脱电源的最大电流称为摆脱电流，工频交流电的平均摆脱电流，成年男性约为 16 mA 以下，成年女性约为 10 mA 以下；直流电的平均摆脱电流均为 50 mA。

③ 致命电流：在较短的时间内危及生命的最小电流称为致命电流。一般情况下，通过人体的工频电流超过 50 mA 时，心脏就会停止跳动，发生昏迷，并出现致命的电灼伤；工频 100 mA 的电流通过人体时很快使人致命。不同电流强度对人体的影响如表 8－1 所示。

表 8－1 不同电流强度对人体的影响

电流/mA	作用的特征	
	交流电（50～60 Hz）	直流电
0.6～1.5	开始有感觉，手轻微颤抖	没有感觉
2～3	手指强烈颤抖	没有感觉
5～7	手部痉挛	感觉痒和热
8～10	手部剧痛，勉强可摆脱电源	热感觉增加
20～35	手迅速剧痛麻痹，不能摆脱带电体呼吸困难	热感觉更大，手部轻微痉挛
50～80	呼吸困难麻痹，心室开始颤动	手部痉挛，呼吸困难
90～100	呼吸麻痹，心室经 3 s 即发生麻痹而停止跳动	呼吸麻痹

（2） 电流频率对人体的影响：在相同电流强度下，不同的电流频率对人体影响程度不同。一般为 28～300 Hz 的电流顿率对人体影响较大，最为严重的是 40～60 Hz 的电流。当电流频率大于 20 000 Hz 时，所产生的损害作用明显减小。

（3） 电流通过人体途径的危害：电流通过人体的头部会使人昏迷甚至死亡；电流通过脊髓，会导致截瘫及严重损伤；电流通过中枢神经或有关部位，会引起中枢神经系统强烈失调而导致死亡；电流通过心脏会引起心室颤动，致使心脏停止跳动，造成死亡。

（4） 电流的持续时间对人体的危害：由于人体发热出汗和电流对人体组织的电解作用，电流通过人体的时间越长，人体电阻越低。在电源电压一定的情况下，会使电流增大，对人体的组织破坏更大，后果更严重。

3. 人体电阻及安全电压

（1） 人体电阻：人体电阻主要包括人体内部电阻和皮肤电阻，人体内部电阻是固定不变的，并与接触电压和外部条件无关，一般约为 500 Ω。皮肤电阻一般是手和脚的表面电阻。

在不同条件下的人体电阻值如表8－2所示。

表8－2　人体电阻

接触电压/V	人体皮肤电阻/Ω			
	皮肤干燥	皮肤潮湿	皮肤湿润	皮肤浸入水中
10	7 000	3 500	1 200	600
25	5 000	2 500	1 000	500
50	4 000	2 000	875	440
100	3 000	1 500	770	375
220	1 500	1 000	650	325
注：电流途径为双手至双足				

（2）安全电压：我国的安全电压，以前多采用36 V或12 V，1983年我国发布了安全电压国家标准GB 3805—1983，对频率为50～500 Hz的交流电，把安全电压的额定值分为42 V、36 V、24 V、12 V和6 V五级。安全电压等级和选用如表8－3所示。

表8－3　安全电压等级及选用

安全电压（交流有效值）/V		选用举例
额定值	空载上限值	
42	50	在有触电危险的场所使用的手持式电动工具等
36	43	潮湿场合，如矿井、多导电粉尘及类似场合使用行灯
24	29	工作面积狭窄操作者较大面积接触带电体的场所，如锅炉、金属容器内
12	15	人体需要长期触及器具及器具上带电体的场所
6	8	

二、触电急救与触电预防

1. 解脱电源

人在触电后可能由于失去知觉或超过人的摆脱电流而不能自己脱离电源，此时抢救人员不要惊慌，要在保护自己不被触电的情况下使触电者脱离电源。

（1）如果接触电器触电，应立即断开近处的电源，可就近拔掉插头，断开开关或打开保险盒。

（2）如果碰到破损的电线而触电，附近又找不到开关，可用干燥的木棒、竹竿、手杖等绝缘工具把电线挑开，挑开的电线要放置好，不要使人再触到。

（3）如一时不能实行上述方法，触电者又趴在电器上，可隔着干燥的衣物将触电者拉开。

（4）在脱离电源过程中，如触电者在高处，要防止脱离电源后跌伤而造成二次受伤。

（5）在使触电者脱离电源的过程中，抢救者要防止自身触电。

2. 脱离电源后的判断

触电者脱离电源后，应迅速判断其症状，根据其受电流伤害的不同程度，采用不同的急救方法。

（1）判断触电者有无知觉。

（2）判断呼吸是否停止，进而实施人工呼吸。

（3）判断脉搏是否搏动，进而实施胸外挤压。

（4）判断瞳孔是否放大。

3. 触电的急救方法

（1）口对口人工呼吸法。人的生命的维持，主要靠心脏跳动而产生血循环，通过呼吸而形成氧气与废气的交换。如果触电人伤害较严重，失去知觉，停止呼吸，但心脏微有跳动，就应采用口对口的人工呼吸法。具体做法是：

① 迅速解开触电人的衣服、裤带，松开上身的衣服、护胸罩和围巾等，使其胸部能自由扩张，不妨碍呼吸。

② 使触电人仰卧，不垫枕头，头先侧向一边清除其口腔内的血块、假牙及其他异物等。

③ 救护人员位于触电人头部的左边或右边，用一只手捏紧其鼻孔，保证不漏气，另一只手将其下巴拉向前下方，使其嘴巴张开，嘴上可盖上一层纱布，准备接受吹气。

④ 救护人员做深呼吸后，紧贴触电人的嘴巴，向他大口吹气。同时观察触电人胸部隆起的程度，一般应以胸部略有起伏为宜。

⑤ 救护人员吹气至需换气时，应立即离开触电人的嘴巴，并放松触电人的鼻子，让其自由排气。这时应注意观察触电人胸部的复原情况，倾听口鼻处有无呼吸声，从而检查呼吸是否阻塞，如图 8－4 所示。

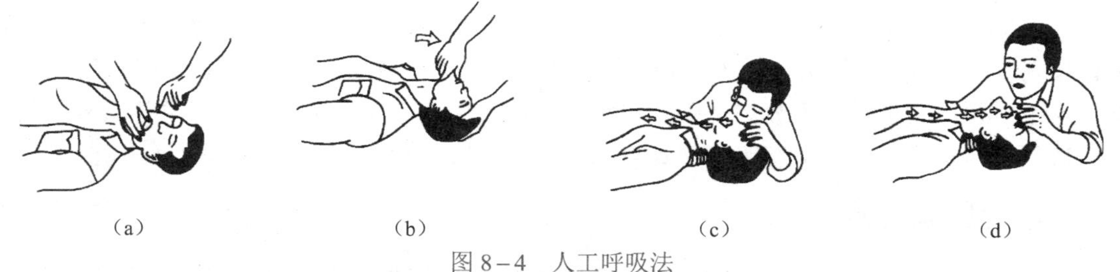

（a）　（b）　（c）　（d）

图 8－4　人工呼吸法

基本口诀：张口捏鼻手抬颌，深吸缓吹口对紧；张口困难吹鼻孔，5 秒一次坚持吹。

（2）人工胸外挤压心脏法。若触电人伤害得相当严重，心脏和呼吸都已停止，人完全失去知觉，则需同时采用口对口人工呼吸和人工胸外挤压两种方法。如果现场仅有一个人抢救，可交替使用这两种方法，先胸外挤压心脏 4～6 次，然后口对口呼吸 2～3 次，再挤压心脏，反复循环进行操作。人工胸外挤压心脏的具体操作步骤如下：

① 解开触电人的衣裤，清除口腔内异物，使其胸部能自由扩张。

② 使触电人仰卧，姿势与口对口吹气法相同，但背部着地处的地面必须牢固。

③ 救护人员位于触电人一边，最好是跨跪在触电人的腰部，将一只手的掌根放在心窝稍高一点的地方（掌根放在胸骨的下三分之一部位），中指指尖对准锁骨间凹陷处边缘，如图 8－5（a）、（b）所示，另一只手压在那只手上，呈两手交叠状（对儿童可用一只手）。

④ 救护人员找到触电人的正确压点，自上而下，垂直均衡地用力挤压，如图 8－5（c）、（d）所示，压出心脏里面的血液，注意用力适当。

⑤ 挤压后，掌根迅速放松（但手掌不要离开胸部），使触电人胸部自动复原，心脏扩张，血液又回到心脏。

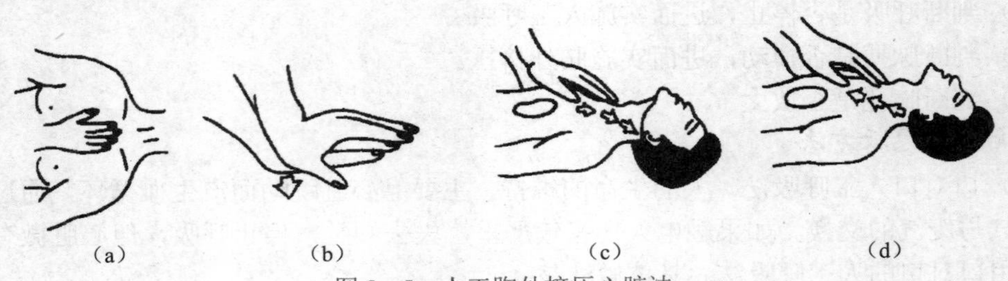

图 8－5　人工胸外挤压心脏法

基本口诀：掌根下压不冲击，突然放松手不离；手腕略弯压一寸，一秒一次较适宜。

学习模块 2　电工工具的识别和使用

学习目标

1. 正确使用常用电工工具。
2. 合理选用规格，并能进行维护保养。

电工常用工具是指电工维修必备的工具，包括验电笔、钢丝钳、尖嘴钳、电工刀、螺钉旋具和剥线钳等。电工使用工具进行带电操作之前，必须检查工具绝缘把套的绝缘是否良好，以防绝缘损坏，发生触电事故。正确使用和维护电工工具，既能提高工作效率和安装质量，又能减轻劳动强度、保证操作安全与延长电工工具使用寿命。

一、低压验电器

低压验电器是一种电工常用的工具。低压验电器又称试电笔，有钢笔式、旋具式和组合式等多种外形。为能直观地确定设备、线路是否带电，使用低压验电器是一种既方便又简单的方法。低压验电器一般由工作触头、降压电阻、氖管、弹簧和笔身等组成，如图 8－6 所示。

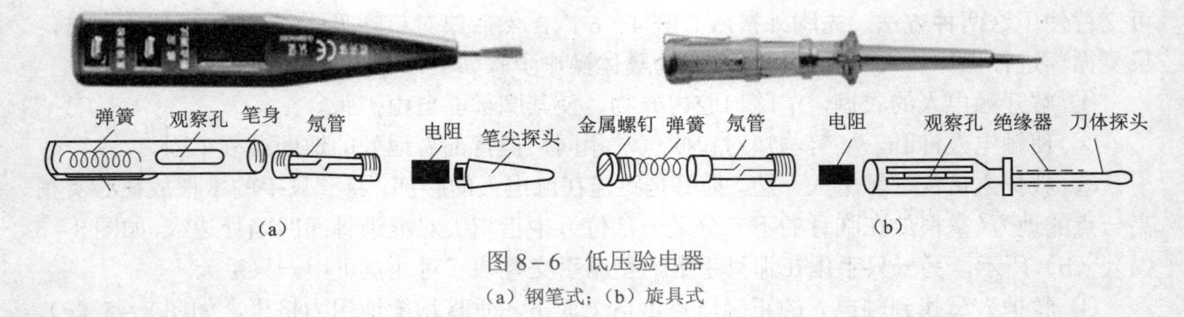

图 8－6　低压验电器
（a）钢笔式；（b）旋具式

使用验电笔时，笔尖接触低压带电设备；在测试低压验电器时，必须按照图 8－7 所示的方法把笔握好，注意手指必须接触笔尾的金属体（钢笔式）或测电笔顶部的金属螺钉（旋具式）并使氖管小窗背光且朝向自己，以便观测氖管的亮暗程度，防止因光线太强造成误判断。此时电流经带电体、电笔、人体到大地形成了通电回路，只要带电体与大地之间的电位差超过 60 V 时，电笔中的氖泡就能发出红色的辉光。

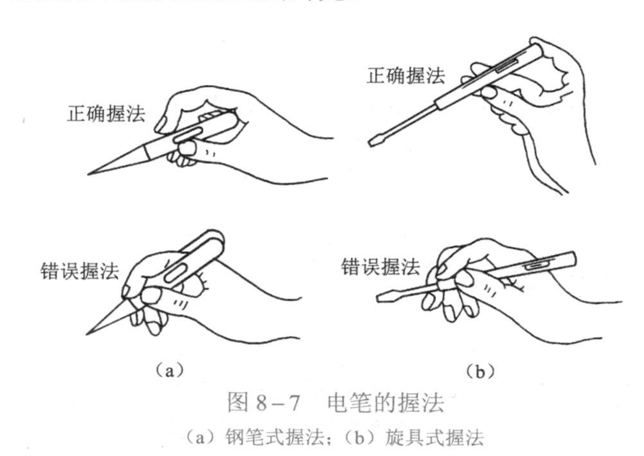

图 8－7　电笔的握法

（a）钢笔式握法；（b）旋具式握法

低压验电器的使用方法和注意事项有以下几点：

（1）测试带电体前，一定要先测试已知有电的电源，以检查电笔中的氖泡能否正常发光，证明该验电器确实良好，方可使用。验电时，应使验电器逐渐靠近被测物体，直至氖管发亮，不可直接接触被测体。验电时，手指必须触及笔尾的金属体，否则带电体也会误判为非带电体。验电时，要防止手指触及笔尖的金属部分，以免造成触电事故。

（2）在明亮的光线下测试时，往往不易看清氖泡的辉光，应当避光检测。

（3）电笔的金属探头多制成螺丝刀形状，它只能承受很小的扭矩，使用时应特别注意，以防损坏。

（4）低压验电器可用来区分相线和零线，氖泡发亮的是相线，不亮的是零线。

（5）低压验电器可用来区分交流电和直流电，交流电通过氖泡时，两极附近都发亮；而直流电通过氖泡时，仅一个电极附近发亮。

（6）低压验电器可用来判断电压的高低。如氖泡发暗红，轻微亮，则电压低；如氖泡发黄红色，很亮，则电压高。

二、螺丝刀

螺丝刀是一种用来拧转螺丝以使其就位的常用工具，通常有一个薄楔形头，可插入螺丝钉头的槽缝或凹口内。螺丝刀按不同的头型可以分为一字、十字、米字、星型（电脑）、方头、六角头、Y 型头部等，其中一字和十字是我们生活中最常用的，像安装、维修这类都要用到，可以说只要有螺丝的地方就要用到螺丝刀，如图 8－8 所示。

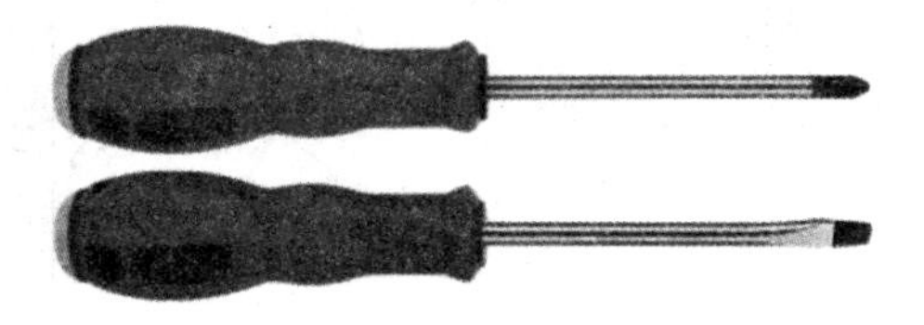

图 8－8　螺丝刀

使用的螺丝刀较大时，除大拇指、食指和中指要夹住握柄外，手掌还要顶住柄的末端以防施转时滑脱。螺丝刀较小时，用大拇指和中指夹着握柄，同时用食指顶住柄的末端用力旋动。螺丝刀较长时，用右手压紧手柄并转动，同时左手握住起子的中间部分（不可放在螺钉周围，以免将手划伤），以防止起子滑脱。

注意：带电作业时，手不可触及螺丝刀的金属杆，以免发生触电事故。作为电工，不应使用金属杆直通握柄顶部的螺丝刀。为防止金属杆触到人体或邻近带电体，金属杆应套上绝缘管。

三、电工刀

电工刀是一种切削工具，主要用来剖削和切割导线的绝缘层、削制木枕、切削木台或绳索等。电工刀有普通型和多用型两种，按刀片长度分为大号（100 mm）和小号（88 mm）两种规格。多用型电工刀除具有刀片外，还有可收式的锯片、锥针和旋具，可用来锯割电线槽板、胶木管、锥钻木螺丝的底孔。目前常用的规格有 100 mm 一种。电工刀的结构如图 8－9 所示。

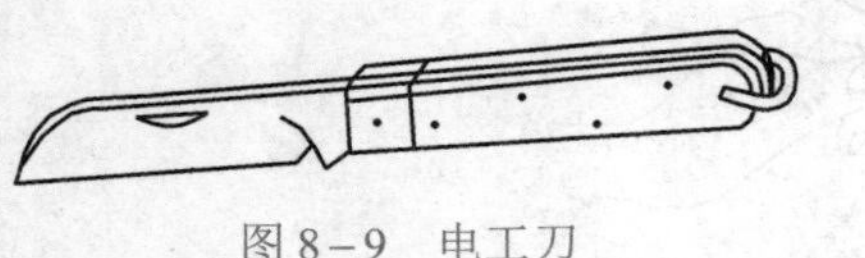

图 8－9　电工刀

使用电工刀的注意事项有以下几点：

（1）电工刀的刀柄不是用绝缘材料制成，所以不能在带电导线或器材上剖削，以防触电。

（2）使用时，应将刀口向外剖削，并注意避免伤及手指；剖削导线绝缘层时，应使刀面与导线成较小的锐角，以免损伤芯线。

（3）电工刀用毕，应随时将刀身折进刀柄。

四、钢丝钳

钢丝钳是钳夹和剪切工具。常用的规格有 150 mm、175 mm 和 200 mm 三种。电工钢丝钳由钳头和钳柄两部分组成。钳头由钳口、齿口、刀口和铡口四部分组成。钢丝钳在电工作业时，用途广泛，钳口用来弯铰或钳夹导线线头，齿口可代替扳手用来旋紧或起松螺母，刀口用来剪切导线、剖切导线绝缘层或掀拔铁钉，铡口用来铡切电线线芯和钢丝、铝丝等较硬的金属。其结构和用途如图 8－10 所示。

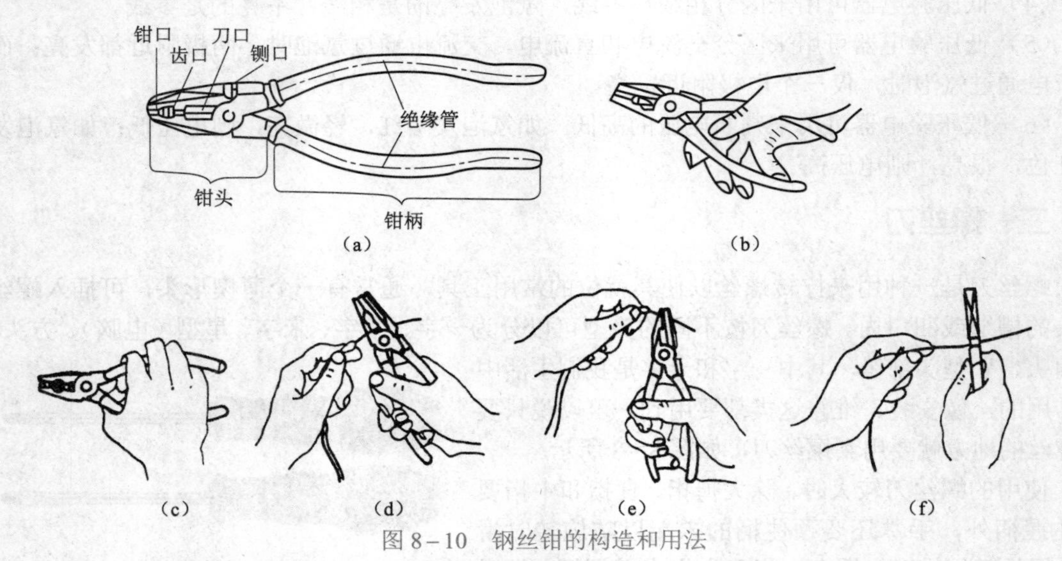

图 8－10　钢丝钳的构造和用法

（a）构造；（b）握法；（c）紧固螺母；（d）弯铰导线；（e）剪切导线；（f）铡切钢丝

使用钢丝钳时的注意事项有以下几点：

（1）使用电工钢丝钳之前，必须检查绝缘套的绝缘是否完好（在钳柄上应套有耐压为500 V以上的塑料绝缘套），如绝缘损坏，不得带电操作，以免发生触电事故。

（2）使用电工钢丝钳，要使钳口朝内侧，便于控制钳切部位；钳头不可代替锤子作为敲打工具使用；钳头的轴销上应经常加机油润滑。

（3）用电工钢丝钳剪切带电导线时，不得用刀口同时剪切不同电位的两根线（如相线与零线、相线与相线等），以免发生短路事故。

五、尖嘴钳

尖嘴钳（如图8－11所示）的规格以全长表示，有130 mm、160 mm、180 mm和200 mm四种。尖嘴钳因其头部尖细，适用于在狭小的工作空间操作。尖嘴钳可用来剪断较细小的导线；也可用来夹持较小的螺钉、螺帽、垫圈、导线等；还可用来对单股导线整形（如平直、弯曲等）。尖嘴钳的绝缘柄耐压为500 V，若使用尖嘴钳带电作业，应检查其绝缘是否良好，并在作业时金属部分不要触及人体或邻近的带电体。

图8－11　尖嘴钳

六、剥线钳

剥线钳（如图8－12所示）是用来剥削6 mm^{2}以下电线端部塑料线或橡皮绝缘的专用工具。它由钳头和手柄两部分组成。钳头部分由压线口和切口组成，分别有直径0.5～3 mm等的多个规格切口，以适应不同规格的线芯。使用剥线钳剥削导线绝缘层时，先将要剥削的绝缘长度用标尺定好，然后将导线放入相应的刃口中（比导线直径稍大，否则会切伤线芯），再用手将钳柄一握，导线的绝缘层即被剥离。剥线钳不允许带电操作。

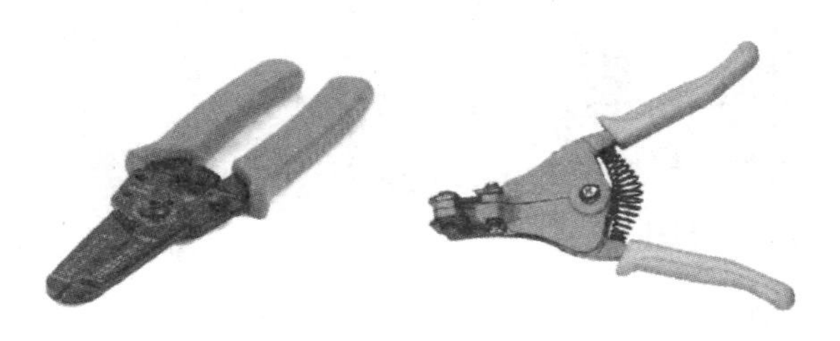

图8－12　剥线钳

技能训练1　导线连接及绝缘恢复

学习目标

1. 能根据用电设备的性质和容量选择合适的导线。

2. 能利用常用电工工具对绝缘导线的绝缘层进行剖削。

3. 能正确连接导线，会修复导线的绝缘。

一、常用的导线的认识

1. 裸绞线

裸绞线有7股、19股、37股、61股等，主要用于电力线路中，常用裸绞线如图8－13所示。裸绞线具有结构简单、制造方便、容易架设和维修等优点。常用的裸绞线有TT型铝绞线、LGJ型钢芯铝绞线和HLJ型铝合金绞线三种。

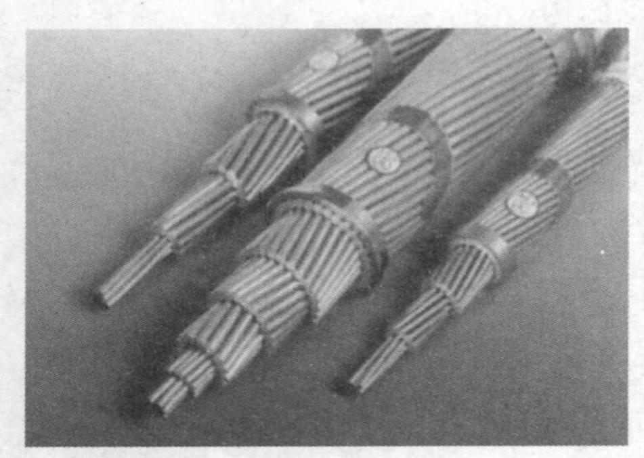

图8－13　裸绞线

2. 硬母线

硬母线是用来汇集和分配电流的导体。硬母线用铜或铝材料经加工制成，截面形状有矩形、管形、槽形，10 kV以下多采用矩形铝材，如图8－14所示。硬母线交流电的三相用U、V、W表示，分别涂以黄、绿、红三色，黑色表示零线。新国标规定，三相母线均涂黑色，分别在线端处粘黄、绿、红色点，以区别U、V、W三相。硬母线多用于工厂高低压配电装置中。

3. 软母线

软母线用于35 kV及以上的高压配电装置中，如图8－15所示。

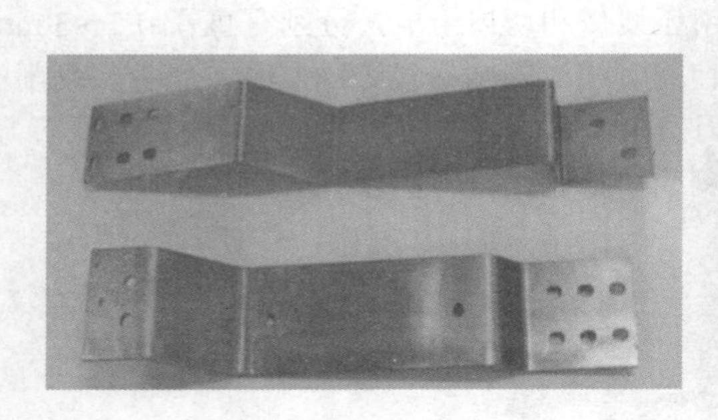

图8－14　硬母线

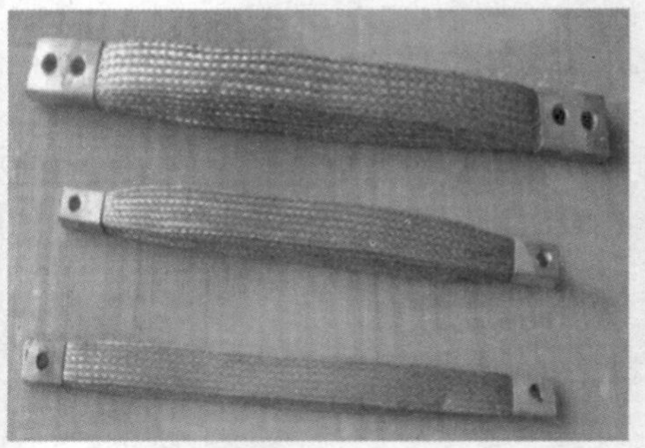

图8－15　软母线

4. 电气装备用电线电缆

电气装备用电线电缆包括各种电气设备内部的安装连接线、电气装备与电源间连接的电线电缆、信号控制系统用的电线电缆及低压电力配电系统用的绝缘电线。按产品的使用特性可分为通用电线电缆、电机电器用电线电缆、仪器仪表用电线电缆、信号控制用电缆、交通运输用电线电缆、地质勘探用电线电缆、直流高压软电缆等数种，维修电工常用的是前两种的六个系列。常见电线电缆如图8－16所示。

二、导线的连接与绝缘修复

在低压系统中，导线连接点是故障率最高的部位。电气设备和线路能否安全可靠地运行，在很大程度上取决于导线连接和封端的质量。导线连接的方式很多，常见的有绞接、缠绕连

图 8－16　电线电缆

接、焊接、管压接等。出线端与电气设备的连接，有直接连接和经接线端子连接。

导线连接的基本要求：接触紧密，接头电阻不应大于同长度、同截面导线的电阻值；接头的机械强度不应小于该导线机械强度的 80%；接头处应耐腐蚀，防止受外界气体的侵蚀；接头处的绝缘强度与该导线的绝缘强度应相同。

1. 导线接头绝缘层的剖削

绝缘导线连接前，应先剥去导线端部的绝缘层，并将裸露的导体表面清擦干净。剥去绝缘层的长度一般为 50～100 mm，截面积小的单股导线剥去长度可以小些，截面积大的多股导线剥去长度应大些。

2. 导线连接

当导线不够长或要分接支路时，就要将导线与导线连接。常用绝缘导线的芯线股数有单股、7 股和 19 股等多种，其连接方法随芯线材质与股数的不同而各不相同。

根据铜芯导线股数的不同，有以下几种连接方法。

（1）单股铜芯导线的直线连接。连接时，先将两导线芯线线头成 X 形相交，如图 8－17（a）所示；互相绞合 2～3 圈后扳直两线头，如图 8－17（b）所示；将每个线头在另一芯线上紧贴并绕 6 圈，用钢丝钳切去余下的芯线，并钳平芯线末端，如图 8－17（c）所示。

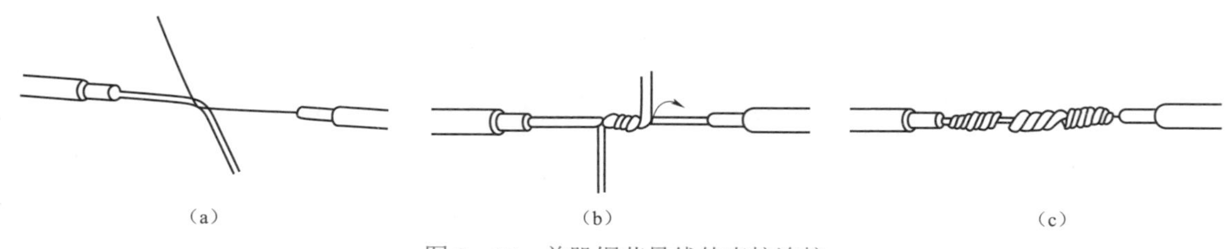

图 8－17　单股铜芯导线的直接连接

（2）单股铜芯导线的 T 形分支连接。将支路芯线的线头与干线芯线十字相交，在支路芯线根部留出 5 mm，然后顺时针方向缠绕支路芯线，缠绕 6～8 圈后，用钢丝钳切去余下的芯线，并钳平芯线末端。如果连接导线截面较大，两芯线十字交叉后直接在干线上紧密缠 8 圈即可，如图 8－18（a）所示。小截面的芯线可以不打结，如图 8－18（b）所示。

（3）7 股铜芯导线的直线连接。先将剥去绝缘层的芯线头散开并拉直，再把靠近绝缘层 1/3 线段的芯线绞紧，然后把余下的 2/3 芯线头按图 8－19（a）所示分散成伞状，并将每根芯线拉直。把两伞骨状线端隔根对叉，必须相对插到底，并拉平两端芯线，如图 8－19（b）所示。捏平叉入后的两侧所有芯线，并应理直每股芯线和使每股芯线的间隔均匀，同时用钢丝

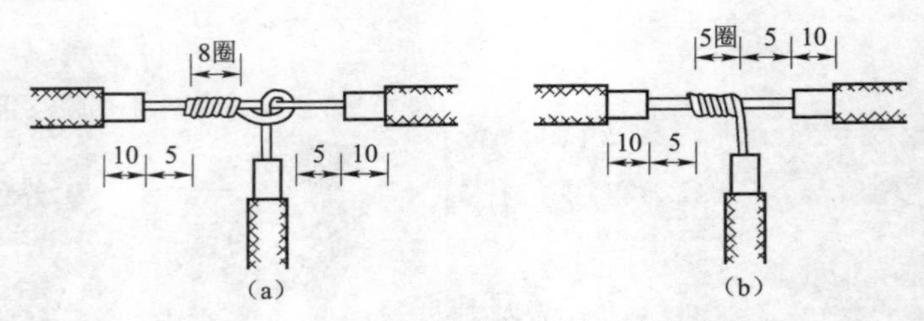

图 8-18　单股铜芯导线的T形分支连接

钳钳紧叉口处消除空隙，如图 8-19（c）所示。先在一端把邻近两股芯线在距叉口中线约 3 根单股芯线直径宽度处折起，并形成 90°，如图 8-19（d）所示。接着把这两股芯线按顺时针方向紧缠 2 圈后，再折回 90° 并平卧在折起前的轴线位置上，如图 8-19（e）所示。接着把处于紧挨平卧前邻近的 2 根芯线折成 90°，再把这两股芯线按顺时针方向紧缠 2 圈后，再折回 90° 并平卧在折起前的轴线位置上，如图 8-19（f）所示。把余下的 3 根芯线按顺时针方向紧缠 2 圈后，把前 4 根芯线在根部分别切断，并钳平，如图 8-19（g）所示。接着把 3 根芯线缠足 3 圈，然后剪去余端，钳平切口，不留毛刺，如图 8-19（h）所示。用同样的方法再缠绕另一侧芯线。

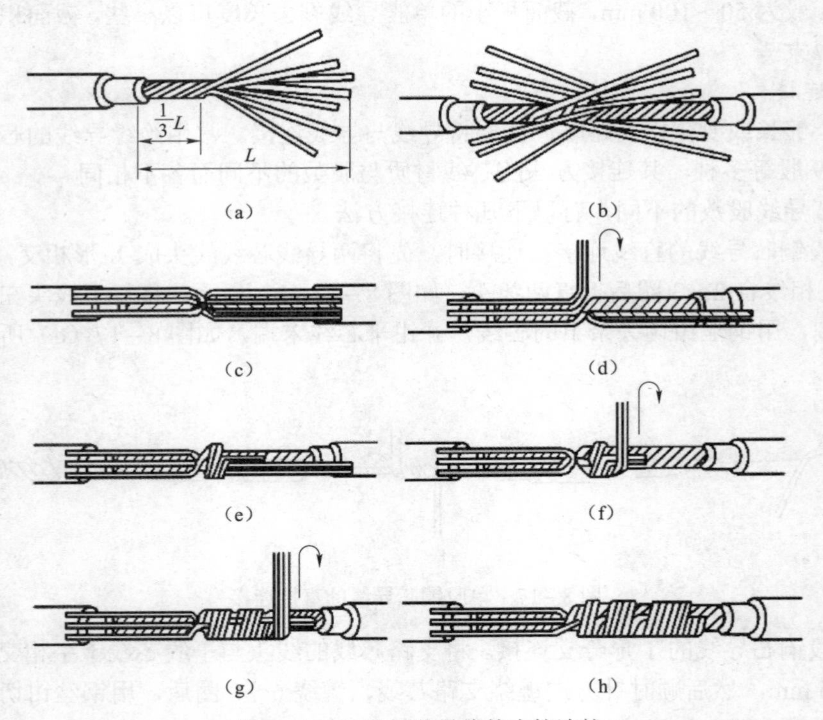

图 8-19　7股铜芯导线的直接连接

3. 导线绝缘的恢复

导线绝缘层破损和导线接头连接后均应恢复绝缘层。恢复后绝缘层的绝缘强度不应低于原有绝缘层的绝缘强度。恢复导线绝缘层常用的绝缘材料是黄蜡带、涤纶薄膜带和黑胶带，黄蜡带和黑胶带选用规格为 20 mm 宽的较为适宜，包缠也方便。

（1）绝缘带包缠方法。

包缠时，将黄蜡带从导线左边完整的绝缘层上开始，包缠两个带宽后就可进入连接处的芯线部分。包至连接处的另一端时，也同样应包入完整绝缘层上两个带宽的距离，如图 8－20（a）所示。包缠时，绝缘带与导线应保持约 55° 的倾斜角，每圈包缠压叠带宽的 1/2，如图 8－20（b）所示。包缠一层黄蜡带后，将黑胶带接在黄蜡带的尾端，按另一斜叠方向包缠一层黑胶带，也要每圈压叠带宽的 1/2，如图 8－20（c）、图 8－20（d）所示。

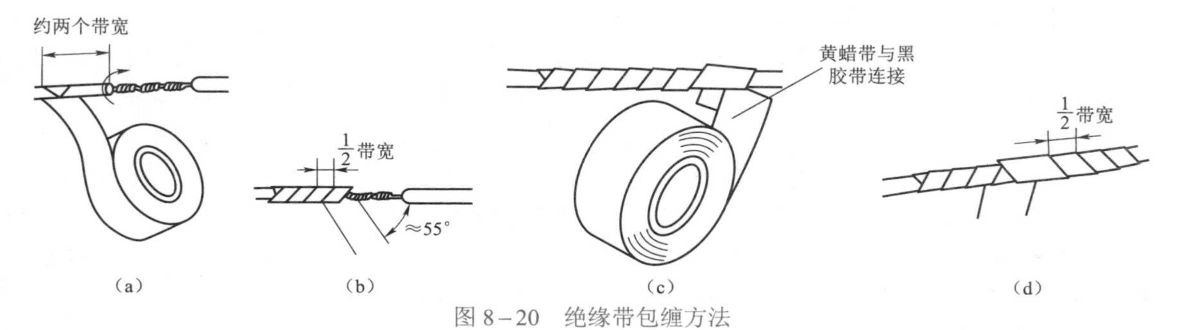

图 8－20　绝缘带包缠方法

（2）绝缘带包缠注意事项。

① 恢复 380 V 线路上的导线绝缘时，必须先包缠 1～2 层黄蜡带（或涤纶薄膜带），然后再包缠一层黑胶带。

② 恢复 220 V 线路上的导线绝缘时，先包缠一层黄蜡带（或涤纶薄膜带），然后再包缠一层黑胶带，也可只包缠两层黑胶带。

③ 包缠绝缘带时，不可出现如图 8－21 所示的几种缺陷，特别是不能过疏，更不允许露出芯线，以免发生短路或触电事故。

④ 绝缘带不可保存在温度很高的地点，也不可被油脂浸染。

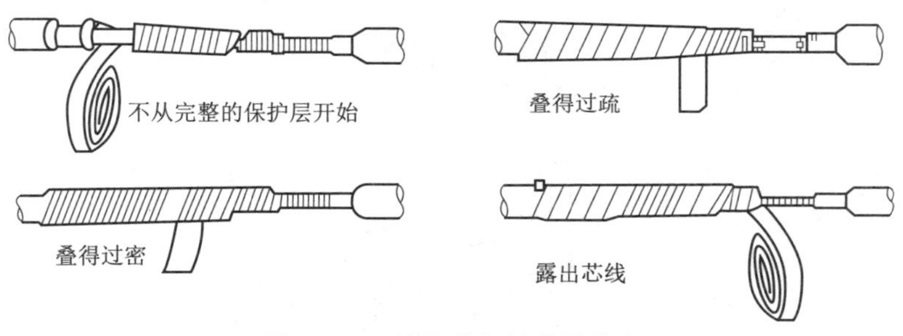

图 8－21　绝缘带包缠常见缺陷

技能训练 2　常用电工仪表的识别和使用

学习目标

1. 掌握电工测量的基本方法。
2. 会正确使用电工仪表进行测量。

通常把对各种电量和磁量的测量称为电工测量，而用于测量电量或磁量的仪器仪表称为电工仪表。

一、电能表

电能表是一种专门测量电能的仪表，不论是家庭照明用电或工农业生产用电，都需要用电能表来计量在一段时间里所耗用的电能。

电能表种类很多，按工作原理分为电动系和感应系两类。电动系电能表一般用于直流的测量，感应系电能表一般用于交流的测量。感应系电能表是利用电磁感应原理制成的，具有结构简单、牢固、价格便宜、转矩较大等特点。目前，感应系电能表根据测量对象，分为有功电能表和无功电能表两大类。有功电能表的规格常用的有 3 A、5 A、10 A、25 A、50 A、75 A、100 A 等多种，无功电能表的额定电流通常只有 5 A。

按结构分，电能表又分为单相电能表、三相三线电能表、三相四线电能表。单相电能表用于单相用电器和照明电路，三相电能表用于三相动力电路或其他三相电路。

1. 电能表的正确接线

电能表的接线比较复杂，在接线前要查看附在电能表上的说明书，根据说明书的要求和接线图把进线和出线依次对号接在电能表的接线端子上。接线时遵循“电压线圈并联在被测线路上，电流线圈串联在被测线路中”的原则。各种电能表的接线端子均按由左至右的顺序编号。国产单相有功电能表统一规定为 1、3 接进线，2、4 接出线，如图 8－22 所示。

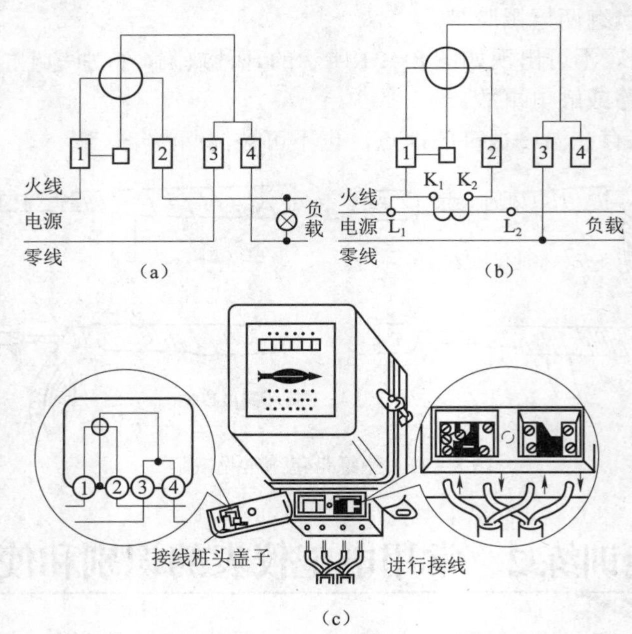

图 8－22　单相电能表的接线方法

（a）直接接入；（b）经电流互感器接入；（c）直接接入接线示意图

2. 电能表的正确读数

当电能表不经互感器而直接接入电路时，可以从电能表上直接读出实际用电度数（kW）；如果电能表利用电流互感器或电压互感器扩大量程时，实际用电度数应为电能表的读数乘以电流变比或电压变比。

二、万用表

万用表是一种多量程、用途广的仪表，可以用来测量交直流电压、交直流电流和电阻等电量。万用表有指针式和数字式之分，下面分别作简单介绍。

1. 指针式万用表

（1）结构。

指针式万用表主要由表头、测量线路和转换开关三部分组成。表头是一个高灵敏度的磁电系微安表，通过指针和标有各种电量标度尺的表盘，用以指示被测电量的数值；测量线路用来把各种被测量转换到适合表头测量的直流微小电流；转换开关实现对不同测量线路的选择，以适应各种测量要求。各种形式的万用表外形布置不尽相同。图 8－23 是指针式万用表的面板示意图。

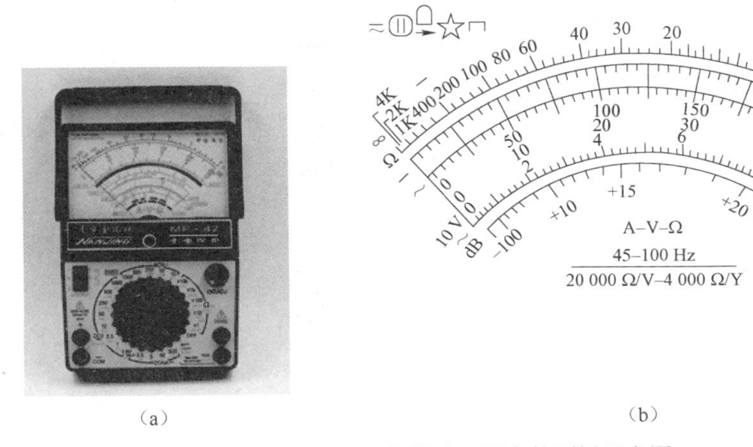

（a）　　（b）

图 8－23　指针式万用表的面板示意图

（a）面板图；（b）表盘示意图

（2）正确使用。

① 正确接线：应将红色和黑色测试棒的插头分别插入红色插孔和黑色插孔。测量时手不要接触测试棒的金属部分。

② 用转换开关正确选择测量种类和量程：根据被测对象，首先选择测量种类。严禁当转换开关置于电流挡或电阻挡时去测量电压，否则将损坏万用表。测量种类选择后，再选择该种类的量程。测量电压、电流时应使指针的偏转在量程的一半或 2/3 处，读数较为准确。

③ 使用前应检查指针是否在零位上，若不在零位，可用螺钉旋具调节表盖上的调零器，使指针恢复到零位。

（3）正确测量。

① 测量交流和直流电压时，将测试棒红、黑插头插入“+”“－”插孔，把测量范围选择开关旋到与被测电压相应的交、直流电压挡级，再将测试棒接在被测电压的两端。如果被测的交流或直流电压大于 1 000 V 而又小于 2 500 V，应将红插头插到“2 500 V”的插孔，选择开关应分别旋到交流或直流的 1 000 V 位置上，测量直流电压时应注意正、负极性。

② 测量直流电流时，将选择开关旋到被测电流相应的直流挡级，根据电流的方向正确地将表通过测试棒串接在被测电路中。被测电流大于500 mA小于5 A时，红插头应插到“5”的插孔，选择开关旋至500 mA挡位上。

③ 测量电阻时，将选择开关旋到与被测电阻相应的欧姆挡，首先把两根测试棒短接，旋转欧姆调零旋钮，使指针对准“Ω”标尺的零位，即欧姆挡的“调零”，然后分开测试棒进行测量，将读数乘以所选欧姆挡的倍乘率，就是被测电阻的阻值。每换一个量程，都要重新调零，如果调零时指针不能调到零位，应更换表内电池。严禁带电测量电阻，以免烧毁表头。

如要测量电路中的电阻，一定要先将其一端与电路断开后再测量，否则测量的结果将是它与电路其他电阻的并联值。测高阻值电阻时，不可将双手分别触及电阻两端，以免并联上人体电阻造成测量误差。

（4）注意事项。

① 不允许带电转动转换开关。

② 万用表欧姆挡不能直接测量微安表头、检流计、标准电池等仪器仪表。

③ 用欧姆挡测量二极管、三极管等时，一般选择$\Omega\times100$或$\Omega\times1\ \text{k}\Omega$挡，因为晶体管所能承受的电压和允许流过的电流较小。

④ 测量完毕，应将转换开关拨到最高交流电压挡，以免二次测量时不慎损坏表头。表内电池应及时更换，如长期不用应将其取出，以防腐蚀表内机件。

2. *数字式万用表*

数字式万用表以其测量精度高、显示直观、速度快、功能全、可靠性好、小巧轻便、省电及便于操作等优点，受到人们的普遍欢迎，它已成为电子、电工测量以及电子设备维修等部门的必备仪表。数字式万用表如图8-24所示，下面对其功能作简单介绍。

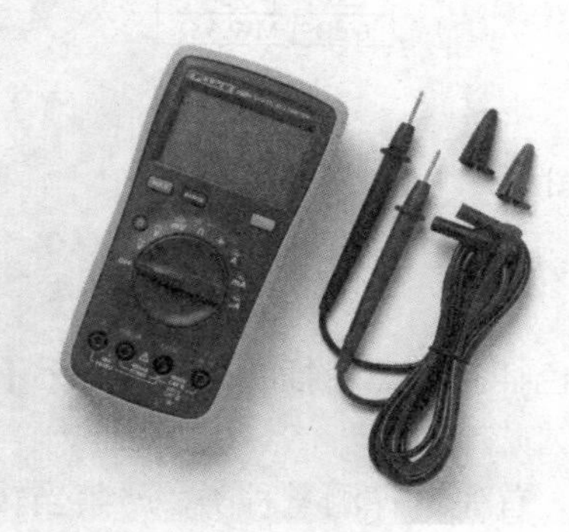

图8-24 数字式万用表

（1）电压测量。

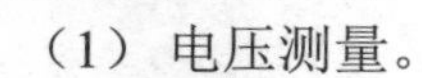

将黑表笔连至“COM”，红表笔连至“VΩ”；挡位开关旋至“V-”或“V～”适当量程上，如果电压大小未知，开关旋至高挡位。将表笔接至待测电路，读数，同时显示红表笔所接的极性。如果挡位太高，则降低挡位直至测到满意读数为止。

（2）直流电流测量。

① 高电流（200 mA～10 A）测量。将黑表笔连至“COM”，红表笔连至“10 A”；挡位开关旋至“A”。打开待测电路，串联表笔至待测载体。读数，同时显示红表笔所接的极性。如果小于200 mA，按照以下低电流测量步骤。关掉测量电路的所有电源，断开表笔连接之前，电容放电。

② 低电流测量。将黑表笔连至“COM”，红表笔连至“mA”。挡位开关旋至“A”，如果电流大小未知，将开关旋至高挡位。打开待测电路，串联表笔至待测电路。读数，同时显示红表笔所接的极性。如果挡位太高，则降低挡位直至测到满意读数为止。关掉测量电路的所有电源，断开表笔连接之前，电容放电。

（3）电阻测量

将黑表笔连至“COM”，红表笔连至“VΩ”；挡位开关至电阻挡适当位置。如果被测电阻跟电路相连，关掉被测电路所有电源，释放电容。将表笔接至待测电阻读数。当测量高电阻时，即使绝缘也不要接触附近点。一些绝缘体有小电阻会使测量电阻值小于实际值。

（4）电路通断测试

将黑表笔连至“COM”，红表笔连至“VΩ”，将转换开关旋至蜂鸣器位置，将表笔接在被测电路的两点，如果该两点间的电阻小于 1.5 kΩ，蜂鸣器将发出响声说明该两点间导通。

（5）注意事项。

① 电池必须连接在电池夹上，同时正确放置在电池盒内。

② 将表笔连接到电路之前，挡位开关必须在正确位置。

③ 将表笔连接到电路之前，必须确定表笔插在正确的端口。

④ 在改变挡位开关前，从电路上拿走其中一根表笔，不能带电操作。

⑤ 要求仪表使用环境温度满足 0 ℃～50 ℃、湿度小于 80%。避免阳光直射仪表或在潮湿环境下存储仪表。

⑥ 注意每个挡位和端口的最高电压，防止电压过高损坏仪表。

⑦ 测量结束时，开关打到 off。如果长期不用仪表，拿走电池。

三、兆欧表

兆欧表俗称摇表，它是用于测量各种电气设备绝缘电阻的仪表。

电气设备绝缘性能的好坏，直接关系到设备的安全运行和操作人员的人身安全。为了对绝缘材料因发热、受潮、老化、腐蚀等原因所造成的损坏进行监测，或检查修复后电气设备的绝缘电阻是否达到规定的要求，都需要经常测量电气设备的绝缘电阻。测量绝缘电阻应在规定的耐压条件下进行，所以必须采用备有高压电源的兆欧表，而不用万用表测量。

一般绝缘材料的电阻都在兆欧（10^6 Ω）以上，所以兆欧表标度尺的单位以兆欧（MΩ）表示。

1. 兆欧表的接线和测量方法

兆欧表有三个接线柱，其中两个较大的接线柱上标有“接地 E”和“线路 L”，另一个较小的接线柱上标有“保护环”或“屏蔽 G”，如图 8－25 所示。

测量照明或电力线路对地的绝缘电阻，按图 8－26（a）把线接好，顺时针摇摇把，转速由慢变快，约 1 min 后，发电机转速稳定时（120 r/min），表针也稳定下来，这时表针指示的数值就是所测得的电线与大地间的绝缘电阻。

测量电动机的绝缘电阻，将兆欧表的接地柱接机壳，L 接电动机的绕组，如图 8－26（b）所示，然后进行摇测。

图 8－25　兆欧表

测量电缆的绝缘电阻，测量电缆的线芯和外壳的绝缘电阻时，除将外壳接 E、线芯接 L 外，中间的绝缘层还需和 G 相接，如图 8－26（c）所示。

2. 兆欧表的选用

根据测量要求选择兆欧表的额定电压等级。测量额定电压在 500 V 以下的设备或线路的绝缘电阻，选用电压等级为 500 V 或 1 000 V 的兆欧表；测量额定电压在 500 V 以上设备或线路的绝缘电阻时，应选用 1 000～2 500 V 的兆欧表。通常在各种电器和电力设备的测试检

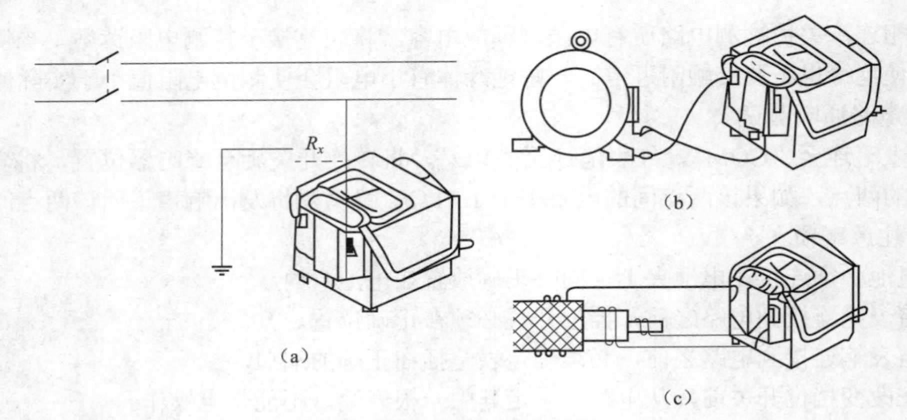

图8-26　兆欧表的接线图

修规程中，都规定了应使用何种额定电压等级的兆欧表。表8-4列出了在不同情况下选择兆欧表的要求，供使用时参考。

表8-4　兆欧表电压等级选择

测试对象	被测设备的额定电压/V	所选兆欧表的额定电压/V
线圈的绝缘电阻	＜500 ＞500	500 1 000
发电机线圈的绝缘电阻	＜380	1 000
电力变压器、电动机线圈的绝缘电阻	＞500	1 000～2 500
电气设备绝缘	＜500 ＞500	500～1 000 2 500
瓷瓶	—	2 500～5 000
母线、闸刀	—	2 500～5 000

选择兆欧表时，要注意不要使测量范围超出被测绝缘电阻值过大，否则读数将产生较大的误差。有些兆欧表的标尺不是从0开始，而是从1 MΩ或2 MΩ开始的，这种兆欧表不适宜测量处于潮湿环境中低压电气设备的绝缘电阻。

3. 注意事项

（1）测量电气设备绝缘电阻时，必须先断电，经短路放电后才能测量。

（2）测量时，兆欧表应放在水平位置上，未接线前先转动兆欧表做开路试验，检查指针是否指在“∞”处，再把L和E短接，轻摇发电机，看指针是否为“0”，若开路指“∞”，短路指“0”，则说明兆欧表是好的。

（3）兆欧表接线柱的引线应采用绝缘良好的多股软线，同时各软线不能绞在一起。

（4）兆欧表测完后应立即使被测物放电，在兆欧表摇把未停止转动和被测物未放电前，不可用手去触及被测物的测量部分或进行拆除导线，以防触电。

（5）测量时，摇动手柄的速度由慢逐渐加快，并保持每分钟120转左右的转速在一分钟左右，这时读数较为准确。如果被测物短路，指针指零，应立即停止摇动手柄，以防表内线圈发热烧坏。

（6）在测量了电容器、较长的电缆等设备的绝缘电阻后，应先将“线路 L”的连接线断开，再停止摇动，以免被测设备向兆欧表倒充电而损坏仪表。

（7）测量电解电容的介质绝缘电阻时，应按电容器耐压的高低选用兆欧表。接线时，使 L 端与电容器的正极连接，E 端与负极连接，切不可反接，否则会使电容器击穿。

技能训练 3　室内综合布线

学习目标

1. 了解室内布线基本知识。
2. 掌握护套线、线管等布线方法。
3. 掌握照明电路安装方法。

单股芯线与接线柱连接时，最好按要求的长度将线头折成双股并排插入针孔，使压接螺钉顶紧在双股芯线的中间。多股芯线与接线柱连接时，必须把多股芯线按原拧紧方向，用钢丝钳进一步绞紧，以保证多股芯线受压紧螺钉顶压时不致松散。

无论是单股芯线还是多股芯线，线头插入针孔时必须到底，导线绝缘层不得插入孔内，针孔外的裸线头长度不得超过 3 mm。软导线线头也可用螺钉平压式接线柱连接，其工艺要求与上述多股芯线的压接相同。

一、室内护套线、线管布线

1. 室内布线基本知识

（1）室内布线的类型与方式。

① 室内布线的类型。室内布线就是敷设室内用电器具或设备的供电和控制线路。室内布线有明装式和暗装式两种。明装式是导线沿墙壁、天花板、横梁及柱子等表面敷设；暗装式是将导线穿管埋设在墙内、地下或装设在顶棚里。

② 室内布线的方式。有（塑料）夹板布线、绝缘子布线、槽板布线、护套线布线及线管布线等方式，最常用的是护套线布线和线管布线。

（2）室内布线的技术要求。

室内布线不仅要使电能传送安全可靠，而且要使线路布置正规、合理、整齐、安装牢固，其技术要求如下：

① 所用导线的额定电压应大于线路的工作电压。导线的绝缘应符合线路的安装方式和敷设环境的条件。导线的截面应满足供电安全电流和机械强度的要求，一般的家用照明线路以选用 2.5 mm^2 的铝芯绝缘导线或 1.5 mm^2 的铜芯绝缘导线为宜，常用的橡皮、塑料绝缘导线的安全载流量如表 8－5 所示。

表8-5 500 V单芯橡皮、塑料电线在常温下的安全载流量

线芯截面积/mm^2	橡皮绝缘电线安全载流量/A		聚氯乙烯绝缘电线安全载流量/A	
	铜芯	铝芯	铜芯	铝芯
0.75	18	—	16	—
1.0	21	—	19	—
1.5	27	19	24	18
2.5	33	27	32	25
4	45	35	42	32
6	58	45	55	42
10	85	65	75	59
16	110	85	105	80

② 布线时应尽量避免导线接头。若必须有接头时，应采用压接或焊接，按导线的连接方法进行，然后用绝缘胶布包缠好。要求导线连接和分支处不应受机械力的作用；穿在管内的导线不允许有接头，必要时尽可能把接头放在接线盒或灯头盒内。

③ 布线时应水平或垂直敷设。水平敷设时，导线距地面不小于2.5 m；垂直敷设时，导线距地面不小于 2 m。否则，应将导线在钢管内加以保护，以防机械损伤。布线位置应便于检查和维修。

④ 当导线穿过楼板时，应设钢管加以保护，钢管长度应从离楼板面2 m高处至楼板下出口处。导线穿墙要用瓷管（塑料管）保护，瓷管两端出线口伸出墙面不小于10 mm，这样可防止导线与墙壁接触，以免墙壁潮湿而产生漏电等现象。当导线互相交叉时，为避免碰线，在每根导线上套以塑料管或其他绝缘管，并将套管牢靠地固定，不使其移动。

2. 护套线布线

塑料护套线是一种具有塑料保护层的双芯或多芯绝缘导线，具有防潮、耐酸和耐腐蚀等性能。塑料护套线线路的优点是施工简单、维修方便、外形整齐美观及造价较低，广泛用于住宅楼、办公室等建筑物内，但这种线路中导线的截面积较小，大容量电路不宜采用。

3. 线管布线

把绝缘导线穿在管内敷设，称为线管布线。这种布线方式比较安全可靠，可避免腐蚀性气体侵蚀和遭受机械损伤，适用于公共建筑和工业厂房中。

线管布线有明装式和暗装式两种。明装式要求布管横平竖直、整齐美观；暗装式要求线管短、弯头少。常用线管有钢管和硬塑料管，钢管线路具有较好的防潮、防火和防爆等特性，硬塑料管线路具有较好的防潮和抗酸碱腐蚀等特性，两者都有较好的抗外界机械损伤的性能，是一种比较安全可靠的线路结构，但造价较高，维修不甚方便。

二、室内用电

随着家庭生活的电器化和智能化，家庭用电量也大幅度上升，人们对家庭用电的安全、舒适、经济、可靠、维护、检修等各方面的要求越来越高，因此优化分配电路负荷、合理设计室内用电线路也成为家庭装饰的重要内容。

1. 家庭用电线路分类

根据目前家居户型及家用电器的增长率综合分析，现代家庭住宅用电一般应分五路较为合适。这五路是：空调专用线路（一只空调一路）、厨房用电线路、卫生间用电线路、普通照明用电线路、普通插座用电线路。这样可有效地避免空调起动时造成的其他电器电压过低、电流不稳定的弊端，又方便了局部区域性用电线路的检修，一旦其中某一路跳闸，不会影响其他线路正常使用。因此从功能性、经济性、实用性等方面分析，家庭用电的五路以上分线方案是较为科学合理的。

2. 家庭用电基本控制原理

家庭用电线路一般包含几个常见的用电设备，即单相电度表（计量）、闸刀开关（总电源）、熔断器（保护）、插座（用于电视、冰箱、空调等家用电器）、开关（一个单联开关控制、两个双联开关双控）、白炽灯或荧光灯（照明）。家庭用电线路的原理如图 8－27 所示。

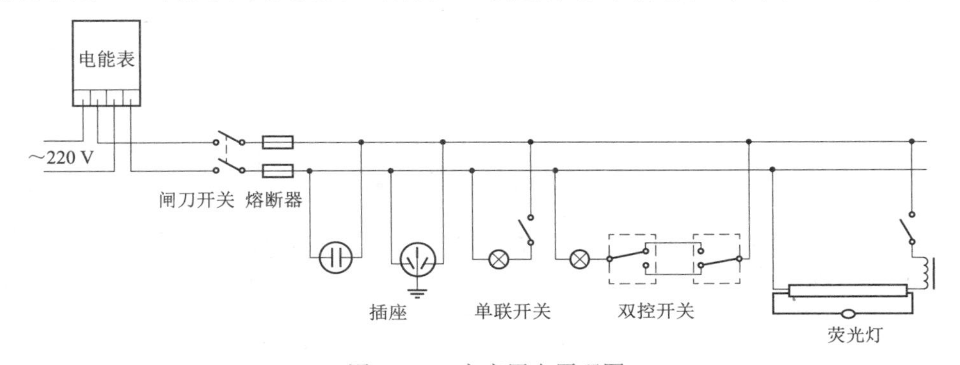

图 8－27　家庭用电原理图

照明装置的安装要求可概括成八个字：正规、合理、牢固、整齐。

正规：是指各种灯具、开关、插座及所有附件必须按照有关规定和要求进行安装。

合理：是指选用的各种照明器具必须正确、适用、经济、可靠，安装的位置应符合实际需要，使用要方便。

牢固：是指各种照明器具安装得牢固可靠，使用安全。

整齐：是指同一使用环境和同一要求的照明器具要安装得平齐竖直，品种规格要整齐统一。

三、室内常用照明安装

我国目前最常用的电光源主要有白炽灯、日光灯、高压汞灯、节能灯、卤素灯、LED 灯等几种类型。

1. 白炽灯

白炽灯泡分为卡口和螺旋式两种形式，它具有结构简单、价格低廉、光色柔和、显色性好、使用方便、便于维修、可适用于各种场所等优点。但发光效率低、寿命短，其寿命通常只有 1 000 小时左右。

白炽灯结构简单，使用可靠，价格低廉，电路便于安装和维修，应用较广。

（1）灯具的选用与安装。

① 灯泡。

② 灯座。

插口灯座上两个接线端子，可任意连接上述两个线头。但是螺口灯座上的接线端子，为了使用安全，切不可任意乱接，必须把中性线线头连接在连通螺纹圈的接线端子上，而把来自开关的连接线线头，连接在连通中心铜簧片的接线端子上。

（2）开关的选用与安装。

开关的种类有很多，按应用结构分为单联和双联两种。

单联开关内的两个接线端子，一个与电源线路中的一根相线连接，另一个接至灯座的一个接线端子。

双联开关内有三个接线端子，中间一个端子为公共端，与电源相线连接，另两个是与灯座相连的接线端子。

两个开关控制一盏灯时，如图 8－28 所示。一个开关接线端子中间公共端与电源相线连接，另一个开关接线端子中间公共端与灯座中心铜簧片的接线端子连接，两个开关剩余的接线端子需要相互并联。

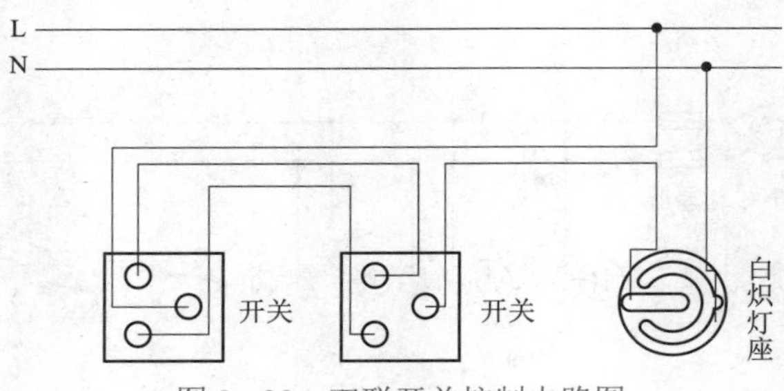

图 8－28　双联开关控制电路图

2. 日光灯

日光灯又叫荧光灯，是应用比较普遍的一种电光源。

日光灯的安装方法，主要是按线路图连接电路。常用日光灯的线路图如图 8－29 所示。

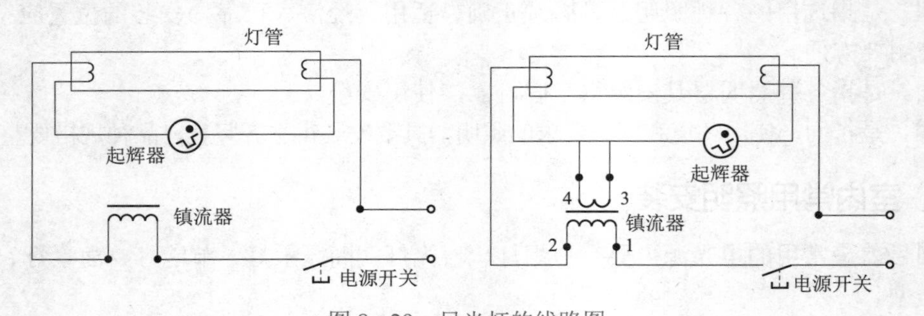

图 8－29　日光灯的线路图

能力测试

参 考 文 献

[1] 邱关源. 电路（第 5 版）[M]. 北京：高等教育出版社，2006.
[2] 范世贵. 电路分析基础（第 2 版）[M]. 西安：西北工业大学出版社，2008.
[3] 林争辉. 电路理论（第一卷）[M]. 北京：高等教育出版社，1988.
[4] 白乃平. 电工基础（第 3 版）[M]. 西安：西安电子科技大学出版社，2012.
[5] 陈菊红. 电工基础（第 3 版）[M]. 北京：机械工业出版社，2011.
[6] 张红让. 电工基础 [M]. 北京：高等教育出版社，1996.